Mendelism in Bohemia and Moravia
1900–1930

T0139774

WISSENSCHAFTSKULTUR UM 1900

----

herausgegeben von
Olaf Breidbach

Wissenschaftlicher Beirat:
Mitchell G. Ash, Wien
Peter Bowler, Belfast
Horst Bredekamp, Berlin
Rüdiger vom Bruch, Berlin
Gian Franco Frigo, Padua
Michael T. Ghiselin, San Francisco
Zdeněk Neubauer, Prag
Federico Vercellone, Turin

Band 6

Mendelism in Bohemia and Moravia, 1900–1930

Collection of Selected Papers

Edited by
Michal Simunek, Uwe Hoßfeld,
Olaf Breidbach and Miklós Müller

 Franz Steiner Verlag Stuttgart 2010

Cover illustration: Not accepted proposal Theodor Charlemont for the Mendel-Statue in Brno, 1910. Courtesy of the Museum of Nový Jičín Region, Nový Jičín, Czech Republic.

This Collection is published as a part of DFG Research Project HO-2143/8-1.

Bibliografische Information der Deutschen Nationalbibliothek
Die Deutsche Nationalbibliothek verzeichnet diese
Publikation in der Deutschen Nationalbibliografie;
detaillierte bibliografische Daten sind im Internet über
<http://dnb.d-nb.de> abrufbar.

ISBN 978-3-515-09602-7

Jede Verwertung des Werkes außerhalb der
Grenzen des Urheberrechtsgesetzes ist unzulässig
und strafbar. Dies gilt insbesondere für Übersetzung,
Nachdruck, Mikroverfilmung oder vergleichbare
Verfahren sowie für die Speicherung in Datenver-
arbeitungsanlagen. © 2010 by Franz Steiner Verlag
GmbH, Stuttgart. Gedruckt auf säurefreiem,
alterungsbeständigem Papier.
Druck: Laupp & Göbel GmbH, Nehren
Printed in Germany

CONTENTS

INTRODUCTION

Genetics, that is modern research of heredity, has one of its roots in Bohemia and Moravia. In the second half of the 19th century, Gregor Johann Mendel (1822–1884) performed in Brünn/Brno hybridisation experiments with plant material. After 1900, these became a foundation of genetics and initiated a way of thinking about heredity. At this time Mendel's work inspired a new wave of research, which led to the founding of a new, independent field of biological research: the science of genetics. The 're-discovery' of Mendel's rules of heredity in 1900 is a rare example of development in the history of modern science. The formulation of new research tasks and programmes also meant that results of genetic research could soon be integrated into other branches of biology and biomedicine. Research after 1900 focused especially on the issues of basic units of heredity, their function and localisation within a cell, their role in the process of hereditary transmission, and the question of genetic determination of particular traits. Various theories of units of heredity (elements, factors, genes etc.) were proposed in an attempt to explain four basic genetic phenomena – genetic transmission, genetic recombination, gene mutation, and gene function – and these theories had to be experimentally tested.

Reception and establishment, that is, the spreading, acceptance, and institutionalisation of a Mendelian system of thought, i.e., of a system based primarily on hybridisation experiments and the requisite descriptive, analytic, and terminological apparatus, in the first three decades of the 20th century was accompanied by a critical definition of various approaches and by different evaluations of the newly formulated rules also in Bohemia and Moravia.

The new science – at first seen by many as an 'alternative' one – emerged especially after 1906 as an autonomous field of research, often perceived as closely related to neo-Darwinism. The incipient nascent science of genetics was seen by many contemporaries as a key component of the theory of evolution. At the same time, the 'modern' Mendelian research had to prove itself against older theories and views, especially those of Francis Galton (1822–1911), the founder of an English school of biometrics, August Weismann (1834–1914) and his theory of continuity of the germ plasm, Hugo de Vries (1848–1935) and his hypothesis of intra-cellular pangenesis, as well as – especially in the field of practical medicine – the theories of French physiologists (such as Prosper Lucas, Jean-Étienne Esquirol) on normal and pathological heredity (hérédité pathologique), whose remnants lingered in Czech and Moravian scientific thinking rather long past 1900.

This collection presents a series of carefully selected, chronologically ordered contemporary texts by thirteen different authors. Its goal is to illustrate the process of reception of Mendelian thinking in Bohemia and Moravia in the first three decades of the 20th century. In selecting these texts, we aimed at presenting the work of authors who were engaged in the theoretical research of heredity, and later, genetics, in Bohemia and Moravia, who published in this field or were connected with it in a professional capacity. Several of the texts published originally in Czech are made accessible in an English translation for the first time. Most of these articles outline programmes or give overviews. In others, the authors present both their own views and Mendel's explanation of hereditary phenomena, but also deal with Mendelism as a system of thought and experimental research, and in some – given the exclusive local interest – they also treat the biography of J. G. Mendel to some extent. Wherever possible, we tried to introduce self-contained studies. Where this was not possible, we selected mutually related parts of a larger work.

Text 1 is part of a lecture ("Über die züchtende Wirkung funktioneller Reize"/"On the Cultivating Effect of Functional Impulses") by the anatomist and embryologist Carl Rabl (1853–1917). It provides an insight into his views of heredity just a few years (1903) after the 're-discovery' of Mendel's rules. The context of the following texts is somewhat similar, though they focus on a different aspect of heredity. Text 2, from 1905 ("Die neuentdeckten Vererbungsgesetze und ihre praktische Anwendung für die rationelle Pflanzenzüchtung"/"The Newly Discovered Rules of Heredity and Their Practical Application in the Area of Rational Plant Breeding"), and 3, from 1908 ("Der moderne Stand des Vererbungsproblems"/"The Modern Situation of the Problem of Heredity") are the works of Erich von Tschermak-Seysenegg (1871–1962), who was regarded as one of the 're-discoverer' of Mendel's laws. Various views of the importance Mendel's legacy in the context of contemporary discussions of evolution science are found in text 4 ("Křížení. Theorie o podstatě pohlavnosti. Nauka o vlastnostech. Data o křížení. Nauka Galtonova. Nauka Mendlova."/"Hybridisation. Theories of Origins of Sexual Differentiation. A Theory of Traits. Facts About Hybridisation. Galton's Teaching. Mendel's Teaching."), a 1909 article by the historian of science and philosopher of natural science Emanuel Rádl (1873–1942), as well as in text 11, ("Die Bedeutung Mendels für die Deszendenzlehre"/"On the Importance of Mendel for the Science of Evolution") by the Dutch botanist Johann P. Lotsy (1867–1931) from 1922. In text 5 ("Über Erbsubstanz und Vererbungsmechanik"/"On the Hereditary Substance and the Mechanics of Heredity") the biologist and physician Vladislav Růžička (1870–1934) offers an overview (as of 1909) of various theories of heredity in relation to cytology. His own approach to heredity and alternative gene-theory is presented in text 17 ("The Biological Foundations of Eugenics"), an authorised English summary of his 1924 compendium "Biologické základy eugeniky/"The Biological Foundations of Eugenics". An explanation of Mendel's discovery and his methodology is found in text 9 ("O Mendelově gametovém teorému"/"On Mendel's Theorem of Gametes") and 20 ("O methodě mendelismu"/"On the Method of Mendelism") from 1925. These articles were written by the botanist Artur Brožek (1882–1934) and the theoretical biologist Erwin Bauer (1890–1937). Text 6 ("O nutnosti syntézy v analytickém směru dnešní genetiky"/"On the Need of Synthesis Within the Analytical Direction of Contemporary Genetics") was written by the physiologist Edward Babák (1873–1926) in 1916. It investigates various limitations of the analytical approach of Mendelism to the study of living organisms. Texts 8 ("K významu Mendelově v biologii"/"The Importance of Mendel in Biology"), 10 ("Nauka Mendelova v teorii a praxi"/"Mendel's Teaching in Theory and Practice"), 18, and 19 ("Official Speech in Honor of the 100th Birthday of J. G. Mendel") published at the occasion of Mendel's 100th birthday (1922) are not only retrospective but offer also a very up-to-date – at the time – evaluation of the Mendel's contribution to early 20th century biology, and to Mendelism as such. These contributions were written by E. Babák, A. Brožek, the botanist and plant physiologist Bohumil Němec (1873–1966), and Vladislav Růžička. We find a similar emphasis in text 14 ("Gregor Mendel zum Gedächtnis"/"Commemorating Gregor Mendel"), by the physiologist Armin von Tschermak-Seysenegg (1870–1952). The author of this article, however, presents also his own contribution to classical Mendelism, in the form of a theory of so-called 'genasthenia' (Genasthenie). This concept is described in more detail in the text 7 from 1918 ("Der gegenwärtige Stand des Mendelismus und die Lehre von der Schwächung der Erbanlagen durch Bastardierung"/"The Actual State of Mendelism and the Teaching of the Weakening of the Hereditary Dispositions Through Hybridisation"), and article 16 from 1924 ("Bedeutung des Zellkerns für die Vererbung"/"The Importance of the Cell Nucleus in Heredity") by the same author. In the latter article A. von Tschermak-Seysenegg also provides an overview of theories of the role of cell nuclei in hereditary mechanisms, that is, a contemporary discussion for and against the theory of chromosomal heredity as formulated by Thomas H. Morgan and his school. Texts 12 ("Einige Aufgaben der Phänogenetik"/"Some Tasks of Phenogenetics"), and 13 ("Mendelismus und Phänogenetik"/"Mendelism and Phenogenetics") published also in 1922 and written by zoologists Valentin Haecker (1864–1927) and Heinrich Prell (1888–1962), present a brief outline of the concept of 'phenogenetics' (Phänogenetik). Text 15 ("Mendelismus"/"Mendelism") from 1924 was written by Mendel's first biographer, botanist Hugo Iltis (1882–1952). This text presents a small part of the very first historical synthetic treatment of the 're-discovery' in 1900 and the subsequent development of Mendelism into an autonomous system of thought and analysis within the context of biology of the first three decades of the 20th century.

The heading of each text specifies the name and place of original publication and pagination of the original text including the footnotes. Basically, the original German texts were all transcribed while the Czech texts were translated into English. Any pictures or tables that were part of the original text are also included.

Finally, our sincere thanks go to the Department of Genetics of Moravian Museum in Brno, Czech Republic, and Armin Tschermak-Seysenegg Jr., Stuttgart, Germany.

Prague, Jena & New York, August 2009.   *The Editors*

ÜBER DIE ZÜCHTENDE WIRKUNG FUNKTIONELLER REIZE[1]

(On the Cultivating Effect of Functional Impulses)

Carl R a b l

Über das Wesen der Vererbung sind in den letzten Jahrzehnten zahlreiche Hypothesen aufgestellt worden. Ich erinnere nur an die „provisorische Hypothese der Pangenesis" Darwin's, an die Theorie der „Perigenesis der Plastidule" Haeckel's, an die „Idioplasmatheorie" Nägeli's, an die „Keimplasmatheorie" Weismann's, an die Lehre vom „Stirp" Galton's und an die Hypothese der „intracellularen Pangenesis" de Vries'. Wiesner hat die Träger der erblichen Anlagen „Plasome" genannt, und H. Spencer hat dafür den Ausdruck „physiological units" gebraucht.

Soviel Scharfsinn aber auch auf diese Hypothesen verwendet worden ist, so hat doch keine von ihnen vollkommen befriedigt. Es kommt dies schon darin zum Ausdruck, dass jedesmal bald nach dem Bekanntwerden einer Hypothese eine andere, neue, aufgestellt wurde. Als man die Erscheinungen der Befruchtung genauer studiert und die wichtige Rolle erkannt hatte, welche dabei die Kernsubstanzen der Keimzellen spielen, glaubte man der Lösung des Problems um ein gutes Stück näher gekommen zu sein. O. Hertwig, v. Kölliker und Weismann bezeichneten die Kernsubstanzen der Keimzellen geradezu als Vererbungssubstanzen und brachten damit die Ansicht zum Ausdruck, dass sie die materielle Grundlage der Vererbungsvorgänge bilden. So richtig diese Ansicht sein mag, so ist doch zu bedenken, dass die Kernsubstanzen stets an ganz bestimmt geformte Gebilde der Zellen, die Chromosomen, gebunden sind, und dass die Zahl dieser Chromosomen für jede Organismenart eine bestimmte ist. Auch ist es von tief einschneidender Bedeutung, dass, wie aus meinen und Boveri's Untersuchungen über Zellteilung geschlossen werden muss, die Individualität der Chromosomen durch alle Generationen von Zellen, welche während des Lebens eines Individuums aufeinander folgen, erhalten bleibt, und dass also niemals eine Vermengung der Substanzen der verschiedenen Chromosomen eintritt. Derartige Erwägungen führen, wie mir scheint, mit Notwendigkeit zu dem Schlusse, dass, so wichtig auch

---

1   Carl Rabl, *Über die züchtende Wirkung funktioneller Reize: Rektoratsrede gehalten in der Aula der k. k. Deutschen Karl-Ferdinands-Universität in Prag am 18. November 1903*, Leipzig: Verlag von Wilhelm Engelmann 1903, pp. 36–40 (original footnote No. 17, which deals explicitly with the heredity).

die chemische Seite der Frage sein mag, die Vererbung doch unmöglich als ein lediglich oder auch nur vorwiegend chemisches Problem aufgefasst werden darf.

Ich kann daher auch Ostwald nicht zustimmen, wenn er sagt:

> „Wenn man beobachtet, mit welcher Genauigkeit bei aller Vermehrung der Zellen die Theilung des Kernes durchgeführt wird, so wird man in den Stoffen, die den Zellkern bilden, die bestimmenden Ursachen für die jeweilige Entwicklung des Keimes zu einem bestimmten, den Eltern ähnlichen Lebewesen zu erblicken geneigt sein, und man wird daher die Thatsache der Erblichkeit am ehesten als eine chemische Eigenthümlichkeit deuten können" (Vorlesungen über Naturphilosophie. Leipzig 1902, S. 369).

In ähnlichem Sinne, wie Ostwald, hat sich auch J. Loeb ausgesprochen.

So wenig wir auch noch über die Chemie der Zelle wissen, so dürfen wir doch sagen, dass gewisse chemische Verbindungen stets an gewisse morphologische Strukturen geknüpft sind, und dass ihre gegenseitige Durchdringung zum Leben der Zelle unerlässlich notwendig ist. Sicherlich spielen chemische Vorgänge, namentlich Assimilationsvorgänge, die sich in kontinuierlicher Kette auseinander hervorbilden, und deren chemisches Substrat in erster Linie die Kernsubstanzen sind, bei der Vererbung und Entwicklung eine wichtige Rolle; für sich allein aber werden sie gewiss nicht imstande sein, die Wiederholung der Vorgänge, als welche sich die Vererbung darstellt, zu verursachen. Wir können uns ganz wohl vorstellen, dass es einmal gelingen werde, die Kernsubstanzen der Keimzellen in chemisch reinem Zustande darzustellen, ja wir können uns sogar vorstellen, dass es möglich sein werde, diese chemisch reinen Substanzen auf einen günstigen Nährboden zu übertragen und mit ihnen zu experimentieren, wie mit irgendwelchen andern chemischen Stoffen, aber es ist ganz unmöglich sich vorzustellen, dass dadurch irgend etwas, was einer Entwicklung ähnlich sähe, eingeleitet werden könnte. Damit die chemische Stoffe ihre, das Leben der Zelle charakterisierenden Wirkungen entfalten können, ist es eben notwendig, dass sie an bestimmte morphologische Strukturen gebunden sind. (Über „Assimilation und Vererbung" vgl. Fr. Hamburger, Arteingenheit und Assimilation. Wien, 1903.)

Vielleicht wird der Anteil, welchen chemische und welchen morphologische Prozesse an der Entwicklung nehmen, am besten an einem konkreten Beispiele ersichtlich sein. Nehmen wir an, ein Kind besässe mitten unter dunkeln Haaren eine blonde Locke, und eines seiner Eltern zeichne sich durch dieselbe Eigentümlichkeit aus; wir würden dann sagen, das Kind habe die blonde Locke von seinem Vater oder seiner Mutter geerbt. In einem solchen Fall werden wir mit einiger Wahrscheinlichkeit vermuten dürfen, dass es eine bestimmte Art von chemischen Vorgängen, vielleicht eine bestimmte Nuancierung der Assimilation innerhalb der Bildungszellen der Haare, war, was zur Entwicklung des Pigmentes von der gegebenen Farbe geführt hat; die Vererbung würde also in diesem Fall auf der Wiederholung bestimmter chemischer Vorgänge beruhen. Nehmen wir aber weiter an, es würde sich die blonde Locke beim Kinde genau an der gleichen Stelle des Kopfes finden, wie beim Vater oder der Mutter, oder es würde sich statt um Haare von bestimmter Farbe um Haare von bestimmter Form, etwa von einer eigentümlichen Form des Querschnittes handeln, so würden wir mit unserer Erklärung auf Grund der Annahme einer Wiederholung chemischer Vorgänge nicht mehr ausreichen, wir würden vielmehr annehmen müssen, dass Vorgänge morphologischer Art oder Vorgänge auf morphologischer Basis bestimmend auf die Entwicklung eingewirkt haben.

So werden also in der Entwicklung eines Organismus, das eine Mal mehr die chemischen, das andere Mal die morphologischen Vorgänge in den Vordergrund treten, im ganzen und grossen aber wird sich die Entwicklung als eine innige Durchdringung beider darstellen. Das Problem der Vererbung wird daher weder ausschliesslich von chemischer, noch ausschliesslich von morphologischer Seite gelöst werden können.

Ich erinnere noch an ein Wort Brücke's; in seiner berühmten Abhandlung über die Elementarorganismen sagt er:

„Wir müssen den lebenden Zellen, abgesehen von der Molecularstructur der organischen Verbindungen, welche sie enthalten, noch eine andere und in anderer Weise complicirte Structur zuschreiben, und diese ist es, welche wir mit dem Namen Organisation bezeichnen" (Die Elementarorganismen. Sitzb. d. Kais. Ak. d. Wiss. Math.-nat. Cl., 44. Bd. 2. Abth., S. 386).

Diese Worte gelten, der Hauptsache nach, heute noch ebenso, wie vor 40 Jahren; nur dürfte es sich empfehlen, statt des von Brücke gebrauchten Ausdruckes Organisation die Bezeichnung morphologische Struktur zu setzen und den Ausdruck Organisation für die innige Verbindung oder Durchdringung dieser morphologischer Struktur mit den für die Zelle charakteristischen chemischen Stoffen zu reservieren.

Was nun aber für die Zelle im allgemeinen gilt, gilt auch für die Keimzellen und bei deren Entwicklung zu neuen, zusammengesetzten Organismen werden nicht bloss die chemischen Stoffe, sondern auch die morphologische Struktur in Betracht zu ziehen sein.

DIE NEUENTDECKTEN VERERBUNGSGESETZE UND IHRE PRAKTISCHE ANWENDUNG FÜR DIE RATIONELLE PFLANZENZÜCHTUNG[1]

(The Newly Discovered Rules of Heredity and Their Practical Application in the Area of Rational Plant Breeding)

Erich von Tschermak–Seysenegg

Schon für Darwin bildeten die Erfahrungen der Landwirte und Gärtner eine wesentliche Stütze für seine Deszendenztheorie, Erfahrungen, die sich damals allerdings vielfach auf eine mangelhafte Versuchsmethodik stützten und daher zur Entscheidung wissenschaftlicher Fragen noch wenig geeignet waren. Die älteren Züchter vermieden es mit wenigen Ausnahmen, aus Furcht vor Konkurrenz Mitteilungen über ihr Zuchtverfahren zu machen, und breiteten gern einen geheimnisvollen Schleier über die Geschichte der Entstehung ihrer neuen Sorten. Da aber keine regelmäßige und exakte Beobachtung und keine genaue Buchführung über die treffenden Kulturen stattfand, so waren, wie sich jetzt bei einwandfreier Wiederholung mancher Versuche zeigt, jene Angaben in mehrfacher Beziehung unzuverlässig, ja oft genug falsch. Nicht selten entstanden und entstehen besonders in Gärtnereien ganz ohne Zutun des Züchters durch Bastardierung, sowie durch spontane Sprungvariation oder Mutation neue Formen in geringer Anzahl mitten unter den unverändert gebliebenen Elternsorten und erweisen sich, wenn sie bemerkt werden, bei Anwendung von individueller Selektion schon nach wenigen Generationen oder sofort als samenbeständig. Aber selbst bei Anwendung methodischer Zuchtwahl und Kreuzung fehlten auch bei hervorrangenden Züchtern wiederholt genau geführte Stammbücher, welche allein über das Wie und Wann der Entstehung entscheiden können. Man war deshalb bei solchen Fragen vielfach auf das Gedächtnis, auf die Kombinationsgabe und endlich auch auf die Wahrheitsliebe des betreffenden Züchters angewiesen. Wir dürfen indes nicht vergessen, daß jene Züchtungen gar nicht im Interesse der Wissenschaft ausgeführt wurden, sie sollen ja nur rein praktischen Zwecken dienen. Den Züchtern gebührt deshalb kein Vorwurf, dem Forscher aber auch keiner wegen seines gerechtfertigten Mißtrauens. Heute ist nun in dieser Hinsicht ein ganz wesentlicher Fortschritt zu verzeichnen. Die

---

1   Erich von Tschermak-Seysenegg, *Die neuentdeckten Vererbungsgesetze und ihre praktische Anwendung für die rationelle Pflanzenzüchtung*, in: Wiener Landwirtschaftliche Zeitung 55, 1905, Nr. 17, pp. 144–145.

theoretische Ausbildung der Landwirte in unserer modernen Zeit steigerte naturgemäß auch das Interesse dieser Kreise für jene wissenschaftlichen Fragen und hat so
ganz wesentlich ein segensreiches Zusammenarbeiten zwischen Theorie und Praxis
angebahnt. Bereits sind manche theoretische wie praktische Erfolge der jüngsten Zeit
auf jenes systematische Hand-in-Handarbeiten zurückzuführen und sie werden sich
hoffentlich zusehends vermehren. Die Mauern, welche manche Züchter um ihre ge-
heimnisvolle, ab und zu recht zweifelhafte Tätigkeit gezogen haben, mußten und
müssen völlig fallen. In Deutschland gebührt gerade einem hervorragenden praktischen Züchter, der allerdings mit einem ganz seltenen theoretischen Wissen ausge-
stattet war, in erster Linie das Verdienst, in gemeinnütziger Weise durch Wort und
Schrift die Methoden und Erfolge der Veredlung und Neuzüchtung landwirtschaftli-
cher Kulturgewächse durch Kreuzung bekannt gemacht zu haben: Amtsrat Dr. Wilhelm Rimpau. Dem Beispiele dieses leider so früh verstorbenen Altmeisters deutscher
Pflanzenzüchtung folgend, gaben nun die meisten modernen Züchter aller Länder
genaue Mitteilungen über ihr Zuchtverfahren und veröffentlichten die Buchhaltung
über ihre Kulturen, so daß eine genaue Berurteilung ihrer züchterischen Tätigkeit
ermöglicht und brauchbares Material zu wissenschaftlicher Verarbeitung geboten
wird. Hiefür sind wir nicht zum wenigsten auch einem österreichischen Züchter,
Emanuel Ritter v. Proskowetz, zu Dank verpflichtet. Rimpaus Arbeiten gaben nicht
nur die Veranlassung zur Mitarbeit auf dem Gebiete der praktischen Pflanzenzüchtung, sondern sie eröffneten auch einer ganzen Anzahl von Theoretikern ein noch
wenig erschlossenes Gebiet. Durch die rege Anteilnahme an dem Ausbau der verhältnismäßig noch so jungen Lehre von der landwirtschaftlichen Pflanzenzüchtung hat
dieselbe heute schon so sehr an Umfang gewonnen, daß sie nicht mehr wie früher bei
Besprechung der einzelnen landwirtschaftlichen Kulturgewächse zum Schlusse gewissermaßen als Appendix behandelt werden kann. Sie ist heute zu einer selbständigen Disziplin herangereist und wird nun als solche nach dem von Prof. Dr. v. Rümker
im Jahre 1889 in Göttingen gegebenen Beispiele an fast allen höheren landwirtschaftlichen Lehranstalten vorgetragen. Dem Bedürfnisse, die sehr zerstreute Literatur auf
dem Gebiete der Getreidezüchtung zu sammeln, hat bereits Prof. v. Rümker im Jahre
1889 durch seine vorzügliche „Anleitung zur Getreidezüchtung" Rechnung getragen,
in neuester Zeit gibt Prof. Fruwirth durch seine „Züchtung der landwirtschaftlichen
Kulturpflanzen", welche im ganzen vier Bände umfassen wird, in ausgezeichneter
und erschöpfender Weise ein Bild von dieser mächtig aufstrebenden Wissenschaft.
Eine Sammlung der stetig zunehmenden Literatur bezwecken die von Prof. Fruwirth,
unter Mitwirkung des Unterzeichneten und Dr. Tedin zweimal im Jahre gebotenen
Referate über neuere Arbeiten auf dem Gebiete der Pflanzenzüchtung, welche seit
1903 im „Journal für Landwirtschaft" erscheinen, sowie das im Jahre 1904 zum er-
stenmal von Prof. Dr. Müller in Tetschen herausgegebene „Jahrbuch der landwirtschaftlichen Pflanzen- und Tierzüchtung". Die für uns Landwirte so wichtige Anerkennung jener landwirtschaftlichen Disziplin als eines auf rein wissenschaftlicher
Basis beruhenden und daher gleichberechtigten Spezialfaches von seiten der Naturhi-
storiker wird gerade dadurch gefördert, daß gegenwärtig zahlreiche Fragen der Befruchtung, Vererbung und Formenbildung von botanischen, zoologischen, wie von
landwirtschaftlichen Forschern, wie ich wohl sagen darf, mit gleichem Erfolge

gleichzeitig bearbeitet werden. Dazu gehört allerdings eine gewisse Spezialisierung in der Arbeit des Einzelnen, welche ja in den Naturwissenschaften so große Erfolge gezeigt hat.

Bei dem Umfange des Gegenstandes erscheint es mir angezeigt, in gesonderten Abschnitten die neueren Forschungen bezüglich des Befruchtungsaktes und der Fruchtbildung zu behandeln, dann die Ergebnisse der künstlichen Kreuzung, endlich die Lehre von der Variation, Anpassung und Mutation.

Unsere Kentnisse über die Befruchtung, Vererbung und Formbildung sind durch die Arbeit der letzten Jahre ganz besonders gefördert worden. In mehrfacher Beziehung kann man geradezu von einer völligen Umgestaltung sprechen. Ich denke dabei nicht bloß an die Mutationstheorie von de Vries oder an die Neubegründung der Bastardlehre durch die wieder gewonnene Entdeckung Mendels, daß die Vererbung der einzelnen Merkmale eine selbständige und gesetzmäßige ist. Auch unsere Kenntnise über den Befruchtungsakt und über die Fruchtbildung haben höchst wertvolle Bereicherungen erfahren. In erster Linie ist hier die Entdeckung der doppelten Befruchtung seitens Nawaschin und Guignard zu nennen. Dieser zufolge vereinigt sich von den drei Kernen des Pollenkornes nicht bloß einer mit der Eizelle, sondern auch ein zweiter mit den Kernen des Embryosackes, aus welchem weiterhin das Endosperm oder Sameneiweiß hervorgeht. Dieses ist für die Ernährung der Keimlinge selbst ein besonderer Befruchtungsakt. Bei Rassenverschiedenheit der beiden Eltern kann es an Form und Farbe Anzeichen dieser hybriden Herkunft an sich tragen. Ein solches Verhalten ist besonders schön an den Kolben von Mais nach gleichzeitiger Selbstbefruchtung und Fremdbefruchtung zu beobachten (de Vries, Correns). Wird z. B. auf die Narben von Zuckermais neben eigenen Pollen noch solcher von gewöhnlichem Mais aufgebracht, so finden wir am ausgereizten Kolben neben den runzeligen Zuckermaiskörnern eine Anzahl von runden Stärkemaiskörnern. In diesem Falle ist also schon an dem Aussehen der Samen zu erkennen, ob der fremde Pollen gewirkt hat. Dasselbe ist der Fall in jenen Fällen, wo der Embryo oder das gleichfalls aus der Eizelle hervorgehende Speichergewebe eine sinnfällige Veränderung erfährt. So zeigen die sonst gelben Samen gewisser Levkojenrassen Blaufärbung nach Befruchtung durch eine blausamige Rasse; ebenso zeigen die grünsamigen oder runzelsamigen Erbsenrassen gelbe Farbe und runde Form der Samen nach Befruchtung durch eine gelbsamige oder glattsamige Rasse. Im ersten Falle (Mais) spricht man von Endospermxenien, im letzteren (Erbse) von Embryoxenien. Die älteren Angaben über echte Xenien, welche die von den Mutterindividuen gebildeten Fruchthüllen betreffen, haben eine exakte Bestätigung in neuerer Zeit nicht gefunden, doch fordern die gelegentlichen Angaben bezüglich Obst-, Weinsorten und Melonen entschieden zur Weiterverfolgung dieses Gegenstandes auf. Die Erscheinung der doppelten Befruchtung wurde zunächst bei Liliaceen, Ranunculaceen und Kompositen festgestellt, dann aber bei einer immer wachsenden Zahl von Familien unter den Angiospermien erwiesen (Thomas, Land, Guignard, Strasburger, Shibata). Ausnahmsweise kann Befruchtung und Embryobildung nicht an der Eizelle, sondern an anderen Bestandteilen des Eiapparates erfolgen. Ein solches Verhalten wurde an den Hilfszellen oder Synergiden bei Iris (Dodel), beim Türkenbund, Lilium Martagon (Overton) und bei Alchemilla sericata (Murbeck) festgestellt. Aber auch aus den Zellen am Gegenpole des Embryofackes, den sog. Antipolen, können Embryonen hervorgehen (Tretjakow bei Alium odorum).

Der Pollen stellt auch unseren gegenwärtigen Kenntnissen nicht bloß die Mitursache für die Ausbildung der Eizelle und des Endosperms dar, sondern er gibt wenigstens in manchen Fällen zugleich und unabhängig von der Befruchtungswirkung einen Wachstumsreiz für die Fruchthüllen ab. Eine solche vegetativ sexuelle Doppelwirkung der Bestäubung haben Hildebrand, Focke, Strasburger, Müller-Thurgau, Göbel, J. Winkler, Tschermak, Massart erwiesen. Bei Bestäubung zweier relativ fernstehender Orchideenarten erfolgte z. B. Bildung von Samen, jedoch ohne Keim (Hildebrand, Strasburger). Auch die kleinen frühreifenden und kernlosen Beeren am Weinstock verdanken ihr Dasein einer Bestäubung ohne Befruchtungseffekt. Analogerweise bewirkt bei einzelnen Kruciferen, sowie bei gewissen Aepfel- und Birnensorten (Müller-Thurgau) der Pollen eines anderen Individuums eine weit stärkere Ausbildung der Fruchthüllen als der eigene Pollen, ohne daß die Zahl der erzeugten Samen einen entsprechenden Unterschied aufweisen würde (Hildebrand, Tschermak). (Siehe Fig. 95.) Dieser Nutzeffekt der Fremdbestäubung könnte vielleicht in manchen Fällen praktisch verwertet werden. Allerdings können zweifellos Früchte auch ohne Polleneinwirkung zur Ausbildung kommen. Diese von Noll als Parthenokarpie bezeichnete Erscheinung findet sich bei einzelnen Gurkensorten, ferner bei der kernlosen Mispel (O. Kirchner), an der Feige (Fritz Müller und Swingle), endlich an Birnbäumen (Müller-Thurgau), sowie an *Cannabis sativa* und *Merculiaris perennis* (E. Bitter).

Fig. 95. Vegetativer Effekt des Pollens bei Fremdbestäubung an Golblack (Cheiranthus Cheiri).

F = bei Fremdbestäubung erzeugte Schoten, die anderen Selbstbestäubung. Das verstärkte Wachstum der Fruchthüllen kann nicht allein auf die Steigerung der Samenentwicklung bezogen werden.

Auf der anderen Seite mehren sich von Jahr zu Jahr die Beobachtungen über ungeschlechtliche Erzeugung neuer Individuen auch im Pflanzenreiche. Nachdem Kame-

rarius 1694 die Lehre von der Sexualität der Pflanzen begründet hatte, war speziell
durch die Bastardierungsversuche eines Kölreuter, Knight, Gärtner, Naudin und Go-
bron die Vorstellung des geschlechtlichen Charakters der Fortpflanzung schließlich
ganz allgemein geworden, so daß die gelegentlichen Mitteilungen über ungeschlechtliche Samenbildungen nur Zweifel begegneten. Und doch mochten vielleicht bezügliche Erfahrungen schon der lange andauernden Gegnerschaft wider der Sexualitäts-
theorie zugrunde gelegen haben. Die ältesten gesicherten Beobachtungen über Entwicklung der Eizellen ohne Befruchtung, also über sog. Parthenogenesis, betreffen
niedere Pflanzen, nämlich die Armleuchtergewächse (*Chara crinata*), ferner gewisse
Pilze und Moose. Unter den Phanerogamen schienen das nur in weiblicher Form bekannte Alpenkatzenpfötchen (*Antennaria alpina*, Kerner, Juel) und zwei Wolfsmilch-
arten, nämlich das Bingelkraut (Mercurialis annua) und die australische *Caelebogyne
ilicifolia* klassische Beispiele für parthenogenetische Fortpflanzung darzustellen. Gewichtige Bedenken ergaben sich jedoch aus der Entdeckung von Murbeck, daß bei
einer großen Anzahl der Arten der Gattung Alchemilla die Emryobildung auf rein
vegetativem Wege, nämlich durch Sprossung aus dem Gewebe in der Umgebung des
Embryosackes erfolgen kann. Dieses Verhalten ist auch wirklich bei der frühen genannten, scheinbar parthenogenetischen Caelobogyne erwiesen worden. Bei Amaryl-
lis und Crinum war bereits die Erscheinung bekannt, daß sich Knospen anstatt einer
Samenanlage im Innern des Fruchtknotens entwickeln können. Von da ist aber nur
mehr ein Schritt zur Sproßbildung an vegetativen Pflanzenteilen, wie sie an den Blättern und Stengeln zahlreicher Schotengewächse und Liliaceen und vielen anderen
Familien allgemein bekannt ist. Hingegen steht die Parthenogenesis außer Zweifel bei
zahlreichen Arten des Löwenzahns und des Habichtkrautes (Murbeck), von denen
bereits Raunkier und Ostenfeld keimfähige Samen ohne Befruchtung erhalten hatten.
Dasselbe gilt wohl auch von Bryonia dioica (Bitter[2]).

---

2   [145/1] Nach einem Vortragszyklus für praktische Landwirte in Breslau am 10. Jänner 1905
gehaltenen Vortrage.

DER MODERNE STAND DES VERERBUNGSPROBLEMS[1]

(The Modern Situation of the Problem of Heredity)

Erich von Tschermak–Seysenegg

Die Lehre von der Vererbung ist eines jener Probleme, deren Lösung die Menschheit seit den frühesten Zeiten ihrer Kulturarbeit erstrebt – ohne allerdings bis heute zu einer erschöpfenden Beantwortung zu sein. Doch hat die fast unabsehbare Schar von Geistesarbeitern, welche sich in den Dienst unserer Frage gestellt, eine hocherfreuliche Fülle von dauernd wertvollen Tatsachen zutage gefördert, welche eine große Zahl von Theorien und Hypothesen in eine einheitliche Fassung zu bringen sich bemüht. Allerdings haben die letzteren nicht selten ihre Hauptaufgabe der Vereinheitlichung und Weiterförderung des Tatsachenmaterials mehr oder weniger vergessen, so daß nicht selten ein förmliches Überwuchern der Theorie zu beklagen ist. Aber wie die Wissenschaft ohne äußeren Zwang sich immer wieder auf ihre Forschungspflicht besinnt und durch neue Großtaten gleichsam verjüngt, so hat auch die Spezialfrage der Vererbung durch bedeutsame Entdeckungen der letzten Dezennien wesentlich neuen Inhalt und neue Form gewonnen. Trotz seines ehrwürdigen Alters ist das Vererbungsproblem als ein aktuelles, ja höchst modernes zu bezeichnen. Demgemäß dürfen diese für den Theoretiker wie für den landwirtschaftlichen Praktiker gleichwichtigen Fragen von vornherein einen gewissen Anspruch auf Interessen erheben. Doch ehe wir dem reizvollen Detail der sinnfälligen Vererbungserscheinungen an Tier und Pflanze näher treten, seien in aller Kürze die allgemeinen Begriffe und Grundlagen der Vererbung und Veranlagung mit Bezugnahme auf die einschlägigen Ergebnisse der mikroskopischen Beobachtung erörtert.

---

1   Erich von Tschermak-Seysenegg, *Der moderne Stand des Vererbungsproblems*, in: Archiv für Rassen- und Gesellschaftsbiologie 5, 1908, H. 3, pp. 307–326.

ALLGEMEINER TEIL

Die allgemeinen Begriffe und Grundlagen der Vererbung und Veranlagung.

Die Erfahrungsgrundlage des Vererbungsbegriffes bildet die tausendfältig erhärtete Tatsache, daß ein Organismus bzw. zwei Organismen Geschlechtsprodukte liefern, aus welchen – im allgemeinen nach paarweiser Verschmelzung oder Befruchtung – sich neue Organismen von wesentlich wieder derselben Beschaffenheit entwickeln. Es ist ein, wenn auch naheliegender Schluß, welcher über den Tatbestand der genetischen Kontinuität und Merkmalgemeinschaft hinausgeht, – der Schluß, daß die Eigenschaften der als Eltern bezeichneten Organismen die Ursache abgeben für die spätere Entfaltung übereinstimmender Eigenschaften an den Nachkommen. Diese Vorstellung einer Übertragung von Eigenschaften seitens der Eltern an die Kinder war durch Analogie einer Übertragung von äußeren Besitztümern, von Erbobjekten, gewiß sehr nahe gelegt; sie hat aber doch nur einen hypothetischen Charakter. Insofern schließt der Begriff der Vererbung in seinem ursprünglichen Sinne bereits eine gewagte, folgenschwere Theorie in sich. Der Unterschied zwischen tatsächlichen „post hoc" und hypothetischem „propter hoc" wird uns besonders klar, wenn wir die Spezialfrage stellen, auf welche Art, auf welchem Wege, zu welchem Termin jene eigenschaftgebende Einwirkung oder Prägung jene angenommene Übertragung stattfinden sollte. Antwort versuchen uns zu geben die verschiedenen Übertragungs- oder Abbildungstheorien der Vererbung, mögen sie als ältere oder neuere Extrakt- oder Sekrettheorien oder als Keimchentheorien (D a r w i n s Pangenesis) den Säftestrom oder das Nervensystem als Vermittler ansprechen. Durchwegs kehrt dabei die Vorstellung wieder, daß eine lokale Eigenschaft des Mutterorganismus eine Veränderung veranlasse, welche die spätere Entfaltung einer analogen Eigenschaft am Tochterkeime, also deren Veranlagung bewirke, daß sich also der übergeordnete Organismus in seinen Geschlechtszellen abbilde und ihrem Plasma erst die Prägung nach Art, Rasse, Stamm verleihe. Diese Anschauung sei durch das folgende Schema (Fig. 1 nach A. v. T s c h e r m a k) illustrirt.

Und doch ist diese Übertragungstheorie der Vererbung keineswegs die einzig mögliche, auch keineswegs die plausibelste. Aus dem Circulus vitiosius: die Lokaleigenschaft a bewirkt die Säfte- oder Nervenveränderung B, diese bewirke wieder die Anlage zu a, führt uns die Paralellitätstheorie der Vererbung ohne Schwierigkeit heraus, wie speziell W e i s m a n n, G o e t t e und mein Bruder A. v. T s c h e r m a k[2]) dargetan haben. Nach dieser Auffassung haben der elterliche Organismus und seine Fortpflanzungszellen, der Personalteil und der Germinalteil nach W e i s m a n n, als Vorkömmlinge und Teile derselben spezifischen lebendigen Substanz von vornherein

---

2   [307/1] Vgl. speziell W e i s m a n n, Über Vererbung, Jena 1883; Die Kontinuität des Keimplasmas als Grundlage einer Theorie der Vererbung, Jena 1885; Das Keimplasma. Eine Theorie der Vererbung, Jena 1862; Neue Gedanken zur Vererbungsfrage, Jena 1895; Vorträge über Deszendenztheorie, 2 Bd., Jena 1902. – G o e t t e, Über Vererbung und Anpassung. Straßburg 1898. A. v. T s c h e r m a k, Neuere Anschauungen über die Entstehung der Arten. Münch. Med. Wochenschr. 1904, S. 364 und Besprechung in: Naturwiss. Rundschau 1905.

die Anlage zu denselben Eigenschaften. Zwischen Mutter- und Tochterindividuum besteht diesbezüglich keine ursächliche Subordination,

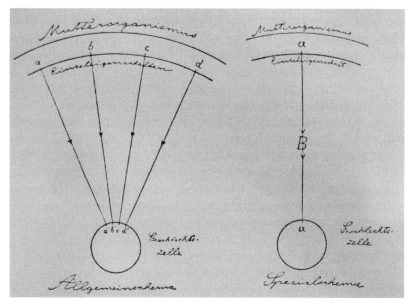

Figur 1.

sondern Koordination (G o e t t e) oder Parallelität (A. v. T s c h e r m a k). Die Geschlechtszellen oder der Germinalteil sind einfach als ein Teil derselben lebendigen Substanz aufzufassen, als ein Teil, welcher sich erst später und zwar im allgemeinen anschließend an Befruchtung nach derselben Richtung entwickelt, wie es früher die Körperzellen oder der Personalteil bereits getan. Zur Illustration des Gesagten seien in Fig. 1, 2 (S. 308), 3 (S. 310) einige Schemata (nach A. v. T s c h e r m a k) vorgeführt.

Die parallel entwickelten Mutter-, Tochter-, Enkelindividuen sind nach dieser Anschauung etwa miteinander verwandt wie die schrittweise nach einander entfalteten Blätter eines und desselben fortwachsenden Zweiges oder wie die nacheinander hervorgesproßten Schalenblätter einer fortwachsenden Zwiebel. Wir können dies auch mit den Worten ausdrücken: die einmal mit bestimmten Spezieseigenschaften begabte lebendige Substanz wächst fort und fort unter schrittweisem Abstoßen je eines Anteiles als Mutterindividuum, dann als Tochterindividuum, dann als Enkelindividuum usw. Die aufeinanderfolgenden Generationen von Individuen lösen sich vom fortwachsenden Artplasma wie Blatt um Blatt von einem fort-

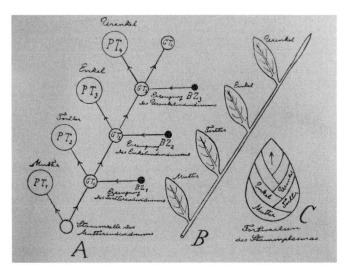

Figur 2.

wachsenden Zweige. Die Befruchtung führt zur Ausgestaltung des einen und zur Re-
servirung eines a n d e r e n Teiles des in toto spezifisch veranlagten Stammplasmas.
Der Begriff der Parallelentwicklung bewahrt uns zugleich vor der falschen Vorstellung, daß dem Germinalteile eine ganz besondere Eigenart zukomme. Gewiß sondert
sich bei vielen Tieren sehr frühzeitig ein später die Geschechtszellen liefernder Zel-
lenkomplex ab – doch bedeutet dieser Prozeß nur den typischen Vorgang, nicht die
absolute Preisgabe eines solchen Bildungsvermögens seitens des Personalteiles überhaupt. Auch weiterhin verrät, wenigstens in gewissen Fällen und unter künstlich geschaffenen abnormen Bedingungen, der Personalteil die Fähigkeit, neuerdings Geschlechtszellen zu bilden, also Sexualplasma abzuscheiden. Bei der Pflanze ist das ja
geradezu die Regel, wie die schrittweise Neuproduktion von Blütenanlagen beweist,
die sich überdies künstlich an Körperstellen auslösen läßt, deren Zellen unter unveränderten Bedingungen rein somatisch geblieben wären. Auch die Möglichkeit, sehr
verschiedene Organzellen in Blatt-, Stamm- oder Wurzelteilen als sekundäre Eizellen
zur ungeschlechtlichen Entwicklung eines neuen Individuums zu bringen, wie es speziell die gärtnerische Vermehrung durch Stecklinge demonstrirt, spricht entschieden
gegen die Vorstellung einer Wesensverschiedenheit oder einer reinlichen Trennbarkeit von somatischen und sexuelem Plasma. Nicht minder sind gerade die botanischen
Erfahrungen geeignet, die Übertragungstheorie der Vererbung zu widerlegen: müßte
sich doch die Gesamtheit der Eigenschaften einer solchen Pflanze in schier jeder einzelnen Zelle abbilden, also nicht bloß an die bei typischen Verhalten gerade zu Fortpflanzungszellen sich ausbildenen Teile der lebendigen Substanz übertragen werden.
    Für die Parallelitätstheorie und gegen jedwege Übertragungstheorie der Verer-
bung spricht ferner die regelmäßige Wiederkehr solcher Eigenschaften in den einzelnen Generationen, welche sich erst zu einer Zeit ausbilden, da die Produktion von

Sexualzellen bereits erloschen ist: ich meine die mitunter sehr charakteristischen In-
volutions- oder Seniumserscheinungen. Die Tatsache der Vererbung latenter Eigenschaften, also eines sog. kryptomeren Charakters, speziell die Erscheinung, daß fort-
pflanzungsfähige Larven durch die ganze Generationsfolge hindurch das Vermögen
beibehalten, eine und dieselbe fertige Tierform hervorzubringen – man denke an die
gelegentliche Ausbildung des Axolotles zur fertigen Lurchform Amblystoma –, ebenso die Erscheinungen des Generationswechsels, des Atavismus, aber auch des Zu-
wachses von neuen Eigenschaften (spontane und Hybridmutation) harmoniren viel
besser mit der Auffassung der einzelnen Generationen als selbstständiger, koordinir-
ter Zweigprodukte einer Stammsubstanz als mit der Annahme einer Prägung durch
Eigenschaftsübertragung.

Die Parallelitätstheorie verbreitet auch neues Licht über die so viel erörterte Frage
der V e r e r b u n g   e r w o r b e n e r   E i g e n s c h a f t e n. Nach der Übertra-
gungshypothese müßte eine solche ja darin bestehen, daß eine von außen her bewirkte
Veränderung   des   Mutterindividuums   das   spätere   Hervortreten   einer
k o r r e s p o n d i r e n d e n Abänderung am Tochterindividuum bewirken würde
oder wenigstens in gewissen Fällen bewirken könnte. Gegen das Bestehen eines solchen   Verhaltens   spricht   entschieden   die   Erfahrung,   welche   besonders
W e i s m a n n durch kritische Analyse der vorgebrachten Einzelfälle in verdienstvol-
ler Weise immer wieder und wieder erhärtet hat – die Erfahrung nämlich, daß durch
äußere Einwirkung örtliche Veränderungen (primäre Lokaleffekte nach A. v.
T s c h e r m a k) am Tier- und Pflanzenkörper z.B. Verletzungen, Verstümmelungen,
ebenso durch individuelle Verteilung der Belastung, bewirkte anpassungsmäßige Besonderheiten der Knochenstruktur keine korrespondirenden Abänderungen in der
Deszendenz nach sich ziehen, sich also nicht vererben. Hingegen läßt die Parallelitätstheorie von vornherein die Möglichkeit offen, daß äußere Einwirkungen, z.B. kli-
matische Faktoren, Kulturbedingungen, chemische Substanzen, speziell Gifte, nicht
bloß den in Ausbildung begriffenen oder bereits ausgebildeten Personalteil (das Mutterindividuum) sondern auch den vielleicht noch gar nicht abgegliederten oder als
Sexualzelle bereits deponirten, im Mutterleibe eingeschlossenen Germinalteil entsprechend ihrem übereinstimmenden Artcharakter zu einer übereinstimmenden, parallelen Veränderung und Reaktion veranlassen können.

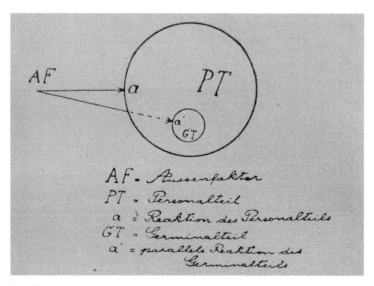

Fig. 3.

Gewiß ist durch die Aufgliederung des Leibes der höheren Pflanzen und Tiere in einzelne Zellen und Organe ein Moment gegeben, welches das lokale Beschränktbleiben einer Reizung und einer Reaktion begünstigt. In analoger Weise erschwert die cellulare Abgliederung und Einschließung des Germinalteiles eine parallele Beeinflussung und koordinirte Abänderung desselben. Zudem kam an den noch nicht differenzirten Geschlechtszellen eine exogene Abänderung im Laufe ihrer Existenz oder gar im Anschlusse an die Zumischung fremden Plasmas bei der Befruchtung auch leichter wieder zurückgehen und kann das später daraus entwickelte Individuum keine Spur einer solchen mehr verraten. Insofern bedeutet nach A. v. T s c h e r m a k die oft sehr frühzeitig vollzogene cellulare Scheidung von Personalteil und Germinalteil zugleich eine Schutzeinrichtung gegen eine sog. Vererbung erworbener d. h. durch äußere Momente veranlaßter Eigenschaften. Gewiß lassen sich mitunter dennoch exogene Paralleleffekte durch Einwirkung nicht bloß auf das Mutterindividuum sondern auch auf den Keim des Tochter- und eventuell sogar noch des Enkelindividuums erzielen. Beispiele hierfür geben die allmählich abklingende Nachwirkung des Klimas auf die unter andere Verhältnisse versetzten Coniferensämlinge (C i e s l a r), die begreiflicherweise noch zähere Nachdauer von Giftabschwachung oder Pigmentverlust bei der Teilungsdeszendenz von Bakterien, die sog. Vererbung von aktiver Immunität gegen Tetanus- oder Ricingift bei Mäusen und zwar nur an die Eizellen (P. E h r l i c h), jene gegen Hundswut und Diphtherie bei Kaninchen, endlich die Ausdehnung der Temperaturvariation auf die Tochtergeneration bei Schmetterlingen (S t a n d f u ß, E. F i s c h e r). Die sekundären Lokaleffekte, welche in solchen Fällen die Gesamtveränderung des Organismus am Mutterindividuum und eventuell nachwirkend am Tochterindividuum hervorbringt, werden keineswegs als solche von Mutter auf Tochter übertragen, sondern stellen parallele Endeffekte einer gemeinsamen Ursache dar.

Diese Fälle von Wirkung äußerer Faktoren über die Grenzen des Personalteils hinaus sind also, wie A. v. Tschermak stets betont, völlig wesensverschieden von dem öfters noch behaupteten, aber nie erwiesenen Vorkommen von Abbildung oder Übertragung, von Vererbung erworbener Eigenschaften oder primärer Lokaleffekte im Vulgärsinne. Weit entfernt für die letztere zu sprechen, sind sie deutliche Beweisgründe gegen eine solche und für die Parallelitätslehre. W e d e r   i s t   f ü r   d e n   F a l l   d e r W i e d e r h o l u n g   d e r   a n g e s t a m m t e n   E i g e n s c h a f t e n   e i n e V e r e r b u n g   i m   S i n n e   v o n   Ü b e r t r a g u n g   e r w i e s e n ,   n o c h s p r e c h e n   i r g e n d w e l c h e   e i n w a n d f r e i e n   B e o b a c h t u n g e n f ü r   e i n e   Ü b e r t r a g u n g s v e r e r b u n g   b e z ü g l i c h   e r w o r b e n e r E i g e n s c h a f t e n.

Die eben skizzierte Auffassungsweise führt ferner zu sehr klaren Konsequenzen bezüglich der Leistungsfähigkeit äußerer Faktoren für die Produktion neuer Eigenschaften, neuer Formen. Durch die hochinteressante, als Neo-Lamarckismus oder als Lehre von der korrelativen Bewirkung (v. W e t t s t e i n) bezeichnete Forschungsrichtung ist ja diese Frage sehr aktuell geworden. Erst in den letzten Dezennien hat man die Bedeutung der speziellen Lebensbedingungen für die pflanzliche, z. T. auch für die tierische Formbildung wie für den Lebensprozeß überhaupt erkannt und exakt studirt. Besonders haben jene exogenen Abänderungen oder Reaktionen, welche auf einen spezifischen, d. h. gerade den veränderten Bedingungen entsprechenden Nutzeffekt gerichtet erscheinen (A. v. T s c h e r m a k), das Interesse der Biologen auf sich gezogen; wir bezeichnen dieselben kurz als „A n p a s s u n g s e r s c h e i n u n g e n". Das Anpassungsproblem ist geradezu eine der führenden Ideen in der Biologie der Gegenwart zu nennen. Auf morphologischem Gebiete haben vor allem die Studien über alpinen Nanismus (G. B o n n i e r), über die Anpassungseffekte im Höhen- wie im Tropenklima (R. v. W e t t s t e i n) den weitgehenden formbestimmenden Einfluß äußerer Momente, die wir kurz als Standortsfaktoren zusammenfassen können, dargetan. Zahlreiche, den jeweiligen Bedingungen in staunenswerter Weise entsprechende Bildungen lassen sich demnach gewiß als exogen ausgelöste, adaptive Reaktionen auffassen. Andererseits behält jedoch der Organismus dabei seine hochgradige Plastizität: schon dasselbe Individuum vermag seine Anpassungsmerkmale bei Versetzung unter geänderte Bedingungen sehr erheblich zu modifiziren, mag eine noch so lange Ahnenkette am ursprünglichen Standorte immer wieder dieselben charakteristischen Merkmale gezeigt haben. Wem war z.B. nicht das rasche Vergrünen, die Sproßverlängerung und Auflösung des Blütenstandes von dem ins Tiefland verpflanzten Edelweiß bekannt? Die betreffenden Merkmale erweisen sich demnach als keineswegs fixiert durch sog. Vererbung, durch vielleicht tausendfältige Wiederholung in der Ahnenreihe. Gewiß zeigen die folgenden Generationen nach dem Versetzen eine noch weitergehende Veränderung der Anpassungsmerkmale bzw. ein abklingendes Nachdauern der früheren Gestaltungsweise. Eine solche Wirkung über die Grenzen des verpflanzten Individuums hinaus ist jedoch nach dem oben bezüglich der Parallelitätstheorie Gesagten keineswegs verwunderlich. Im wesentlichen dürfen wir jedoch die Anpassungsmerkmale als Leistungen oder Reaktionen des Einzelindividuums auffassen. Solange die Reihe der Generationen am selben Standorte, unter den gleichen Bedingungen verharrt – und das ist ja in der freien Natur in hohem Grade der Fall – rufen die Anpassungsmerkmale den Anschein von Stabilität und völliger Erblichkeit hervor. Bei künstlichem Wechsel der Bedingungen erst enthüllen sie als plastische Eigenschaften ihre wahre instabile Natur im Gegensatze zu den starren Organisationsmerkmalen (nach der von Nägeli geschaffenen Einteilung und Bezeichnung).

Allerdings sei mit dieser Charakterisirung nicht die Möglichkeit bestritten, daß u n t e r   b e s o n d e r e n Umständen schließlich doch die Plastizität bezüglich der ursprünglich exogen durch Anpassung entstandenen oder veränderten Merkmale l e i d e n   k a n n: dann würde die Veränderung auch nach Aufhören der auslösenden Bedingungen in gewissem gleichbleibenden Ausmaße dauernd fortbestehen. Ein solcher Fall ist vielleicht in manchen Fällen von Vernichten der Gift- und Farbstoffbildung bei Bakterien gegeben.

Die früher gemachte, mir wichtig erscheinende Einschränkung bedeutet keine Unterschätzung der Bedeutung, welche den äußeren Faktoren bzw. der Anpassung für die Bildung neuer Formen zukommt, vielmehr nur eine klare Bestimmung des Wirkungsgebietes, das in mancher Beziehung vielleicht ein noch viel weiteres ist, als man heute noch gemeiniglich annimmt. Doch bleiben die Produkte dieser Art charakteristische Standortsmerkmale, immer abhängig von den äußeren Bedingungen, durch welche sie reaktiv hervorgerufen sind, und zeigen dadurch eine wesentlich andere Natur als die starren Organisationsmerkmale, wie sie plötzlich durch Sprungvariation, sei sie eine spontane Mutation oder durch Bastardirung ausgelöst, neu entstehen können und vollständig oder numerisch beschränkte Erblichkeit (als sog. Mittelrassen, Teil- oder Halbrassen) zeigen. Durch die hiermit gekennzeichnete begriffliche Scheidung erhält jeder der zwei bzw. drei Wege, welche zur Bildung neuer Eigenschaften oder Formen führen, seine selbstständige Bedeutung eben auf seinem speziellen Gebiete und bezüglich seiner charakteristischen Produkte. Von dem damit gewonnenen Standpunkte aus, zu dem uns wiederum ganz wesentlich die Parallelitätsauffassung der Vererbung geführt hat, erscheint einerseits der dem Neo-Lamarckismus gemachte Einwand hinfällig, daß er darum der formbildenden Bedeutung entbehre, weil die durch Anpassung neu produzirter Eigenschaften bei Ortwechsel nicht stabil oder nicht dauernd erblich seien. Diese Forderung kann eben kein Kriterium abgeben, sie kann und soll ja, wenn ich so sagen darf, gar nicht erfüllt werden. Andererseits kann gegen die Bewertung der Spontanmutation sowie der Hybridmutation als formbildender Faktoren nicht der Einwand gemacht werden, daß ihre Produkte, obzwar dauernd erblich – sei es in numerisch vollkommenem oder in nur partiellem Ausmaße – doch eine funktionelle Bedeutung mehr oder weniger vermissen lassen.

Die Parallelitätstheorie der Vererbung ließ uns den Fortpflanzungskörper, der sich zu einem neuen Individuum auszubilden vermag, nicht eigentlich als Produkt des Mutterorganismus, sondern als eine früher oder später abgetrennte Partie desselben Plasmas betrachten, als eine Partie, welche nur zu späterer Entwicklung reservirt wird. Mit recht hat G. K l e b s die Bildung besonderer Fortpflanzungskörper als einen vom Wachstum wesentlich verschiedenen Prozeß definirt. Die Fortpflanzung bietet ja die besondere Eigentümlichkeit dar, daß die lebendige Substanz eine Reduktion erfährt auf eine geringere Masse, auf eine einfachere Form, ja zumeist auf ein einzelliges Stadium. In dieser reduzirten Form muß jedoch die Potenz zu all den verschiedenen

Eigenschaften gegeben sein, welche später das fertigte Individuum aufweist. Soweit Analogieschlüsse zwischen den verschiedenen Tierklassen erlaubt sind, erscheint es heute ja n i c h t m e h r z w e i f e l h a f t, d a ß n i c h t b l o ß d i e o h n e B e f r u c h t u n g s i c h e n t w i c k e l n d e F o r t p f l a n z u n g s z e l l e o d e r S p o r e, s o n d e r n a u c h d i e d e r B e f r u c h t u n g f ä h i g e u n d g e w ö h n l i c h b e d ü r f t i g e E i- o d e r S a m e n z e l l e i n s i c h s c h o n d i e B e f ä h i g u n g t r ä g t, e i n e n v o l l s t ä n d i g e n O r g a n i s m u s d e r b e t r e f f e n d e n A r t h e r v o r z u b r i n g e n. Zur Begründung dieses Satzes führe ich im Vorübergehen nur an: einmal den Wechsel parthenogenetischer und geschlechtlicher Generationen bei gewissen Tieren (bei der Wasserflohgattung Daphnia sowie bei der Reblaus in nachweisbarer Abhängigkeit von bestimmten äußeren Faktoren!), ferner die Möglichkeit männlicher Parthenogenesis bei der Alge Ectocarpus (B e r t h o l d), dann die erfolgreichen Versuche von Merogonie d. h. Entwicklung einer Samenzelle in einem keralosen Eistück bei Seeigeln (B o v e r i, D e l a g e u. a.), endlich die Ergebnisse von J. L o e b betreffs der künstlichen Auslösung von Entwicklung unbefruchteter Eizellen. Sicher beraubt das in der Periode der Reifung und Befruchtung erfolgende Ausstoßen der zwei Richtungskörperchen oder Pollzellen aus dem Ei,[3] wobei allem Anscheine nach die Kernteilung nach einem ganz eigenartigen Modus, nämlich unter sog. Reduktionsteilung,[4] geschieht, die Eizelle nicht der Veranlagung einen vollständigen Organismus zu bilden, so daß diese erst durch Zufuhr einer Samenzelle wiederhergestellt werden müßte. Ich möchte vielmehr mit A. v. T s c h e r m a k in jener Zellbildung in erster Linie eine bloße Vermehrung der Geschlechtszellen sehen. Dieselbe liefert zwar an w e i b l i c h e n Zellen nur eine entwicklungsfähige, während die anderen zwei potentiellen Eizellen schon infolge des Mangels an Reservesubstanzen pro nihilo gebildet sind: an m ä n n l i c h e n Geschlechtszellen resultiren hingegen durch einen in vieler Beziehung analogen Vermehrungsmodus vier entwicklungsfähige Samenzellen. Allerdings ist die Verschiedenheit an Veranlagung unter den gerade vor der Befruchtung noch vervielfältigten Sexualzellen keineswegs ausgeschlossen. Im Falle von Bastardnatur des Elternindividuums werden ja dabei nach der Theorie G r e g o r M e n d e l s verschiedene Arten von Geschlechtszellen gebildet und zwar so viele Arten als Kombinationen zwischen den Eigenschaften beider Eltern möglich sind, zudem jede Art in gleicher Anzahl. Wenn die gekreuzten Elternindividuen, wie dies bei Fremdbestäubungen sehr oft der Fall sein wird, verschiedenen Linien oder Stammen derselben Varietät angehören, ist eine analoge Anlagenverschiedenheit unter ihren Geschlechtszellen sehr wahrscheinlich. (Ja die Möglichkeit ist nicht ganz auszuschließen, daß – soweit überhaupt eine Anlagenabspaltung bei der Reduktions-

---

3   [314/1] Allerdings gibt es Fälle, in denen die Ausstoßung der Richtungskörperchen, wenigstens des 2., erst nach Eindringen der Spermatide in die Eizelle erfolgt.
4   [314/2] Man vergleiche die sehr ausgedehnte Literatur über die Frage der Reduktionsteilung bei K o r s c h e l t, Lehrbuch der Entwicklungsgeschichte 1902, und bei R. F i c k, Vererbungsfragen, Reduktions- u. Chromosomen-Hypothesen, Bastard-Regeln, Ergebnisse der Anatomie und Entwicklungsgeschichte Bd. 16, 1906, Wiesbaden.

teilung angenommen wird[5]) – in gewissen Fällen bestimmte Anlagen häufiger oder regelmäßig den abortiven Polzellen zugeteilt würden, andere Anlagen der definitiven Eizelle, so daß bezüglich der weiblichen Sexualzellen die Mendelschen Zahlenverhältnisse alterirt würden).

Nicht minder eifrig als die Bedeutung der Reife- oder Reduktionsteilung der Geschlechtszellen wurde im Laufe der letzten zwei Dezennien die Frage behandelt, welcher Teil jener Zellen für die spätere spezifische und individuelle Ausbildungsweise des Zeugungsproduktes entscheidend ist, also den sog. Träger der Anlagen oder der Erbmasse darstellt. Der sinnfällige komplizierte Formwechsel, welchen speziell der farbstoffspeichernde Anteil des Kernes bei der Teilung erkennen läßt, ferner die anscheinende geringe Masse des Zellplasmas in den Spermatiden vieler Tiere, die anscheinende Massengleichheit des Eikernes und des Sexualkernes in zahlreichen Fällen und die gleichmäßige Kernmassen-Verteilung auf die Tochterkerne – diese und ähnliche Daten der Mikroskopie haben zahlreiche Forscher, wie S t r a s b u r g e r, O. H e r t w i g, W e i s m a n n, K o e l l i k e r zu der Theorie geführt, daß a l l e i n d e r K e r n die Eigenschaften des Tochterindividuums bestimme, daß er gewissermaßen das V e r e r b u n g s m o n o p o l besitze. Ja, diese Bedeutung beschränke sich sogar auf seinen farbstoffspeichernden Anteil, das Chromatin. Bezüglich des eben angewandten Terminus, ebenso bezüglich der Spezialbezeichnungen für die anderen Kernanteile kann ich mich nur dem kritischen Standpunkte meines Bruders anschließen, welcher immer wieder darauf hinweist, daß eine solche der chemischen Terminologie nachgebildete Bezeichnungsweise nur zu leicht zu der äußerst bedenklichen Gleichstellung gewisser nur sehr allgemein charakterisirbarer Teile der lebendigen Substanz mit bestimmten relativ einfachen chemischen Körpern zu verleiten droht. Die gerade auf diesem Gebiet höchst notwendige Kritik, welche auch physiologische Gesichtspunkte ganz wesentlich zu berücksichtigen hat, wird die oben angeführten Gründe für ein Vererbungsmonopol des Kernes durchaus unzureichend finden. Andererseits spricht die Ableitung der Centrosomen aus dem Mittelstück des Samenfadens am Axolotl (R. F i c k, 1892), das Eindringen nicht bloß des Kopfteiles sondern auch des Schwanzteiles der Spermatide in das Ei (R. F i c k, ebenda), dann die Ausbildung von Seeigel-Charakteren von zuerst entkernten, dann durch Seesternensamen befruchteten Eizellen an Seeigeln (G o d l e w s k i, 1903, vgl. auch J. L o e b, 1906) entschieden für eine Mitbeteiligung des Cytoplasmas an der Eigenschaftsbestimmung, an der sog. Vererbung und Veranlagung des Keimes.[6]

Bezüglich dieser scheint eben keine absolute Differenz obzuwalten zwischen den drei Hauptbestandteilen der individualisirten lebendigen Substanz, wie wir sie bei den Tieren und den niederen Pflanzen – in den höheren Pflanzenzellen fehlt allem Anschein nach das Centrosom (S t r a s b u r g e r, K ö r n i c k e r) – vorfinden, näm-

---

5   [315/1] Gegen eine solche Annahme hat G. T i s c h l e r, unter speziellen Hinweis auf das Vorkommen vegetativer Spaltungen gewichtige Gründe beigebracht, Zellstudien an sterilem Bastardpflanzen, Archiv für Zellforschung, Bd. I, Heft I, 1908, speziell S. 124ff.

6   [316/1] Bezüglich weiterer Gründe vergleiche man die oben zitierte vorzügliche Darstellung R. F i c k s, speziell S. 25–28.

lich zwischen Kern oder Karyoplasma, Centrosom oder Archiplasma, Zelleib oder Cytoplasma, welche immer wieder nur aus ihresgleichen hervorgehen.

Einer näheren Analyse bedarf der schon wiederholt verwendete B e g r i f f d e r V e r a n l a g u n g o d e r d e r A n l a g e n, welche nach der Übertragungstheorie von dem Mutterorganismus auf den Tochterorganismus übergehen oder vom ersteren im letzteren potentiell erzeugt werden sollten. Nach früher adoptirten Parallelitätstheorie würden der zum Mutterorganismus ausgestaltete Personalteil und der zunächst noch unentwickelte Germinalteil als lebendige Substanzen gleicher Art und gemeinsamer Herkunft von vorneherein in ihren „Anlagen" übereinstimmen, daher schließlich auch artgleiche, parallele Bildungsprodukte liefern. Bei all diesen Festellungen oder Annahmen verstehen wir unter „Anlagen" – speziell unter erblichen typischen Anlagen – zunächst nur jene K o m p l e x e v o n i n n e r e n U r s a c h e n, welche unter normalen, äußeren Bedingungen gerade diese oder jene Eigenschaft der Art, der Rasse, des Stammes an dem sich entwickelnden Individuum zur Ausbildung gelangen lassen. Da sich nun die Anlagen für die einzelnen Eigenschaften oder Merkmale in vielen Fällen als voneinander weitgehend unabhängig, als selbständige oder geschlossene Ursachenkomplexe erwiesen haben, lag es nahe, sich die Anlagen gewissermaßen materialisirt als gesonderte Teilchen lebendiger Substanz zu denken. Solche hypothetische ungleichartige Elementarteilchen oder Zellorgane der als ein Mikrokosmos aufgefaßten Zelle sind die Gemulae D a r w i n s, die physiologischen Einheiten nach H. S p e n c e r, die Idioblasten nach N ä g e l i, Gregor M e n d e l und Oskar H e r t w i g, die Biophoren nach W e i s m a n n, die Pangene nach H. de V r i e s, die Plasome nach W i e s n e r. Diese viel diskutierte Mosaikvorstellung bedeutet meines Erachtens nur eine Arbeitshypothese, welche zur Veranschaulichung, zur begrifflichen Analyse wie Synthese, endlich auch zur Aufstellung von weiter zu untersuchenden Spezialfragen in vieler Hinsicht recht brauchbar ist. Doch darf eine solche Hypothese durchaus nicht als erwiesene Wahrheit angesehen werden. Gewiß bietet die Vorstellung einer geradezu korpuskulären Sonderung der einzelnen Anlagen einen wertvollen Ansporn zur Analyse des sog. Habitus einer Art oder Rasse nach einzelnen Unterscheidungsmerkmalen. Auch gewinnen wir so eine nachhaltige Anregung, die einzelnen Merkmale oder Anlagen separat bei der Vererbung zu verfolgen. Gerade durch die konsequente Anwendung dieser analytischen Methode ist man ja, wie wir später sehen werden, – und zwar als erster Gregor M e n d e l – zur Entdeckung der nach ihm benannten Vererbungsgesetze gelangt. Dennoch dürfen wir die Schwierigkeiten und Bedenklichkeiten der Idioblastenvorstellung nicht verkennen. Einerseits lassen sich wohl nicht alle Merkmale so voneinander trennen, daß jedes einzelne durch ein gesondertes Zellorgan bedingt sein könnte. Andererseits liegt die Versuchung sehr nahe – wenn sie auch nicht unvermeidbar ist – eine rein alternirende Aufteilung der einzelnen Idioblasten, sowie irgend eine fixe Massenarchitektur in der Einzelzell, speziell eine solche in den einzelnenen Kernschleifen[7], zu behaupten, obzwar gegen diese beiden Folgerungen gewichtige Gründe sprechen.

Die erstberührte Frage nach der Aufteilungsweise der Anlagen aus der, sei es durch Befruchtung, sei es parthenogenetisch sich entwickelnden Stammzelle sei noch genauer erörtert. Der Kernpunkt läßt sich in die Alternative fassen: erfolgt bei der Differenzirung der somatischen oder Gewebszellen – soweit überhaupt ein Un-gleichwertigwerden der Tochterzellen schon im Augenblicke der Bildung, also eine ungleichwertige Zellteilung angenommen wird[8] – die A u f t e i l u n g   d e r A n l a g e n   i m   S i n n e   v o n   „A l t e r n a n z“, also nach Art der Zerlegung einer Mosaik   o d e r   i m   S i n n e   v o n   „P r ä v a l e n z“ (nach A. von T s c h e r m a k s Bezeichnung). Ein einfaches Schema (Fig. 4) illustriert diese bei-den Fälle. Der Anlagenkomplex   a b c d   würde sich in dem ersteren Falle verteilen in a b (c d) in der einen, c d (a b) in der anderen Zelle.

Im ersteren Falle, den speziell W e i s m a n n annimmt, resultiren bei der fort-schreitenden Zerlegung des Anlagenmosaiks schließlich höchst einfach veranlagte Zellen bzw. ein ganz einseitiges Bildungsvermögen. Zur Illustration sei auf das Schema der Zerlegung des Idioplasmas einer Urknochenzelle der vorderen Extremität nach W e i s m a n n verwiesen. Dazu sei bemerkt, daß jede der schließlich resultiren-den Determinanten noch aus einer größeren Zahl von Biophoren oder Merkmalanla-gen bestehend gedacht ist.

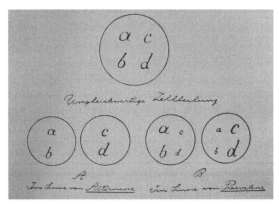

Figur 4.

Gegen eine solche Alternanzvorstellung spricht eine ganze Fülle biologischer Tatsa-chen, die in dem speziell von A. v. Tschermak hervorgehobenen Leitmotiv überein-stimmen, daß die   N a t u r   b e i   a l l e n   D i f f e r e n z i r u n g s-v o r g ä n g e n   d u r c h w e g   w e i t   m e h r   d e r   A n l a g e   n a c h v e r m ö c h t e ,   a l s   s i e   f ü r   g e w ö h n l i c h   i n   E r s c h e i n u n g

7   [317/1] Die neuerdings so viel erörterten Probleme der Individualität und Ungleichartigkeit der Chromosomen sowie der Gonomeren muß ich hier außer Betracht lassen. Es sei auch diesbezüglich auf die trefflichen Ausführungen von R. F i c k hingewiesen.

8   [317/2] Bezüglich der Bildung der Geschlechtszellen spricht sich R. Fick gegen eine solche Annahme aus. Vgl. auch G. T i s c h l e r a.a.O. S. 124ff.

t r e t e n   l ä ß t. Dafür sprechen die Erscheinungen der Regeneration, die unbestreitbar ein wenn auch quantitativ abgestuftes, so doch allgemeines Vermögen der lebendigen Substanz darstellt und nicht als etwas seitens bestimmter Organe oder Gewebe erst Erworbenes zu betrachten ist. Nicht minder beweisen den obigen Satz die Erscheinungeen der Metamorphose von Organen und Geweben, welche schon W. v. G o e t h e angeregt und beschäftigt haben: so die Möglichkeit einer sog. Verwandlung von Fruchtknotenblättern oder Staubgefäßen in Blumenkronenblätter oder in Kelchblätter oder gar in gewöhnliche Laubblätter, wie man dies an gefüllten, vergrünten oder durchwachsenen Blütenständen feststellen kann. (So an der bei Goethe abgebildeten Rose.)[9]

Analoge Schlußfolgerungen sind zu ziehen aus der altbekannten Tatsache, daß bei zahlreichen Pflanzen, sog. Stecklingen, d. h. Stücke von Wurzeln, Stengeln oder Blättern, die unter normalen Verhältnissen nie mehr als eben ein solches Stück einer Pflanze gebildet hatten, nunmehr im isolirten Zustande zu einer ganzen Pflanze mit all ihren Spezialmerkmalen auszuwachsen vermögen. Ja, dabei ist es oft eine einzige Zelle z. B. des Blattparenchyms der Begonie, welche als sog. sekundäre Eizelle das neue Individuum hervorbringt und sich als im Besitze aller Eigenschaften der betreffenden Pflanzenart erweist, obwohl sie für gewöhnlich nur die wenigen Eigenschaften einer Blattparenchymzelle in Erscheinung treten läßt.[10]

Endlich ergibt sich derselbe Beweis einer nicht einseitigen, sondern recht vielseitigen Veranlagung der einzelnen Zellen eines Organismus aus der großen Menge der A n p a s s u n g s - u n d R e g u l a t i o n s e r s c h e i n u n g e n, denen gerade im letzten Dezennium seitens der Morphologie wie seitens der Physiologie besondere Aufmerksamkeit geschenkt wird – man denke an die als Neo-Lamarckismus oder als Lehre von der korrelativen Bewirkung bezeichnete Arbeitsrichtung, an die vielen Experimentaluntersuchungen über Regulation an tierischen Keimen, sowie an die zahlreichen Studien über Adaptation seitens der Tierphysiologen.[11]

Speziell sei hier darauf hingewiesen, daß recht verschiedene äußere Faktoren auf dem Wege einer Störung des normalen Wachstums ein sprunghaftes Hervortreten neuer, wohl als bisher latent anzunehmende morphologische Charaktere, sog. M u t a t i o n e n, bewirken können. Sehen wir doch nicht selten nach starkem Auswintern des Squareheadweizens plötzlich Landrassentypen auftreten. Nachtriebe an geköpften Individuen oder an zu Anfang schlecht vegetirenden Bastarden überraschen uns nicht selten durch ganz neue Merkmale wie Behaarung der Blätter, Luxuriren oder Verzweigung der Ähren.[12]

---

9   [318/1] G o e t h e, Versuch die Metamorphose der Pflanzen zu erklären. Rotha 1790. – H a n s e n, Goethes Metamorphose der Pflanzen, Gießen 1907.

10 [319/1] K. G o e b e l, Einleitung in die experimentelle Morphologie der Pflanzen. 1908.

11 [319/2] Vgl. A. v. T s c h e r m a k, Das Anpassungsproblem in der Physiologie der Gegenwart. Arch. des sciences biol. (Festschr. für J. P. P a w l o w). St. Petersburg 1904, S. 79–96, sowie Über physiol. und pathol. Anpassung des Auges. Leipzig, Veit u. Co. 1900.

12 [319/3] E. v. T s c h e r m a k, Die Kreuzung im Dienste der Pflanzenzüchtung. Jahrb. d. d. Landw. Ges. 1905. F r u w i r t h und T s c h e r m a k, Die Züchtung der vier Hauptgetreidearten. 1907, S. 146.

Gewiß wäre es trotz all des Angeführten zu weit gegangen zu behaupten, daß jede einzelne Zelle eines pflanzlichen oder tierischen Organismus überhaupt alle Anlagen dauernd enthalte. Jedenfalls ist aber eine sehr vielseitige Veranlagung für zahlreiche Gewebszellen nachweisbar, so daß wir den Satz vertreten können, daß eine sehr große Zahl von Anlagen die Mehrzahl, unter normalen Verhältnissen dauernd latent bleibt und trotz dieses latenten Zustandes „vererbt" wird.

Streifen wir endlich noch die Frage nach der Ursache dafür, daß trotz des Fehlens einer einfach alternirenden Aufteilung der einzelnen Merkmale an die Abkömmlinge der Stammzelle eines Organismus gewisse Merkmale in dieser Zelle, in diesem Gewebe oder Organe zur Prävalenz gelangen, andere zur Latenz verurteilt erscheinen. Die eine der möglichen Antworten, daß nämlich die Gesamtheit der Zellen eines Keimes (der Ort der Einzelzelle im absolut normalen System nach D r i e s c h) den Werdegang jeder einzelnen Zelle bestimme, daß also eine durchaus abhängige, determinirte, dauernd durch Korrelation bestimmte Entwicklung aller Teile des Ganzen stattfinde, hat viele Vertreter (O. H e r t w i g, H. D r i e s c h, u. a.). Für nicht wenige Fälle von Differenzirung mag ein solcher zentralistischer Zwang wirklich gelten. In anderen Fällen aber erscheint eine zweite Möglichkeit verwirklicht, die zuerst W. R o u x für die Entwicklung des Froscheies erwiesen und für die Entwicklung zahlreicher anderer tierischer Keime wahrscheinlich gemacht hat. Es handelt sich dabei um das Eintreten einer charakteristischen Ungleichwertigkeit bereits zwischen den ersten Teilungsprodukten der Stammzelle (ob durch Vermittlung erbungleicher Kernteilung, bleibe hier unerörtert), so daß typischerweise zunächst jeder Keimbezirk sich ganz selbständig weiter entwickelt. Zerstörung einzelner der Furchungskugeln führt nämlich nach W. R o u x zu charakteristischen Defektmißbildungen: rechte oder linke Halbembryonen oder Vorderhalbtiere oder Dreiviertelembryonen, wie sie auch vom Rinde und vom Menschen bekannt sind. Die nachträgliche Ersatzbildung für das fehlende (Postgeneration Rouxs), ebenso wie die weiteren Regulationsvorgänge beweisen wieder das bisher latente Vorhandensein der betreffenden Anlagen. Im normalen Zusammenhange sehen wir, was der einzelne Keimbezirk typischerweise selbständig leistet, nach Störung des Ganzen oder im isolirten Zustande verrät schließlich der einzelne Keimbezirk, was er überhaupt zu leisten v e r m a g. Bei zahlreichen Keimen erfolgt diese regulatorische Manifestation so rasch, daß einzelne isolirte Furchungszellen oder Keimstücke sogleich oder fast sogleich ganze Embryonen, nicht Teilbildungen produziren (D r i e s c h, W i l s o n). Unter solch atypischen Bedingungen, so auch nach Verschmelzung mehrerer Eier oder Keimblasen (M e t s c h n i - k o f f, D r i e s c h) tritt eben ein zentralistisches Regime an die Stelle der unter typischen Verhältnissen autonomen Verfassung der Teile. Wir finden kurz gesagt, daß die Differenzirung oder Spezifizirung der Körperzellen wohl zu Prävalenzverschiedenheit, nicht aber zu Alternanz- oder Spaltungsverschiedenheit führt.[13] – Die sich von

---

13 [320/1] Nach A. v. T s c h e r m a k s Darstellung in der Besprechung von W. R o u x s Vorträge und Aufsätze über Entwicklungsmechanik der Organismen, Heft I. Die Entwicklungsmechanik, ein neuer Zweig der biologischen Wissenschaft. Leipzig 1905, in: Naturwiss. Rundschau 1905. Vgl. auch meine Ausführungen in der Abhandlung Die M e n d e l sche Lehre und die Theorie vom Ahnenerbe. Archiv f. Rassen- u. Ges.-Biologie 1905.

selbst anschließende Frage, ob Analoges auch für die Bildung der Geschlechtszellen, speziell bei Bastarden, gelte, und damit das Problem der sog. Reinheit oder Unreinheit der Gameten soll erst im II. Teile meiner Ausführungen, der die spezielle Vererbungslehre betrifft, behandelt werden.

SPEZIELLER TEIL

Nach der etwas mühevollen Wanderung durch das steinige und dornige Gebiet der Theorie wollen wir uns jetzt durch die Freude der empirischen Anschauung an praktischen Einzelbeispielen entschädigen.

Das Vererbungsproblem, dessen allgemeine Begriffe und Grundlagen ich bisher geschildert habe, hat nun in den letzten 8 Jahren einen wesentlichen Fortschritt, ja man darf wohl sagen – eine fundamentale Neugestaltung erfahren durch die Entdeckung und Verwertung der gesetzmäßigen Vererbungs- und Gestaltungsweise der Rassenmischlinge oder -bastarde. Gewiß hatte die methodische künstliche Bastarderzeugung schon vorher der Fortpflanzungsphysiologie zum Nachweise der Geschlechtlichkeit der Pflanzen (K ö l r e u t e r, G ä r t n e r) ebenso der Systematik zur Charakterisirung des Artbegriffs (G ä r t n e r, C h. D a r w i n) und zum Studium der systematischen Verwandschaft (W i g m a n n, v. K e r n e r, v. W e t t s t e i n) wichtige Dienste geleistet. Aber erst durch jenen Fund wurde der Hybridismus zur grundlegenden Arbeitsmethode in der Vererbungslehre, welche den Fall von erheblicher, wohlcharakterisirter Verschiedenheit der Eltern zur Auskunft über das Vererbungsproblem überhaupt verwendet – erst jetzt begann auch die landwirtschaftliche Praxis die Kreuzungszüchtung als ein dem Selektionsverfahren gleichwertiges Arbeitsmittel zu schätzen und zu verwerten.

In Wahrheit datirt aber jene Entdeckung Dezennien weit zurück, nur war sie nicht durchgedrungen und mußte im Jahre 1900 durch drei Forscher zugleich – d e V r i e s, C o r r e n s und mir – neu gemacht werden. Erst nach der selbständigen Wiederauffindung, zu welcher d e V r i e s beim Studium über die Elemente der Art gelangte, C o r r e n s bei Untersuchung über die sog. Xenien, d.h. Veränderungen der Fruchtbildung infolge fremdartiger Bestäubung, ich selbst bei dem experimentellen Vergleich der Produkte von Selbstbefruchtung, Nachbarbefruchtung und Fremdbestäubung – erst nachträglich fanden wir, geleitet von einer kleinen Notiz in dem Bastardwerke W. O. F o c k e s, auch den Mann und das Werk, dem die Priorität der Entdeckung der Bastardirungsgesetze zukommt, G r e g o r M e n d e l.

Derselbe hatte bereits um das Jahr 1860, während er als Lehrer der Naturgeschichte an der Oberrealschule zu Brünn in Mähren wirkte, in dem engen Garten seines Klosters, dem er später als tatkräftiger Abt vorstand, höchst exakte und umfangreiche Kreuzungsstudien an verschiedenen Rassen von Erbsen und Bohnen begonnen, um deren Vererbungsweise zu ermitteln. Der ebenso geniale als bescheidene Mann dehnte dann seine Versuche noch auf mannigfache Blumen aus und faßte seine Ergebnisse in klassischer Kürze in 2 Vorträgen auf 51 Druckseiten zusammen, die er leider in den Verhandlungen des naturwissenschaftlichen Vereines in Brünn 1862–

1869 vergrub.[14] So blieb die von ihrem Urheber auf das klarste durchgearbeitete M e n d e lsche Lehre bis 1900 so gut wie unbekannt und der als Forscher wie Mensch gleich ausgezeichnete Mann erlebte seinen Nachruhm, der heute bereits alle Weltteile durchdringt, nicht mehr.

Der Kernpunkt der Mendelschen Lehre liegt darin, daß es im wesentlichen nicht auf die Gesamterscheinung oder den sog. Habitus der gepaarten Elternformen, nicht auf die Paarungsweise oder das Geschlecht der beiden sog. Überträger, nicht auf die sog. Individualpotenz ankommt, sondern auf die e i n z e l n e n U n t e r s c h e i d-u n g s m e r k m a l e, welche paarweise in Konkurrenz treten und eine ganz gesetz-mäßige Wertigkeit und Vererbungsweise erkennen lassen.

Doch glaube ich, hier eine nähere Darstellung der Mendelschen Lehre unterlassen zu können, da deren Kenntnis heute schon als sehr verbreitet bezeichnet werden kann. Zur Orientirung über die Geschichte, den Inhalt und die neuen Fortschritte des Men-delismus ebenso über seine Bedeutung für die Pflanzen- und Tierzüchtung sei auf die große Zahl zusammenfassender Darstellungen verwiesen.[15]

Eine wesentlich neue Seite hat der Mendelismus dadurch gewonnen, daß sich – wie ich[16] zuerst zeigen konnte und wie es weiterhin C o r r e n s, B a t e s o n, L o c k u.a. konstatirten – e i n M e n d e l s c h e s V e r h a l t e n a u c h f ü r l a t e n t e A n l a g e n feststellen ließ. Zunächst zeigt sich durch meine Beobach-tungen an Erbsen, Bohnen, Levkojen und Getreidearten, daß gewisse bei Reinzucht latent bleibende Anlagen im Anschlusse an Fremdkreuzung aktiv werden können. Die durch einen solchen latenten Besitz ausgezeichneten Formen bezeichnete ich als „kryptomer". Aber nicht bloß in aufsteigender Richtung von Latenz zur Halb- oder gar Vollaktivität, von Defektrasse zur Teilrasse, Mittelrasse, Vollrasse vermag Fremdkreuzung den Zustand eines Merkmales zu verändern, auch im umgekehrter, absteigender Richtung von Vollaktivität zur Halbaktivität, ja zu Defekt bzw. von Vollrasse zu Mittelrasse, Teilrasse, Defektrasse kann die Fremdkreuzung führen. Durchwegs erfolgt diese Zustandsänderung sprunghaft, so daß man von H y b r i d m u t a t i o n e n zu sprechen berechtigt ist. Gewiß lassen sich die durch

14 [322/1] Neu herausgegeben von E. v. T s c h e r m a k, Leipzig 1900. Klassiker der exakten Naturwissenschaften Nr. 121.

15 [322/2] E. v. T s c h e r m a k, Die Kreuzung im Dienste der Pflanzenzüchtung. Jahrb. d. D. Landw. Ges. 1905. – Die neuentdeckten Vererbungsgesetze und ihre praktische Verwendung für die rationelle Pflanzenzüchtung. Wiener Landw. Ztg. 1905. – Gregor Mendel und seine Vererbungsgesetze. Neue Freie Presse Wien, 15. Mai 1907. – Die Kreuzungsgesetze. Berlin, Klub der Landwirte, 1908.
    H a e c k e r, Über die neuen Ergebnisse der Bastardlehre. Dieses Arch., 1904.
    C o r r e n s, Über Vererbungsgesetze. Berlin 1905. Bornträger. C. P u n n e t t, Mendelism. 2. Aufl. Cambridge 1907.
    B a t e s o n, Progressus rei botanici. Fischer, Jena 1907, S. 368–419.

16 [323/1] Die Theorie der Kryptomerie und des Kryptohybridismus, Beih. z. bot. Ztrbl. Bd. 16, H. 1, 1903. Meine späteren Arbeiten über Kryptomerie sind: Weitere Kreuzungsstudien an Erbsen und Bohnen. Zeitschr. f. d. Landw. Vsw. in Österreich, 1903. Die Mendelsche Lehre und die Galtonsche Theorie vom Ahnenerbe. Archiv f. Rassenbiologie, 1905. Über Bildung neuer Formen durch Kreuzung. Intern. Bot. Kongr. 1905. Über die Bedeutung des Hybridismus für die Deszendenzlehre. Biologisch. Zentrbl. 1906.

Fremdkreuzung „mendelnd" aufgetretenen Nova vielfach als Merkmale der ursprünglichen Stammformen ansehen, also als reguläre Hybrid-Atavismen bezeichnen. Auf
Grund solcher Remanifestationen stammerterlicher Merkmale vermag die systematische Bastardirung wertvolle Auskünfte über den Stammbaum oder die Stammesver-
wandtschaft gewisser Formen zu geben. Andere Fälle aber, ebenso das Verschwinden
typischer Merkmale, gestatten jedoch eine solche Einordnung nicht; sie sind ganz
eigentlich als Kreuzungsneuheiten zu bezeichnen. – Als Beispiel sei das Neuauftreten
von Rotblüte (ebenso von purpurner Pigmentirung der Blattachseln oder Punktirung
der Samenschale) bei Kreuzung einer konstant rosa blühenden Sorte von Pisum ar-
vense und einer konstant weiß blühenden Sorte vorgeführt. Nach Dominanz des No-
vums Rot in der I. Generation bietet die II. Generation Spaltung der in Rot, Rosa,
Weiß im Verhältnisse von 9:3:4. Da die Pigmentirten Rot und Rosa zusammen 12:4,
also 3:1 der Nichtpigmentirten ergeben, läßt sich die Rolle von Rot als „dominirend",
jene von Rosa als „mitdominirend" bezeichnen. Das Novum kann in anderen Fällen
selbst die Stellung eines mitdominirenden oder eines rezessiven oder selbst eines mit-
rezessiven Merkmales einnehmen; in den letzteren beiden Fällen lautet das Spaltungsverhältnis 12:3:1. – Zur speziellen Erklärung des Manifestationsvorganges kann
man mit C u e n o t, C o r r e n s u. a. annehmen, daß zu der von der einen Elternform beigebrachten latenten Anlage, welche in der anderen Elternform fehlt, seitens
der letzteren Elternform eine charakteristische Ergänzung (nach E. von
T s c h e r m a k etwa ein Aktivator oder Komplement im Sinne der modernen Im-
munitätslehre) hinzugefügt wird, welche wiederum in der ersteren Elternform gefehlt
hat. An jenen Deszendenten, welche diese beiden Glieder in sich vereinen, kommt
das Novum zur Ausprägung. Durch eine solche Annahme werden die von der Mendelschen Relation 3:1 sich ableitenden Zahlenverhältnisse 9:3:4 und 12:3:1 befriedigt
erklärt. Doch ergibt sich dadurch wieder eine Schwierigkeit oder Komplikation, daß
alle rosablühenden Kreuzungsdeszendenten, aber anscheinend kein einziger von den
weißblühenden ganz so wie die betreffenden Stammeltern den latenten Besitz von
Rot durch eine neuerliche Fremdkreuzung erkennen läßt; andererseits erweißt sich
hierbei keiner der rosablühenden, wohl aber jeder der weißblühenden Kreuzungs-
nachkommen als im Besitze des auslösenden Faktors, wieder ganz so wie die gleich-
aussehenden Stammeltern.

Meiner ganzen bisherigen Darstellung des „Mendelns" der manifesten wie der latenten Merkmale habe ich zunächst die von M e n d e l selbst gemachte Voraussetzung zugrunde gelegt, daß bei der Bildung verschiedenartiger Geschlechtszellen seitens der Hybriden eine reinliche Trennung und Verteilung der durch die Kreuzung
zusammengekommenen, konkurrirenden Anlagen bei den Elternformen stattfinde,
also eine Differenzirung im Sinne von Alternanz, gleichend einer Mosaikaufteilung.
Wir haben eine solche Vorstellung für die Differenzirung der Körperzellen, wie ich
früher dargelegt habe, abgelehnt und uns für die Prävalenzlehre ausgesprochen. Es
entsteht also die Frage, ob die von Mendel angenommene Bildung reiner Gameten,
durchweg zutrifft, wobei allerdings jede alle Anlagen für einen vollständigen Organismus mitbekommt. Die Antwort ist nicht gerade leicht. Bei allgemeiner Betrachtung scheint sich zunächst alles so zu verhalten, als ob durchwegs eine reinliche Aufteilung, eine wahre Spaltung der Merkmalssumme beider Stammformen stattfände.

Gewiß wäre dies der einfachste und anschaulichste Fall, und ich habe ihn deshalb auch nach dem Vorgange Mendels meiner ganzen obigen Darstellung zugrunde gelegt. Und doch muß uns eine von Jahr zu Jahr wachsende Anzahl hochinteressanter Einzelfälle zur kritischen Prüfung herausfordern. So finden wir, daß die grannenlose Gerste R i m p a u s, welche als wahrscheinlich mitrezessives Novum aus der Kreuzung der grannentragenden zweizeiligen Steudelgerste und der vierzeiligen Kapuzengerste entstanden ist, trotz ihrer bei Reinzucht zu beobachtenden Konstanz nach Kreuzung mit einer Kapuzengerste in der 2. Generation vollbegrannte sowie halbbegrannte Individuen ergibt. Dieses Verhalten der grannenlosen Gerste läßt also keine Abspaltung des reinen stammelterlichen Merkmales „Granne" erschließen, sondern ein bloßes Latentwerden desselben; sie verrät somit kryptohybride Natur. – Eigene Versuche, bei Inzucht bereits konstante Mischlingsnachkommen durch äußere Eingriffe zur eventuellen Manifestation scheinbar abgespaltener, doch nur latenter Merkmale zu bringen, sind im Gange, desgleichen analoge Beobachtungen an perennirenden Bastarden bei Vergleich der einzelnen Vegetationsperioden.

Andererseits erfahren wir von W. B a t e s o n, daß die glattblättrigen Deszendenten einer Levkojenkreuzung glatt X behaart zwar bei Inzucht konstant glatt liefern, bei Kreuzung mit einer fremden glatten Rasse aber eine gewisse Anzahl behaarter produziren. Solche Fälle legen den Gedanken nahe, daß hier keine reinliche Aufteilung der konkurrirenden stammelterlichen Anlagen stattgefunden hat, sondern die Geschlechtszellen neben der einen Vollanlage noch sozusagen eine Spur der anderen konkurrirenden Anlage mitbekommen haben. Wie oft sich allerding eine solche unreine Gametenbildung, eine Differenzirung auch der Sexualzellen, bei Bastarden im Sinne von bloßer Prävalenz, nicht von Alternanz oder eigentlicher Spaltung wird nachweisen oder wahrscheinlich machen lassen, muß allerdings heute noch dahingestellt bleiben. Eine definitive und allgemeine Antwort auf die früher gestellte Frage: Reinheit oder Unreinheit der Gameten wollen und können wir darum heute noch nicht geben. Gewiß wäre es verlockernd, gerade im Anschluß an diese Frage die neueren Forschungen über die mikroskopische Anatomie der Geschlechtsorgane der Bastarde zu behandeln. Doch würde dies hier zu weit führen.[17] Ich muß auch offen gestehen, daß ich vorläufig einen getrennten Ausbau der makroskopisch-morphologischen und der mikroskopischen Arbeitsrichtung in der Hybridlehre für nützlicher erachte als eine vorzeitige Analogisirung. Die Entscheidung über die obige Frage dürfte der erstgenannten Arbeitsrichtung zufallen.

So hat uns die Vererbungsfrage durch die verschiedenen Gebiete der Biologie geführt, überall Faden anknüpfend und Material gewinnend zu einem heute schon erstaunlich reichen Netzwerk von Tatsachen, Problemen und Hypothesen. Und doch wäre es sehr verfehlt von einem Hirngespinnst der Theorie zu sprechen. Mannigfach sind vielmehr heute schon die Beziehungen all der theoretischen Vererbungsstudien zu der landwirtschaftlich-züchterischen Praxis. Schon gleich bei der Wiederentdeckung der Mendelschen Lehre habe ich deren hohe praktische Bedeutung erkannt und hervorgehoben. Gewiß bedarf es zur nützlichen Auswertung der Ergebnisse der Wissenschaft ebenso der Organisation wie zur Erreichung volkswirtschaftlicher Fort-

---

17 [325/1] Es sei speziell hingewiesen auf die sehr interessante Studie von G. T i s c h l e r l. c. S. 33.

schritte. Welche Summe von mühseliger Experiementalarbeit steckt schon in einer kleinen Wertigkeitabelle, wie ich sie beispielsweise für einige Getreidearten aufgestellt habe. Der einzelne praktische Landwirt kann kaum jemals – hervorragende Ausnahmen abgerechnet – rationelle Kreuzungszüchtung treiben, er kann im allgemeinen nur das ihm fertig gelieferte Produkt durch Auslese verbessern und auf seine praktische Leistung unter den gegebenen Bedingungen von Boden, Klima, Kulturweise prüfen. Zur Kreuzungszüchtung selbst sowohl von Pflanzen wie von Tieren wird es eben der Errichtung besonderer Stationen bedürfen. Das lebhafte Interesse jedoch für die modernen Vererbungsfragen, das soll und muß ein Gemeingut aller gebildeten, vorgeschrittenen Landwirte werden.

HYBRIDISATION. THEORIES OF ORIGINS OF SEXUAL DIFFERENTIATION.
A THEORY OF TRAITS. FACTS ABOUT HYBRIDISATION.
GALTON'S TEACHING. MENDEL'S TEACHING[1]

(Křížení. Theorie o podstatě pohlavnosti. Nauka o vlastnostech. Data o křížení.
Nauka Galtonova. Nauka Mendlova.)

Emanuel R á d l

THEORIES OF ORIGINS OF SEXUAL DIFFERENTIATION

These days, the theory of chromosomes represents the pinnacle of the philosophy of sexual differentiation, a topic subject to deepest speculations since time immemorial. Aristotle saw the difference between the sexes as the very core of his philosophy, that is, of his teaching about the matter and the substance. He saw the union of a man and a woman as a fusion of these two principles; a woman is the culmination of the passive, material principle, while man represents the active and creative principle of formation. Even Harvey's theories were still dominated by such approach. Philosophers of nature, too, were deeply impressed by the existence of two sexes, and their core notion, the notion of polarity, often coincided with the thought that life itself is differentiated in two opposites, a male and a female one. Worth reading are also the original thoughts that Schopenhauer had to offer on the issue of sexuality.

Since the beginning of Darwinism, though, biology does not ascribe to sexual differentiation the importance the rest of the world does. Even though Darwin built his theory of sexual selection on sexual differences, and he used it to explain almost all of the beauty we see in higher animals, he saw sexuality as only a secondary adaptation to external conditions. Since that time, the importance of sexual differentiation has been diminishing, and today, biologists turned this issue – which to some is almost the key issue of life, or even all that life is about – into a mere mystery of cells and chemistry. Because a spermatozoon and an ovum are in many way alike, biology tries to prove that there is no substantial difference between masculinity and femininity, and that characteristics that constitute the difference between a female and a male exist only to facilitate an easy union of a sperm and an egg: "Fertilisation is a union of two cells, in particular a union of two equally important cell nuclei which belong to

---

1   Emanuel Rádl, *Dějiny vývojových theorií v biologii XIX. století*, Praha: J. Laichter 1909, pp. 458–
     469.

two cells. It does not lead to any equalisation of sexual opposites since such opposites involve only mechanisms of secondary importance."[2]

If this is the case, what is then the purpose of a union of cells, the only phenomenon of sexual differentiation a biologist is willing to consider? As the lowest life forms, as bacteria demonstrate, once upon the time there was no sexual procreation. It developed gradually, starting with a union of identical cells. To facilitate the union, one cell would take upon itself the task of being immobile and provide nourishment, while the other over time became more active, and therefore smaller; it started seeking the other cell, and this is the origin of the difference between an ovum and a spermatozoid. When multicellular organisms developed, only some of their cells engaged in the task of procreation, and the whole organisms assumed one of the two shapes, male or female, in order to facilitate fertilisation.

This is the origin of sexes as described by E. S t r a s b u r g e r, M a u p a s, and W e i s m a n n. Weismann also emphasises that sexual differentiation is a vehicle of the variability of beings. To wit, an offspring inherits some traits from the father, some from the mother, and is therefore never quite like either of its parents. If animals procreated only by division, offspring would be exactly like their parent. It is therefore the union of two different individuals for the purpose of creating a third one that enables variability. Similarly simple are also other explanations of sexual phenomena: Do you wish to know what brings a man and a woman together? W. P f e i f f e r found out that a chemical force of the ovum attracts the spermatozoon; G. J a e g e r sees the cause of human love in smells, and N ä g e l i sees electricity as the chief causative power.

Why do two cells attract, what is all this electricity and chemistry for? A theory was proposed, and seriously considered by some, that sexual union originated in cell cannibalism, that is, one cell devoured another, thus gained strength, transferred this habit to its offspring, etc., in short, that the ovum eats the male cell. J. L o e b, one of the most modern authors, sees the meaning of fertilisation in the chemical acceleration of the development of the ovum by a spermatozoon. Apparently, one can achieve this even without a spermatozoon – by just adding some chemicals. Thus a little bit of potassium chloride or kitchen salt can replace if not a man, than certainly a male in sea urchins, star fish, worms, and other animals. Because – and that's the essence of Loeb's experiments – if one adds a certain amount of these substances to the water that contains the unfertilised eggs of such animals, these eggs will start developing into larvae. Th. B o v e r i compared the ovum with a clock that has run down. According to him, fertilisation has no other purpose than winding up the spring in the ovum, thus awakening in it a readiness to divide. Crucial to this process is a centrosome, which enters the ovum with the spermatozoon; the centrosome causes the cell to divide and to grow into a new animal. O. H e r t w i g objected to this explanation, and pointed out that in the fertilisation process, one needs to distinguish the union of male and female properties from the trigger of new development (division of the ovum), since many eggs do not start developing immediately after fertilisation, and in other cases unfertilised eggs can develop on their own.

2   [459/1] Hertwig O., Allg. Biologie. Jena 1906, p. 304.

H. Spencer, too, considered the meaning of fertilisation. According to him, life is a constant oscillation. The beginning of a life is like a choppy surface of a pond, which calms down as development progresses; the ovum is already so calm that it requires an outside force. The fertilising spermatozoon is like a rock thrown into a pond: it starts again the oscillation of life and initiates the movement needed for further development.[3]

In real life, it seems that the encounter of a man and a woman is one of the strongest motivations for action. This opposition led to the most beautiful and the most horrid actions in everyday life; in philosophy and poetry; the relationship between a man and a woman is inevitably a major source of inspiration. Every religion provides some fundamental solution to this contraposition – and then we arrive to science, which knows everything there is to be known, and ask what did it discover about the relation of the two sexes, and all it speaks of is but chromosomes and centrosomes. Tant pis pour elle!

A THEORY OF TRAITS

Idealistic morphology stopped in its analysis of animals at the level of organs. Even this concept is not fully defined morphologically: It regards organs as t o o l s to satisfy physiological needs of life. There were some attempts at more abstract analysis, concepts based on homologies and analogies, body parts, the theory of vertebrate skull structure, teaching about metamorphoses, about the composition of a plant from a root, stem, leaves, and hairs. In general, the distinction between a m o r p h o l o g i c a l character of body parts and their physiological function was made in opposition of the view that an organism is nothing but a tool for achieving certain goals in life. Yet no morphologist managed to free himself from the shackles of physiology. A hunt for generalities was stifling any attempt at a more detailed analysis of life.

Darwinism, as understood by Haeckel, accepted idealistic morphology in its entirety but gave it even more of a physiological hue. After all, in Dawin's view, the practical necessities of life determine what body parts an animal should have and in what way.

When Schleiden and Schwann discovered that the cell is an element of a body that cannot be deduced from general ideas of either physiology or anatomy, they drove the first nail into the coffin of speculations about the morphology of organs. Instead of being analysed at the level of systems, organisms are now broken down into tissues and cells (where, of course, tissues then go on to build organs). This happens always to a new fact: first an attempt is made to adapt it to the old notions, and only then is its novelty realized. More nails into the same coffin were driven by em-

---

3   [461/1] The issue of sexuality is systematically discussed by: P. Geddes and W. Thomson, The Evolution of Sex. London 1889. Le Dantec, La Sexualité. Paris 1899. History of the issue: His W., Die Theorien der geschlechtlichen Zeugung. Archiv f. Anthropol. 4, 1870, p. 1872.

bryology, especially by the theory of germ layers. Yet, it was the theory of heredity and variability that made the most powerful contribution to the downfall of the old theory, and led to a new view of t r a i t s of animals and plants. D a r w i n himself carried out extensive research on the "traits" of animals. By trait he meant anything in plant or animal that appears as an independent unit. To him the length of feet, number of teeth, course of a vein, individual muscles, degree of intelligence, courage, skin colour, ability to wield an oar, were all traits, and he believed that each one can be heritable. No one realized that an analysis of living creatures in terms of traits is contrary to a method that uses the concepts of organs, tissues, and cells. In fact, H a e c k e l glossed over this issue as if it were not a problem at all. W e i s m a n n, a more modern scientist, returned to the question of traits and distinguished two kinds: heritable and not heritable ones. Many treatises were devoted to arguments about Weismann's idea but no one seems to have asked the basic question: W h a t i s a t r a i t ? Weismann went as far as to count how many traits one being has (he dealt with daphniae), and still, it did not occur to him that a trait is not something given, that it is a concept that needs to be analysed.

D e V r i e s understood the significance of traits better. As an orthodox Darwinist botanist, he first tried to reconcile the cell theory with the theory of hereditary traits. He also believed in little corpuscles that are the carriers of properties, but from the beginning he paid more attention to traits than to cells. He tried to prove that a given trait, e.g. the green colour of leaves, that is present in one plant, is absent in another one, thus is not necessarily connected with other traits. The same leaf shape, the same alkaloid, can be present in various plants, thus "each species consists of many traits", which are, however, present in different species in different combinations. Biologist's task is to detect these traits: "Just as chemistry and physics analyse everything in terms of atoms, so the biological sciences should discover these units in order to explain, based on their combinations, the phenomena of living organisms."[4]

This described a programme for further research – still only a programme at that time because no one, not even de Vries, managed to analyse a plant in necessary detail or compare such elementary particles between different plants.

FACTS ABOUT HYBRIDISATION

When writing about sexual differences, I mentioned that nature tends to prefer the participation of two individuals in producing an offspring. Even when a parent has both male and female sex organs, usually two hermaphroditic organisms unite even if self-fertilisation would suffice. The first person to notice this phenomenon in some plants was the German botanist C h r. K o n r a d S p r e n g e l, who tried to show that nature tries to avoid the pollination of the pistil being by pollen from the same flower, and supports pollination by pollen from another flower. Darwin referred to this observation when thinking about the relationship between plants and insects, and

---

4   [464/1] Vries H. de, Intrazelluläre Pangenesis. Jena 1889, S. 7.

he tried to prove experimentally in to a broader extent than his predecessor that "no living being can survive by self-fertilisation alone. A contribution of two individuals is necessary, though it may occur only quite infrequently."

Even though nature usually supports the mating of two individuals, this notion is not entirely true. It has been proven that some algae, higher plants, and even animals, practice self-fertilisation. Barley for example, produces seed after self-fertilisation, the sea squirt Phallusia mammillata develops from eggs fertilised by its own sperm, and many plants propagate almost exclusively by self-fertilisation. Some plants, such as cruciferae, are usually fertilised by pollen from another individual, and only if this is not happening, resort to self-fertilisation. The same phenomenon has been observed even in animals. Other plants have two kinds of flowers: one is large, open, and well suited for welcoming another plant's pollen, the other small, closed (cleistogamous), and engaging in self-pollination. Cleistogamous flowers are produced for example by globeflower (when conditions are very wet), drosera, dead nettle, etc.

It seems that excessive similarity between sexual cells of the same animal or the same flower prevents successful breeding, and some degree of difference is needed, which means that the male and the female are in some respects mutually compatible.

Too large a difference can, however, also prevent breeding or at least make it difficult. Even though some very different animals and plants can be crossbred, it is the case that when two varieties are crossbred, they produce offspring but a union of two species tends to be infertile. There are, however, many exceptions to this rule: all breeds of dogs can crossbreed, but an apple and a pear tree, even though they are quite closely related, can not. Crossbreeds of remote forms tend to be infertile, for example a cross between a horse and a donkey. In some cases, the ova of one species can be fertilised by the sperm of another, but not vice versa (Rana esculenta ♀ X Rana fusca ♂; Fucus vesiculosus ♂ X Fucus serratus ♀, etc.). Crossbreeding of some very different forms has also been demonstrated. For example, one can crossbreed two families of sea urchins: (Echinus microtuberculatus ♂X Strongylocentrotus lividus ♀) or even two different orders (Asterias, i.e.sea stars X Arbacia, i.e. sea urchins). But the crossbreeding of more and more distant forms is an unnatural phenomenon, and just like one needs to weaken the natural mutual distaste of higher animals, one also needs to overcome the repulsion shown by incongruous ova and spermatozoa – they unite more easily if they are not quite fresh.

Older authors thought that the crossbreeding of different forms can result in a creation of new ones, and botanists are indeed aware of many such hybrids of shepherd's clubs, willows, etc. which arose in nature and live. Crossbreeding of different forms leads to the creation of an individual that inherits some traits from father, some from mother, but may also have a tendency to take after some older ancestors and exhibit atavistic traits. Darwin noted such cases. Subsequent research moved in two different directions: German scientists, headed by W e i s m a n n, thought that the ovum combines some paternal, some maternal, and some atavistic traits, while others followed F. G a l t o n and tried to calculate the ratio in which these three types of traits will appear in the offspring. Galton's calculations received much less attention than Weismann's speculations, but at least they paid some notice to the experiments with which Mendel addressed this issue.

GALTON'S TEACHING

F r a n c i s   G a l t o n, English explorer and biologist, used statistics to determine how various traits, e.g. the strength of arms, body size, etc. are distributed in a population. He found that most persons possess average traits, i.e., those that fall between the extremes, thus for example most are of an average height. Large differences between people tend to even out in offspring by 'filial regression', that is, by reversion to characteristics of older ancestors who did not deviate from the average as much their parents did.

Galton proved by statistics and theoretical calculations that ancestors' traits carry over to offspring in the following ratio: offspring inherits one half (0.5) of his traits from his two parents, one quarter (0.5^2) from the four grandmothers and grandfathers, one eighth (0.5^3) from the eight great-grandfathers and great-grandmothers, etc., so that the total of inherited traits is $0.5 + 0.5^2 + 0.5^3 + 0.5^4$ ... the sum of which equals 1, that is, corresponds to all traits of the offspring. This theory presupposes that offspring's blood contains the blood of all of his ancestors, and the more remote these ancestors are, the less they are present. Consequently, the crossbreeding of two pure forms yields an individual in which the parental traits are so mixed that by breeding this individual, one can never regain the original pure forms.[5]

Galton's teaching had and still has many advocates but it had to compete with another view of hybridization, the view championed by Mendel.

MENDEL'S TEACHING

In the first half of the 19th century, speculations and observations related to crossbreeding were popular both in England and in France. The aim was to find whether crossbreeding of different varieties follows different rules than the crossbreeding of different species, whether one can create new species by crossbreeding, whether a hybrid takes more after its father or after its mother, etc. It was commonly assumed that crossbreeds are unnatural creations who cannot pass their traits to their offspring because the following generations will take after one of the original parents.

Darwin opposed this view, and gave to the theories of hybridisation the direction mentioned above. Not all scientists, however, agreed with him, and for example C h. N a u d i n in France and G. J. M e n d e l in Brno kept on defending the old line of thought. Naudin saw hybrids as unnatural forms, where parental traits exist alongside but do not mix, and in subsequent breeding will again separate. Mendel, a high school professor in Brno, later an Augustinian prelate (German), held a similar view but went further than Naudin. He believed that an organism consists of numerous traits much like a mass consists of particles and that in hybridisation the parental traits exist in the hybrid alongside each other, but in such a way that only one manifests itself, while the other remains hidden.

---

5   [467/1] Galton F., Natural Inheritance. London 1889.

A h y b r i d therefore possesses the sum of traits of both parents but in its sex cells these traits separate again, so that each ovum, each spermatozoon contains each trait only once, sometimes the maternal, at other times the parental one. Let us say that the traits of the father are **a, b, c** (where letters stand for example for a given colour, size, ability, etc.), while those of the mother are a_1, b_1, c_1. Individual ova then have traits **a, b, c** or a_1, **b, c** or a_1, b_1, c_1, etc. It follows then that ova and spermatozoa can have as many properties as there are combinations of parental properties. When such ova are fertilised, it is possible that the ovum and the spermatozoon contain the same combination of properties, in which case the offspring, the c r o s s b r e e d, represents a stable form which contains a novel union of properties of parents. If, however, the two sex cells differ in their properties, the resulting h y b r i d contains some traits in two versions, one overt and one hidden. Through further breeding one can eliminate the hidden properties from such hybrids and arrive at crossbreeds. In our case, this could give rise for example to the following forms:

abc X **abc** yields the original form,

a_1bc X a_1bc yields a stable crossbreed,

a_1bc X a_1bc_1 yields a hybrid with double trait cc_1, etc.

According to this theory, the grouping of parental properties in the offspring follows a probability calculus (according to combinatorial theory), and it can be determined in advance that if **n** is the number of traits that differ between the two parents, then 3^n is the number of various d i f f e r e n t offsprings and 2^n the number of stable crossbreeds.[6]

Mendel's theory was not noticed. It was published in 1865, at a time when Darwinism was starting to gain wide acceptance, when only anatomy and embryology were seen as exact sciences, and when there was no willingness to analyse organisms in terms of their properties. Only a long time after his death, in the 20th century, was Mendel re-discovered and celebrated. In recent years we see attempts to limit the scope of his theory and reconcile it with Galton's views.

6　[469/1] Mendel J., Versuche über die Pflanzenhybriden. Verh. d. naturw. Vereins in Brünn 4. 1865. On Mendel see also Correns C., Mendels Briefe an C. Nägeli, 1866–1873. Abh. sächs. Ges. Wiss., Leipzig 1905. Mendel's articles were republished in: Ostwalds Klassiker d. exakt. Wiss. For comparison of Mendel's and Galton's teaching see E. Tschermak, Die Mendelsche Lehre und die Galtonsche Lehre von Ahnenerbe, Arch. Rass. Biol. II., 1905. A. D. Darbyshire, On the Difference between physiological a. statistical Laws of Heredity Manch. Lit. Soc. 1906, where further references are included.

ÜBER ERBSUBSTANZ UND VERERBUNGSMECHANIK[1]

(On the Hereditary Substance and the Mechanics of Heredity)

Vladislav R ů ž i č k a

Einer freundlichen Aufforderung des Herrn Prof. VERWORN ein Sammelreferat über die Vererbung zu schreiben, folgend, konnte ich selbstverständlich weder das ganze Thema aufrollen, noch selbst in dem von mir gewählten, derzeit aktuellen, Abschnitt „über die Vererbungssubstanz" auf alle Ideen reagieren, welche für und wider die Haupttheorien ins Treffen geführt wurden. Anknüpfend an etwelche neuere Publikationen habe ich mich hauptsächlich auf einige Probleme beschränkt, welche ich selbst bearbeitet habe und die, wie mir scheint, nicht unwichtig sind für die Beurteilung unseres Fragenkomplexes.

Daß die Tatsache der Vererbung allen Organismen gemein ist, steht fest.

Hingegen erscheint es mir unwichtig zu diskutieren, ob bei verschiedenen Organismen die gleichen Bedingungen und Ursachen der Vererbung vorausgesetzt werden können, ob also allen Organismen auch eine gemeinsame Grundlage des Vererbungsprozesses zukommt. Eine bejahende Antwort erscheint nämlich bei näherer Untersuchung keineswegs selbstverständlich.

Bekanntlich gehen die namhaftesten Vertreter der herrschenden Vererbungslehre selbst in ihren neuesten Veröffentlichungen[2] von dem Standpunkte aus, daß die Tatsache der Vererbung auf der Übertragung einer Vererbungssubstanz von den Aszendenten auf die Deszendenten beruht, welche morphologisch darstellbar sein müsse. Die überaus größte Mehrzahl der Versuche, welche zur morphologischen Begründung der Vererbungslehre unternommen worden sind, bezieht sich nun auf die amphimixen Metazoen und es ist offensichtlich, daß die ganze morphologische Theorie der Vererbung diesem Objekte angepaßt ist.

Nun aber fragt sich, ob eine Theorie der Vererbung, als wirklich allgemein biologischer Erscheinung, nicht universell sein müßte.

---

1 Vladislav Růžička, *Über Erbsubstanz und Vererbungsmechanik*, in: Zeitschrift für allgemeine Physiologie 10, 1909, pp. 1–55 (part "Sammelreferat").

2 [1/1] O. Hertwig, Der Kampf um die Kernfragen der Entwicklungs- und Vererbungslehre. G. Fischer, Jena 1909. Strassburger, Zeitpunkt der Bestimmung des Geschlechts, Apogamie, Parthenogenesis und Reduktionsteilung. Histol. Beiträge VII, G. Fischer, Jena 1909.

Man hat nach dem Vorbilde WEISMANN's sehr oft behauptet, daß die Vererbungsprobleme erst bei den höheren Organismen welche sich geschlechtlich vermehren, ihre eigentliche Bedeutung erlangen, da dieselben auf Grund des Geschlechtsaktes ein Ausgangsgebilde hervorbringen, aus welchem sich der Deszendent durch eine Reihe von Umwandlungen erst entwickelt; begründet wird diese Behauptung erstens damit, daß sich aus einem den Eltern völlig unähnlichen Ausgangsgebilde ein Organismus mit identischen Arteigenschaften entwickelt; zweitens wird darauf hingewiesen, daß durch die Amphimixis der verschiedengeschlechtlichen Fortpflanzungszellen auf das neuentstehende Ausgangsgebilde der Entwicklung auch die individuellen Merkmale der beiden Eltern übertragen werden, wodurch Variation ermöglicht wird und der ganze Vorgang eventuell (durch Fixation vorteilhafter Merkmale auf Grund der Vererbung) für die Evolution Bedeutung gewinnt.

Es fragt sich nun, wie stehen denn die Dinge bei Organismen welche nur eine ungeschlechtliche Fortpflanzung besitzen, z. B. bei den Bakterien?

Ist die Frage wirklich auch damit erledigt, wenn man die Behauptung aufstellt, die Vererbung beruhe bei diesen Organismen einfach in der Kontinuität der Muttersubstanz, da die Fortpflanzung durch Teilung des ursprünglichen Körpers geschieht?

Bringen wir uns in Erinnerung, welche Erscheinungen das Wesen der Vererbung ausmachen, so nehmen wir wahr, daß es sich 1. um die Übertragung der Artcharaktere, und 2. um die Ermöglichung der Variabilität handelt, welcher wir auch die Übertragung der individuellen Merkmale der Eltern anreihen können.

Soweit meine Erfahrung reicht, muß ich gestehen, daß ich dieselben Probleme auch bei den Bakterien vorfinde, trotzdem sich nur ein verschwindender Bruchteil derselben durch Vorgänge vermehrt, welche als Rudimente eines sexuellen Aktes gedeutet werden könnten. Von der weitaus größten Mehrzahl der Bakterien steht hingegen fest, daß sie sich entweder durch Teilung oder durch Sporenbildung fortpflanzen.

Befassen wir uns vor allem mit denjenigen Fällen, in welchen eine Sporenbildung vorliegt. Diese Fälle liegen schon an sich dem Falle der Metazoen näher; denn obwohl die Spore auf ungeschlechtlichem Wege zur Entwicklung gebracht wird, so ist sie trotzdem ein Gebilde, das dem Mutterindividuum völlig unähnlich ist und aus dem sich, wenn auch in der primitivsten Weise, die Deszendenten erst entwickeln müssen. Außerdem überliefert die Spore nicht nur die identischen Artcharaktere, sondern sie muss zugleich auch die Variation ermöglichen, wie zahlreiche Versuche zeigen. Wenn z. B. ein hochvirulentes B. anthraxis nach einige Zeit bei Züchtung unter nicht kontrollierbarer veränderten Bedingungen seine Virulenz verliert und diese neue Eigenschaft trotz erhaltener Sporenbildung derart erblich fixiert, daß wir durch keinerlei Eingriffe (sei es wiederholte Tierpassage oder verschiedenartige Kultivierung) die ursprüngliche Pathogenität wiederherzustellen vermögen, so müssen wir schließen, daß in einem bestimmten Zeitpunkte die ursprünglich virulenten Bakterien Sporen ausgebildet haben, aus welchen avirulente, d. h. mit völlig verändertem Stoffwechsel begabte Individuen hervorgegangen sind, da nach dem ontogenetischen Kausalgesetz (O. HERTWIG) während des Entwicklungsprozesses die Einwirkungen der Außenwelt in die Organisation des Keimes keine neuen Momente hineinbringen, welche normalerweise die Eigenart des entwickelten Individuums mitbestimmen würden.

Nicht anders verhält es sich mit denjenigen Bakterien, welche nur auf die Fortpflanzung durch vegetative Teilung angewiesen sind. Wenn es natürlich auch richtig ist, daß die Vererbung bei ihnen auf der direkten Kontinuität des Mutterindividuums begründet ist, so scheint mir doch der Vorgang der Vererbung selbst auch in diesem Falle keineswegs klarer vorzuliegen als in jenen oberwähnten. Zwar gehen nämlich die Arteigenschaften durch Kontinuität der Elternsubstanz auf die Teilungsprodukte über; aber warum spalten sich eventuell gewisse Deszendenten zur Anlage neuer Varietäten ab? Ein Bact. coli, das sämtliche charakteristische Merkmale aufwies, kann bei stetig gleich fortgesetzter Züchtung Kolonien abspalten, welche beispielsweise kein Gas mehr bilden. Wir stehen hier also demselben Problem gegenüber, das wir als die Grunderscheinung der Vererbung bei den Metazoen kennen gelernt haben.

Dasselbe ist auch der Fall bei gewissen Protozoen, die sich nach neueren Feststellungen (besonders von R. HERTWIG, PROWAZEK, HARTMANN u.a.) zwar sexuell, jedoch durch Autogamie fortpflanzen, bei welchen also die Befruchtungskopula von den aus dem ursprünglichen Kern der Protozoenzelle entstandenen Tochterkernen innerhalb desselben Cytoplasmas gebildet wird. Daß sich bei jener Kernteilung, trotzdem nur die ursprüngliche Muttersubstanz zur Teilung kommt, doch schon Differenzen zwischen den Teilungsprodukten einstellen müssen, haben bereits die Untersuchungen SCHAUDINN'S an Haemoproteus noctuae, einem Trypanosoma, ergeben. Nicht minder zeigen dies die neuen experimentellen Forschungen STRASSBURGER'S, nach welchen bei diözischen Bryophyten die Geschlechtstrennung sich schon bei der Teilung der Sporenmutterzelle vollzieht.[3]

Daß auch bei der Parthenogenese Variation möglich ist, haben die Untersuchungen von WARREN an Aphiden und Daphniden und von EISMANN an Cypris bewiesen.

Trotzdem es sich also bei den obigen Fällen eigentlich um die unmittelbare Kontinuität der Muttersubstanz handelt, ist bereits auch hier die Variationsmöglichkeit gegeben, somit das Vererbungsproblem in seiner ganzen Ausdehnung vorhanden.

Was ergibt sich nun aus diesen Überlegungen?

Vor allem der Schluß, daß d i e   P r o b l e m e   d e r   V e r e r b u n g   b e i
O r g a n i s m e n   m i t   u n g e s c h l e c h t l i c h e r   V e r m e h r u n g   i n
d e r s e l b e n   W e i s e   v o r l i e g e n   w i e   b e i   d e n j e n i g e n   m i t
s e x u e l l e r   (s e i   e s   m o n o g e n e r   o d e r   d i g e n e r)
F o r t p f l a n z u n g ;   z w e i t e n s ,   d a ß   i n f o l g e d e s s e n   d i e
A m p h i m i x i s   k e i n e   n o t w e n d i g e   u n d   e n t b e h r l i c h e
V o r a u s s e t z u n g   d e r   V e r e r b u n g   b i l d e n   k a n n .

Mit Hinblick auf diesen Umstand erscheint es notwendig, die morphologischen Grundlagen der Vererbung bei den beiden Fortpflanzungsarten einer vergleichenden Analyse zu unterziehen.

---

3   [4/1] Strassburger, Zeitpunkt d. Bestimmung des Geschlechts usw. 1909, S. 1ff.

GESCHLECHTLICHE FORTPFLANZUNG

Die von den beiden Begründern der morphologischen Theorie der Vererbung, O. HERTWIG und STRASSBURGER, neuerdings veröffentlichten Publikationen gestatten es erfreulicherweise, sich die Hauptmomente ihrer Beweisführung wiederum ins Gedächtnis zu rufen.

Die Ausführungen der beiden Autoren wurzeln in der Zelltheorie: „Das Problem der Entwicklung, der Zeugung und der Vererbung ist – im wesentlichen ein Zellenproblem geworden".[4] Jeder Organismus ist im Beginn seiner Entwicklung eine Zelle; die Ontogenese ist ein Zellenbildungsprozeß. Bei der Befruchtung verbinden sich zwei von verschiedengeschlechtlichen Eltern abstammende Fortpflanzungszellen zu einer Keimzelle; deren Kerne verschmelzen zu einem Keimkerne, welcher daher ein Mischkern ist. Da Bastarde Mischprodukte sind, die selbst dann, wenn sie nur einem der Eltern ähnlich sind, die Eigenschaften beider erben (wie die Gesetze MENDEL's lehren), so muß geschlossen werden, daß die vererbten Merkmale in den bei dem Geschlechtsakte verschmelzenden Geschlechtszellen in irgendwelcher Weise und zwar die einander entsprechenden, aber entgegengesetzten paarweise enthalten sind. Es wird angenommen, daß die Summe der Merkmale in den Geschlechtszellen zu einer Gesamtanlage gesetzmäßig verbunden ist, die als Erbmasse aufgefaßt wird. Aus den Tatsachen der Parthenogenese, Merogenie und Ephebogenese wird geschlossen, daß die E r b m a s s e sowohl in der männlichen, als in der weiblichen Geschlechtszelle mit einem gleichen Betrage enthalten ist.

Es fragt sich also zunächst, sind die g a n z e n Geschlechtszellen als Erbmasse zu betrachten oder nur ein Teil derselben und welcher?

Wir haben uns da vor allem der Behauptung STRASSBURGER'S zu erinnern, daß bei der Befruchtung von Lilium (1908) ein nackter Kern in das Ei eindringt; des weiteren, daß die Cytoplasmamassen der zueinander gehörigen Geschlechtszellen zuweilen gewaltige Differenzen aufweisen. Kann das generalisiert werden, so ist ja klar, daß die Erbmasse nicht im Cytoplasma, sondern in den Kernen befindlich sein muß, wenn man auf dem Boden der morphologischen Vererbungstheorie steht. Daher kamen auch O. HERTWIG und STRASSBURGER zu dem Schlusse, „daß die Kerne nach der Rolle, welche sie bei der Befruchtung, bei der Entwicklung und im Zellenleben spielen, als die Träger der erblichen Anlagen betrachtet werden müssen, und daß daher ihre Substanz, besonders wohl ihr Chromatin, dem Idioplasma von Naegeli entspricht."[5]

Die Gründe, welche zugunsten dieser Hypothese angeführt werden, hat HERTWIG auch in seiner neuesten Schrift zusammengefaßt (S. 28–43). Es sind vor allem die sechs Hauptgründe O. HERTWIG'S:

1. Der wichtigste Grund ist von HERTWIG als das Gesetz der Äquivalenz von Ei- und Samenkern bezeichnet worden. „D.h. in den sonst so sehr verschieden gebauten Keimzellen sind die Kerne die einzigen mikroskopisch nachweisbaren Bestandteile,

4   [5/1] O. Hertwig, l. c. S. 12.
5   [5/2] O. Hertwig, l. c. S. 27.

welche mehr oder minder gleich groß sind und aus gleichartigen für das Zellenleben sehr wichtigen Substanzen in glecher Menge bestehen.“

Man beachte, daß diese Behauptung auf der Annahme NAEGELI'S fußt, daß der Deszendent von seinen beiden Eltern gleichviel erbt. Als offensichtlicher Beweis dafür wird VAN BENEDEN'S Entdeckung angeführt, nach welcher bei Ascaris megalocephala bivalens der Ei- und Samenkern an der Zusammensetzung des Keimkerns mit je zwei gleichgroßen Chromosomen teilnehmen.

2. Durch die Karyomitose wird die Kernsubstanz in gleichwertige Hälften zerlegt. Dieser Behauptung liegt gleichfalls eine Beobachtung und Zählung der Chromosomen zugrunde. Auf jede Tochterzelle fällt die Hälfte der Chromosomen, die zweite Hälfte muß durch Wachstum während des Intervalles zwischen zwei Teilungen ergänzt werden. Um die Teilbarkeit und das Wachstum zu begreifen, wird angenommen, daß die Kernsubstanz aus kleinsten Lebenseinheiten – Bioblasten – zusammengesetzt ist, von welchen – um die Vererbungsprobleme (bes. die in den MENDEL'schen Gesetzen enthaltenen) zu erklären – weiterhin angenommen wird, daß sie voneinander qualitativ verschieden sind. Diese Bioblasten (Chromomeren, HEIDENHAIN) sollen nach einer weiteren Annahme in den aus der Kernsubstanz sich bildenden Chromosomen nacheinander angereiht sein, sodaß durch Teilung der Mutterbioblasten in Tochterbioblasten die Längsspaltung des Fadens bewirkt wird. Da nun der Keimkern aus dem Ei- und Spermakern besteht und von ihm nach dem Satze Omnis nucleo a nucleo sämtliche Kerne des erwachsenen Individuums abstammen, so wird geschlossen, daß jeder dieser Kerne „Abkömmlinge von den Bioblasten der väterlichen und der mütterlichen Kernsubstanz zu gleichen Teilen in dem ursprünglichen Verhältnis besitzen“[6]) muß. „Nur auf diese Weise lassen sich“ schreibt HERTWIG (S. 31), „die Eigenschaften der Art in der Aufeinanderfolge der Generationen, die auf dem Prinzip der Zellenteilung beruht, von einer auf die andere Generation vererben.“ Auch den Umstand, daß bei vielen Organismen fast jede Zelle des Körpers den ganzen Organismus zu bilden vermag, daß bei manchen Organismen die weiblichen und männlichen Geschlechtszellen auf den verschiedensten Teilen des Körpers gebildet werden können, daß Sporen, Knospen und andere vegetative Zellkomplexe auf dieser oder jener Stelle entstehen können, sowie weiterhin die Regeneration, meint HERTWIG nur durch die obige Annahme verstehen zu können.

3. Die in der Ovo- und Spermiogenese eintretende Reduktionsteilung ist ein Mittel zur Verhütung der Summierung der Erbmassen.

Der aus der Befruchtung hervorgehende Keimkern enthält, falls die Kerne die Erbmasse darstellen, dieselbe in doppeltem Betrage. Die verdoppelte Erbmasse würde nach dem oben Angeführten durch fortgesetzte Teilungen auf die Geschlechtszellen der aus solchen Keimkernen entstandenen Individuen übergehen. Würden sich solche Individuen befruchten, so würden die Zellkerne ihrer Deszendenten die vierfache Erbmasse besitzen usw. Dieser Summierung muß entgegengewirkt werden durch Halbierung der Erbmasse in den zur Vollführung der Befruchtung bestimmten Zellen, wobei natürlich die Voraussetzung gemacht wird, daß die Halbierung alle in der Erbmasse enthaltenen Anlagen treffen müßte. Um diese Voraussetzung zu erfüllen,

---

6 [6/1] O. Hertwig, l. c. S. 30.

wird angenommen, daß bei der Bildung der Keimzellen die in die der Erbmasse auf Grund der MENDEL'schen Gesetze angenommenen Anlagenpaare wieder voneinander getrennt werden, wodurch der auf die Teilungsprodukte überkommenen Erbmasse der ursprüngliche Charakter gewahrt wird (Äquationsteilung), und daß sodann die einfachen Anlagen der Erbmasse noch einmal halbiert werden (Reduktionsteilung). Auf diese Voraussetzungen passen viele von den bei der Ei- und Samenreifung auftretenden Kernveränderungen. Bei den hierbei eintretenden Teilungen darf es also zu keinem Wachstum des Kernes kommen, wie es sonst bei Zellteilungen der Fall ist, sondern die vorhandene Kernmasse muß sich zweimal hintereinander halbieren. Auf solche Weise kommt den Geschlechtszellen nur die halbe Masse von Chromatin zu „wie sie für die Kerne von Embryonalzellen und Gewebezellen derselben Organismenart nach dem Zahlengesetz der Chromosomen charakteristisch ist." „Durch die Äquationsteilung erhält jede Zelle das doppelte Sortiment der Erbeinheiten, bei der Reduktionsteilung werden die beiden Sortimente voneinander getrennt; hierdurch ist die durch Befruchtung hervorgerufene Summierung des Idioplasma wieder rückgängig gemacht worden." (O. HERTWIG S. 34)

4. Die Resultate der Bastardierungsversuche sind im Anschlusse an die Reduktionsteilung erklärbar.

Auf Grund der MENDEL'schen, durch CORRENS, DE VRIES, TSCHERMAK u. a. bestätigten Versuche hat man geschlossen, daß bei der Kreuzung zweier Varietäten ein Bastardidioplasma gebildet wird, das die antagonistische Merkmale der Eltern zu Anlagepaaren vereint enthält. Durch die fortgesetzen Entwicklungsteilungen wird das Bastardidioplasma auf alle Zellen des Deszendentenkörpers übertragen mit Ausnahme seiner Geschlechtszellen; diese erhalten die antagonistischen Merkmalsanlagen einzeln, so daß Deszendenten wieder auf die Ausgangsindividuen zurückschlagen. „Es liegt gewiß sehr nahe, die aus Experimenten von Mendel und anderen Forschern abgeleitete Spaltungsregel mit den Entdeckungen über Ei- und Samenreife, die ganz unabhängig auf mikroskopischem Gebiete gewonnen worden sind, in Verbindung zu bringen" (HERTWIG S. 36)

5. Die vegetative Befruchtung. NAWASCHIN hat die Entdeckung gemacht, daß bei Angiospermen der zweite generative Kern des Pollenschlauches mit dem sekundären Embryosackkern verschmilzt. Dadurch werden die Eigenschaften der pollenliefernden Pflanze auf eine vegetative Zelle übertragen, welche das Endosperm bildet. War nun der Pollen von einer Varietät, so entsteht durch die vegetative Befruchtung ein Bastardendosperm, welcher die als Xenien bekannten Fruchtbildungen liefert, deren Ursprung früher unerklärlich war. STRASSBURGER hat daher den von NAWASCHIN entdeckten Vorgang als „einen neuen, schönen Beweis für die Ansicht, daß die Zellkerne wirklich die Träger der erblichen Eigenschaften sind"[7] bezeichnet.

6. Der gleichartige Verlauf und die weite Verbreitung des Befruchtungsprozesses fast im ganzen Organismenreich.

Wo ein sexueller Fortpflanzungsvorgang besteht, und dies ist bei allen Klassen des Tier- und Pflanzenreichs, bei stets zahlreicheren Protisten, ja nach SCHAUDINN u. a. selbst bei manchen Bakterien der Fall, beruht er in der Verschmelzung der Kerne

---

7   [9/1] Strassburger, Bot. Zeitung, LVIII, 1900.

resp. der die Kerne vertretenden Gebilde. Vielfach ist auch ein der Befruchtung vor-
aufgehender Reduktionsprozeß nachgewiesen.

Schließlich weist HERTWIG noch darauf hin, daß die Beobachtungen über die Stel-
lungen des Kerns bei formativen und nutriven Prozessen schließen lassen, daß er auf
diese Vorgänge einen beherrschenden Einfluß ausübt.

Bezugnehmend auf die neue Publikation STRASSBURGER'S[8] möchte ich einige in
derselben enthaltene seinen Standpunkt kennzeichnende Ansichten festhalten.

STRASSBURGER knüpft an die Tatsache, daß bei diözischen Bryophyten die Geschlechtstrennung bei der Teilung der S p o r e n m u t t e r z e l l e sich vollzieht.
Wie im ganzen organischen Reiche sich in übereinstimmender Weise Geschlechtsdif-
ferenzierungen und Befruchtung einstellen, so führte die fortschreitende Arbeitsteilung auch zur Trennung der Geschlechter: zur Diöze. Indem STRASSBURGER der stei-
genden Komplikation und schließlichen Übereinstimmung der Kernteilungsvorgänge
in beiden organischen Reichen gedenkt, meint er, „daß die geschlechtliche Sonderung
sich jedesmal dann einstellte, wenn die im Zellkern vertretenen Erbeinheiten einen
bestimmten Grad von Verschiedenheit untereinander erlangten". Bei den niedriger
organisierten Lebewesen ist jedes Merkmal durch eine Mehrzahl gleicher Erbeinheiten im Kern vertreten; „durch die fortschreitende Einschränkung der Merkmale auf
einzelne Erbeinheiten wurde die Befruchtung nötig, eine Vereinigung abweichend
modifizierter homologer Einheiten aus Kernen von verschiedenen Individuen derselben Art". „Durch die Befruchtung mußte in allen Fällen die Zahl der Erbeinheiten der
Kerne eine Verdoppelung erfahren." „Auf jeden Befruchtungsvorgang muß, meiner
Ansicht nach, Reduktionsteilung der Kerne folgen. Durch sie wird der Nutzeffekt der
Befruchtung: Ausgleich der Abweichungen und Schaffung neuer Kombinationen, erst
erreicht, der haploide Zustand wiederhergestellt und eine Summierung der Einheiten
verhindert."[9]

Besonders ausführlich befaßt sich STRASSBURGER mit der strittigen Frage der Reduktionsteilung und der Beteiligung des Cytoplasmas an der Übertragung erblicher
Eigenschaften (S. 111ff).

Auch STRASSBURGER hat bezüglich des letztererwähnten Punktes seine schon früher[10] bestimmt geäußerte Ansicht nicht geändert. Wie er in seiner früheren Arbeit
jede Beteiligung des Cytoplasmas bei der Befruchtung der Angiospermen entschieden
bestritten hat, indem er auf der Beobachtung fußend, daß bei Lilium die Befruchtung
durch einen nackten Spermakern vollführt wird, den Schluß zog, daß nur die „Kerne
die Träger der erblichen Eigenschaften sind" – so hält er auch nunmehr diesen Standpunkt aufrecht. Die Kernstrukturen zeugen nach ihm in eindringlicher Weise dafür,
daß es sich um eine gleichmäßige Verteilung von Erbeinheiten bei der Kernteilung
handelt. „Auf diesem Boden festgelegter Tatsachen läßt sich weiter bauen, er schafft
morphologische Anknüpfungspunkte für die Ergebnisse, zu denen das physiologische
Experiment in der modernen Züchtungslehre führt." „Anzunehmen, daß eine beliebi-

8   [9/1] Strassburger, Zeitpunkt d. Best. d. Geschlechts usw., S. 6–9.
9   [9/2] Chromosomenzahlen, Plasmastrukturen, Vererbungsträger und Reduktionsteilung. Jahrb. f.
      wiss. Bot., XLV, 1908.
10   [11/1] Schlater, Zelle, Bioblast u. lebendige Substanz. St. Peterburg 1903, S. 14.

ge Spur dieses Cytoplasma als Vererbungsträger fungieren sollte, dafür fehlen alle Anknüpfungspunkte, und dazu könnte ich mich, im Hinblick auf die Erscheinungen, die uns die Erbsubstanz in den Kernen darbietet, nicht entschließen."

Selbstverständlich nimmt STRASSBURGER auch konkrete Erbeinheiten, „Pangene", im Kerne an. „Ich lasse diese Pangene in festgelegter Ordnung innerhalb der gesonderten Chromosomen aufeinander folgen, sich durch Zweiteilung dort vermehren und ihre Teilungsprodukte den Längshälften der Chromosomen bei deren Spaltung zufallen. Mit der Annahme ihrer Existenz bringe ich auch die Reduktionsteilung und das gemeinsame Ausspinnen der Paare zu langen Fäden in Beziehung."

Im sonstigen nimmt STRASSBURGER auch hier das Problem von einer phylogenetischen Perspektive in Angriff, indem er ausführt, daß „die Erbträger im Laufe der phylogenetischen Entwicklung sich zum Kern gesammelt haben." Er geht dabei von der Beobachtung aus, daß die karyokinetischen Vorgänge bei den Metazoen und Metaphyten übereinstimmend verlaufen und meint, daß diese Übereinstimmung auch kongruente Ursachen haben müsse; als solche sieht er die fortschreitende Arbeitsteilung unter den Erbeinheiten an, der die zunehmenden Sonderungen im Soma entsprachen. STRASSBURGER stellt sich das Urprotoplasma als kernlos vor; dann vollzog sich allmählich die Trennung der formativen und nutritiven Leitungen in seinem Substrat. Die den formativen Aufgaben dienenden Plasmateile waren die ersten gesonderten Erbträger. Sie blieben zunächst im Gesamtplasma verteilt, wo man sie bei den niedrigsten Organismen noch als zerstreute Chromatinkörner wiederfindet. Auf einer späteren Entwicklungsstufe schlossen sie sich zu einem besonderen Verband zusammen, etwa dem Zentralkörper gewisser Bakterien und Cyanophyceen ähnlich. Dann grenzte sich der Kern gegen das Plasma ab. Die im Kerne enthaltenen Erbeinheiten sind vorerst bei solchen Lebewesen die Kernteilung einfach. Sobald die Verschiedenheit der Erbeinheiten wächst, sobald sie soweit gelangt, daß nur noch je eine Erbeinheit einer bestimmten Aufgabe obliegt, verlangt die qualitativ gleiche Teilung der Kerne, daß die Erbeinheiten innerhalb fadenförmiger Gebilde aneinandergereiht werden, sich dort verdoppeln und durch Längsteilung trennen. Das führt zur Ausbildung von Chromosomen. Und weil dieser Entwicklungsgang ebenso bei den Metazoen, wie bei den Metaphyten sich in gleicher Weise abgewickelt hat, so herrscht bei ihnen die auffallende Übereinstimmung der Kernteilungsvorgänge.

STRASSBURGER benützt somit die physiologische Struktur der Erbsubstanz zur Klärung der Morphologie derselben.

Nach dem bisher Angeführten hätten wir also anzunehmen, dass die Erbmasse ihren alleinigen Sitz in den Zellkernen habe. Da nun aber die Zellkerne in morphologischem Sinne zusammengesetzte Gebilde sind, so frägt es sich, welcher Teil derselben der vorausgesetzten Erbmasse entspreche. Außer dem am meisten auffallenden Chromatin enthalten die ruhenden Kerne noch das Linin und den Kernsaft, welche beide letzterwähnten achromatischen Komponenten nach ZACHARIAS dem Plastin entsprechen. Auch die Nukleolen besitzen einen Chromatin- und einen Plastinanteil (R. HERTWIG).

Dem früher Beigebrachten konnten wir schon andeutungsweise entnehmen, daß die morphologische Theorie der Vererbung den Chromosomen den Vorzug gibt.

Trotzdem werden wir vernehmen, daß es kaum einen Kernbestandteil gibt, den man zu der Vererbung nicht schon in Beziehung gebracht hatte.

So vor allem die Nukleolen. SCHLATER[11] sagt von ihnen: „Als Träger der Vererbung sind höchstwahrscheinlich die sog. Kernkörperchen anzusehen." Und dieser Standpunkt wird uns vom Standpunkte der morphologischen Vererbungstheorie sicherlich nicht befremden, wenn wir erwägen, daß in so vielen Zellen und vor allem auch Eiern das gessamte Chromatin während des Ruhestadiums im Nukleolus aufbewahrt wird und daß sich bei der Zellteilung aus ihm die die Vererbung vermittelnden Chromosomen bilden. Dies hat schon MEUNIER an Spirogyra festgestellt[12] und seitdem wurde dieser Vorgang unzähligemal bestätigt. Es sind dies Nukleolen, welche CARNOY einst mit den Worten „par leur position – nucléoles par leur nature – noyaux" charakterisiert hat. Und auch in neuester Zeit hat MOROFF[13] die Bedeutung des dem Nukleolus homologen Caryosoms der Cephalopodenaggregaten in ähnlicher Weise präzisiert: „Zweifelsohne dient es zur Ernährung der sich vermehrenden Geschlechtsubstanz, die uns in den Chromosomen gegeben ist."

Auch die Centrosomen hat man einige Zeit für die Erbsubstanz gehalten, als nämlich FOL[14] den Nachweis geliefert zu haben glaubte, daß die Keimzelle ein von der Sperma- und ein von der Eizelle stammendes Centrosom besitzt, die durch Teilung die Zentrenquadrille und das Material für die Centrosomen der Furchungsteilung bilden – eine Idee, die auch BERGH[15] damals gefaßt hatte. Eingehendere Untersuchungen haben bald die Unhaltbarkeit dieses Standpunktes nachgewiesen (BOVERI, WILSON, REINKE, KOSTANECKI). Indes muß doch auf den völlig berechtigten Hinweis FICK'S[16] geachtet werden, daß mit der Spermie auch das Centrosom in das Ei gelangt, daher die Erbmasse nicht in dem Spermienchromatin allein enthalten sein könne.

Am extensivsten bearbeitet und in morphologischer Beziehung detailliert ausgearbeitet ist die Lehre, daß die Erbmasse dem Chromatin entspreche.

Diese Ansicht entstand auf Grund der Verfolgung der Schicksale des bei den modernen Präparationsweisen auffalendsten Chromosomenbestandteiles. Auschlaggebend haben dabei gewisse von RABL gemachten Feststellungen gewirkt, welche vervollständigt und weiter ausgebaut in der sog. Individualitätshypothese der Chromosomen von zusammengefaßt worden sind.

Unter Zugrundelegung dieser Feststellungen wird behauptet, daß Chromosomen konstante Gebilde sind, welche von Zelle zu Zelle in ununterbrochenem Kreise sozusagen zirkulieren und auf diese Weise die Vererbung übermitteln. Obwohl eine morphologische Kontinuität der Chromosomen als selbständiger Gebilde nicht bewiesen werden kann, da sie beim Übergange in das Ruhestadium schwinden, so hat man

11 [11/1] Schlater, Zelle, Bioblast u. lebendige Substanz. St. Petersburg 1903, S. 14.
12 [11/2] Meunier, Le nucleole de Spirogyra. La Cellule, III, 1888.
13 [12/1] Moroff, Die bei den Cephalopoden vork. Aggregataarten usw. Arch. f. Protistenk., XI, 1908, S. 41.
14 [12/2] Fol, Anat. Anz., 6, 1891.
15 [12/3] Bergh, Kritik einer mod. Hypoth. von der Übertragung erblicher Eigenschaften. Zool. Anz. 1892.
16 [12/4] Fick, Anat. Anz. 1892. – Reif. u. Befruchtg. des Axolotleies. Zeitschft. f. wiss. Zool., 56, 1893.

doch ihre Kontinuität auf indirektem Wege und zwar in verschiedener Weise zu beweisen gesucht.

So hat RABL[17] angegeben, daß die Chromosomen bei einer neuerlichen Teilung in
derselben Lage und derselben Anzahl auftauchen, in welcher sie nach der vergehen-
den Teilung im Ruhekern zum Schwunde gebracht worden sind. Diese Angabe wurde
von BOVERI bestätigt und an besonders günstigen Objekten (Ascaris megalocephala)
demonstriert. Die Kontinuität der Chromosomen im Netzwerke des Ruhekerns ist
somit nach dieser Lehre latent. Es muß aber hervorgehoben werden, daß auch Beispiele bekannt geworden sind, welche als manifeste Kontinuität der Chromosomen
gedeutet wurden. So haben ROSENBERG[18] und LAIBACH[19] bei botanischen Objekten in
ruhenden Kernen Chromatinansammlungen gesehe, welche sie als Chromosomenzen-
tren aufgefaßt haben, weil ihre Zahl mit der normalen Chromosomenzahl überein-
stimmte. Dies ist jedoch nicht immer der Fall. STRASSBURGER[20] fand z. B., daß bei
den Tapetenkernen von Wikstroemia die Zahl der im Ruhestadium vorhandenen
Chromatinkörner stets geringer ist, als die theoretisch vorauszusetzende Chromosomenzahl; daher gelangt dieser Forscher zu der Deutung, daß jedes Chromatinkorn das
Chromatin für eine Anzahl von Chromosomen vereinigt. Somit würde auch in diesem
Fall die Kontinuität der Chromosomen bloß eine latene sein. Eigentlich führen aber
diese Beobachtungen zu einer veränderten Auffassung der Vererbungssubstanz. Immerhin hat man sie zur Stütze der Individualitätstheorie verwendet, nach welcher die
Chromosomen ein selbstständiges, nahezu symbiotisches Leben in der Zelle führen,
aus Eigenem wachsen und sich wie Organismen sui Generis bewegen und teilen sollten.

Doch sind selbst die Chromosomen auch in morphologischem Sinne noch komplexe Gebilde. Sie bestehen aus einer Liningrundsubstanz (Chromoplasma), in welche – wie EISEN[21]) festgestellt hat – drehrunde Chromatinkörner, die Chromiolen,
eingelagert sind. Sollte die Erbmasse etwa durch diese Chromiolen dargestellt werden?

Man konnte sich der Erkenntnis nicht verschließen, daß sowohl im Tier- wie im
Pflanzenreich selbst bei derselben Art mitunter sogar recht beträchtliche Schwankungen der Chromosomenzahl vorkommen.[22] Weiterhin hat man die Beobachtung gemacht, daß bei verschiedenen Arten nicht stets die gleiche Menge Chromatin zum

17 [13/1] Rabl, Üb. Zellteilung. Morphol. Jahrb., X, 1885.
18 [13/2] Rosenberg, Üb. d. Individual. d. Chromosomen im Pflanzenreich. Flora, XCIII, 1904, S.
    251.
19 [13/3] Laibach, Zur Frage nach d. Individual. der Chromos. im Pflanzenreich. Beih. z. botan.
    Zentralblatt, XXII, 1907, 1, S. 191.
20 [13/4] Strassburger, Zeitpunkt d. Best. des Geschlechtes usw., 1909, S. 53.
21 [13/5] Eisen, Spermatogenesis of Batrachoseps. Journ. of Morphol., 1900.
22 [14/1] Winiwarter, Rech. Sur l'ovogén. Et l'orgaogén. de l'ovarie des mammiféres. Arch. de biol.,
    17, 1900. – Montgomery, Spermatogen. of Syrbula and Lycosa usw. Proc. Acad. Nat. Sc. of
    Philadelphia, 1905. – Wilson, Stud. on chromosomes. I, Journ. of exper. Zool., 2, 1905. –
    Strassburger, Typische u. allotypische Kernteilung. Jahrb. f. wiss. Bot., 42, 1905. – Farmer and
    Shove, Struct. and devel. of the somatic and heterotype chromosomes of Tradescantia virg. Quart.
    Journ. of microsc. sc., 48, 1905. – Zweiger, Spermatog. von Forticula aur. Jen. Ztschr. f. Naturw.,
    42, 1906. – Borgert, Unt. üb. die Fortpfl. d. tripyleen Radiolarien. III, Arch. f. Protistenk., 14,
    1909.

Aufbau der Cromosomen verwendet wird. Während z. B. bei Crepidula nach den Beobachtungen CALKIN'S nur ein kleiner Rest des Chromatins in die Furchungsfiguren eintritt, wird bei Trillium das ganze Kernnetz dazu verbraucht, wie GRÉGOIRE und WYGAERTS angegeben haben. Die Frage war daher begreiflich, ob – wie auch BOVERI seinerzeit[23] fragte – die bestimmte Zahl von Chromosomen oder die in dieser Zahl gegebene Chromatinmenge ausschlaggebend sei. Damit wurde die Aufmerksamkeit von den Chromosomen ab- und der Chromatinsubstanz zugewendet. Brauchte man nur auf die Kontinuität des Chromatins zu achten und nicht, wie früher gefordet wurde, auf die die Kontinuität bestimmter morphologischer Gebilde, so war damit mit einem Male Gelegenheit geboten, so manches Rätsel der Vererbungsmorphologie dem Verständnisse zuzuführen. Überhaupt war damit eigentlich die ganze Frage der Vererbungssubstanz bei einem Punkte angelangt, von welchem aus zu ihrer Lösung ganz neue Wege offen standen. Sobald man nämlich bei der Verfolgung kausaler Zusammenhänge von morphologisch Erscheinungen einmal bis auf die Substanzen herabgelangt, ist man schon auch in dem Bereiche der Chemie und im Wirkungskreis eines wesentlich verschiedenen Erklärungsprinzipes. Doch darauf komme ich später besser zu sprechen. Vorläufig begnüge ich mich zu konstatieren, daß das Herabgelangen bis zur Chromatinsubstanz den eben erwähnten Umschwung nicht zur Folge hatte, weil man dem Begriffe des Chromatins einen bloß morphologischen Sinn unterlegte.

　　Man würde auch in einen Irrtum verfallen, wenn man die Meinung hegen würde, daß durch Verlegung der Erbmasse in die Chromatinsubstanz die Morphologie der Vererbungsfragen irgendeine Vereinfachung erfahren hat.

　　Um die Differenzierungsvorgänge zu erklären, die im Laufe der embryonalen Entwicklung zustande kommen, ist man, trotzdem stets nur quantitativ gleiche Kernteilungen konstatiert werden können, zu der Annahme gedrängt worden, daß es qualitativ ungleiche Kernteilungen geben müsse (BOVERI) und es wurde darauf hingewiesen, daß bei den Ascariden und bei Dytiscus ungleicher Chromatinbestand als Ursache solcher Kernverschiedenheiten angesehen werden kann. Dann wurden bei Insekten die sog. akzessorischen Chromosomen entdeckt, welchen eine analoge Rolle zugeschrieben wurde. Das meiste Material wurde jedoch vom Studium der Protozoen beigebracht, als man die Schicksale der von R. HERTWIG entdeckten Chromidien näher zu verfolgen versucht hat. Es hat sich dabei ergeben, daß nur ein Teil des Chromatins aus einer Zelle in die andere übergeht, während der übrige „resorbiert" wird; der letztere ist das vegetative, der erstere das propagative Chromatin. Um die Zusammenfassung der einschlägigen Tatsachen zu einer Theorie des Kerndimorphismus haben sich vor allem GOLDSCHMIDT[24] und SCHAUDINN[25] verdient gemacht; in extremer Richtung hat sie MOROFF[26] auszubauen versucht. Nach dieser Theorie existiert in jeder Zelle doppeltes Chromatin, das Idio- und Trophochromatin, welche beide für gewöhnlich in einem Kern verbunden sind und sich nur bei der Vermehrung (Proto-

23　[14/2] Boveri, Ergebn. üb. die Konstitut. d. chromat. Substanz des Zellkernes. Fischer, Jena, S. 92.

24　[15/1] Goldschmidt, D. Chromidien d. Protozoen. Arch. f. Protistenk., 5, 1905. – Der Chromidialapparat lebhaft funktionierender Gewebszellen. Zool. Jahrb. Anat., 21, 1905.

25　[15/2] Schaudinn, Neuere Forsch. über die Befruchtg. bei Protozoen. Verh. d. deut. Zool. Ges., 15, 1905.

26　[15/3] Moroff, Die bei den Cephalop. vorkomm. Aggregatsarten usw. Arch. f. Protistenk. XI, 1908.

zoen) oder bei der Entstehung der Geschlechtszellen (Metazoen) sondern. Der Chromatinring von Dytiscus, das akzessorische Chromosom der Insekten wurden von GOLDSCHMIDT als Trophochromatin gedeutet. Manchmal sollen sich, wie LUBOSCH[27] von den Kernen der Amphibieneier gezeigt hat, die beiden Chromatine schon innerhalb des Kernes voneinander sondern. Die Nukleolen werden zumeist als Trophochromatin aufgefaßt, desgleichen auch das ihnen analoge Caryosom (GOLDSCHMIDT, MOROFF) der Protozoen.

Vergegenwärtigen wir uns im Zusammenhange mit dem Obangeführten die Tatsache, daß nur ein kleiner Teil des Keimkerns in die Teilungen eintritt, welche zum Aufbau des Deszendentenkörpers führen, während der größte ausgestoßen und aufgelöst wird, so werden wir zu dem Schlusse hingedrängt, daß wohl nur ein Teil des Chromatins als Erbmasse gelten könne.

Bei dieser Sachlage muß es natürlich, ja geradezu unausbleiblich erscheinen, daß das Augenmerk auch auf die im Cytoplasma enthaltenen Chromatinstrukturen gerichtet wurde. Denn auch den neuen Eruierungen muß das Geschlechtschromatin keineswegs im Kerne enthalten sein, sondern kann die Form von Chromidien annehmen.

Den hier erwähnten Schritt hat zuerst BENDA[28] getan; MEVES hat den Gedanken BENDA'S zu einer Theorie ausgebaut.[29] Die grundlegende Tatsache derselben beruht in der schon von BENDA gemachten Feststellung, daß sich die Mitochondrien in allen Generationen der Spermatogonien und auch im Ei, sowohl wie auch in sämtlichen Embryonalzellen befinden und daß sie auch mit dem befruchtenden Spermium in die Eizelle eindringen. Die Abbildungen, welche MEVES davon gibt, erinnern in auffallender Weise auf die Chromidien in den Muskelzellen von Ascaris, welche GOLDSCHMIDT beschrieben hat. GOLDSCHMIDT hat von ihnen experimentell gezeigt, daß sie vegetativen Chromidien entsprechen. Auf diesen Umstand geht MEVES nicht ein, sondern setzt voraus, daß sie Geschlechtschromatin darstellen, weil sie bei der Befruchtung mitwirken. Sie werden nach ihm von Zelle zu Zelle übertragen, bilden sich wohl also nicht de novo. Sie befinden sich nach ihm in einem histologisch undifferenzierten Zustand und stellen die organbildenden Substanzen vor. Aus ihnen entstehen die spezifischen Differenzierungen der Zellen (Myofibrillen, Neurofibrillen, Bindegewebsfibrillen). Solchermaßnahmen bestimmen die Chondriosomen, als cytoplasmatische Vererbungssubstanz den Charakter der Differenzierungsprodukte durch Vererbung von den Eltern. Sie übertragen die Qualitäten des Plasmas.

Die Hypothese von MEVES wurde sowohl von O. HERTWIG[30], wie auch von STRASSBURGER[31] abgelehnt und es ist wohl klar, daß sie bei tieferem Eingehen gerechten Einwendungen nicht stand zu halten vermag. Sie sucht sich mit den anderweitig an Chromidien gemachten Erfahrungen, insbesondere der Labilität gewisser Chromidien, der Frage ihrer Beziehungen zum Kern usw. gar nicht auseinander zu setzen; sie muß, nur die empirisch gewonnenen Eigenschaften der Erbmasse zu erklä-

---

27 [15/4] Lubosch, Üb. d. Eireifung d. Metazoen. Merkel-Bonnet's Ergeb. 11, 1901.
28 [16/1] Benda, Mitochondria. Merkel-Bonnet's Ergebnisse. 12, 1903.
29 [16/2] Hertwig, Der Kampf um die Kernfragen usw. 1909, S. 109.
30 [16/3] Hertwig, Der Kampf um die Kernfragen usw. 1909, S. 109.
31 [17/1] Strassburger, Zeitpunkt d. Best. d. Geschichte usw. 1909, S. 111ff.

ren, zu Hypothesen greifen, die durch keine Belege gestützt sind. Auch zur Erklärung der experimentellen Resulate muß sie zu Hilfshypothesen greifen; so nimmt sie z. B. an, da die Chondriosomen in den Regulationseiern in ihrem ursprünglichen indifferenten Zustand verharren und daher omnipotent bleiben, während sie sich bei den Mosaikeiern spezifizieren, ohne auf die Gründe dieses Verhaltens einzugehen. Sie setzt voraus, daß die Pflanzenzellen zumindest Reste indifferenter Chondriosomen enthalten müssen, um die große Regenerationsfähigkeit derselben zu erklären und meint, „daß schon ein einziges winziges Mitochondrium genügen könnte, um die Eigenschaften des väterlichen Cytoplasmas auf dasjenige des Eies zu übertragen." Hingegen macht STRASSBURGER aufmerksam, daß Mitochondrien eigentlich nur in den einem baldigen Untergang geweihten Tapetenzellen bekannt geworden sind, welche daher wohl kaum besonders viel Erbmasse enthalten dürften, während die Pollenschläuche keine Mitochondrien enthalten. Gegen die Grundidee der ME-VES'schen Beweisführung, welche sich in dem Satze „die Qualitäten des Kerns werden durch die Chromosomen übertragen, diejenigen des Plasmas durch die Chondriosomen" (S. 850) spiegelt, hat O. HERTWIG geltend gemacht, daß durch den Kern Anlagen vererbt werden, während durch das Protoplasma Eigenschaften übertragen werden, die nicht erst entwickelt zu werden brauchen, sondern immer in Tätigkeit zu treten bereit sind (l. c. S. 54/55), was freilich auf die MEVES'sche Auffassung der Mitochondrien als organbildender Substanz nicht passen würde. Somit schließen sowohl O. HERTWIG als auch STRASSBURGER das zytoplasmatische Chromatin von dem Begriffe der Erbsubstanz aus, womit sie sich freilich zu einer Reihe von Befunden an Protisten in Gegensatz setzen. Da außerdem auch ein Teil des Kernchromatins nach dem Obigen von dem Begriffe der Erbmasse ausscheidet, so bliebe nur ein sehr geringer Teil des Chromatins übrig, der die Forderungen dieses Begriffs erfüllen würde; ein solcher Fall liegt z. B. nach der Beschreibung CALKIN'S im Keimbläschen von Crepidula vor.

Würde es dann berechtigt sein, die Grundeigenschaften der Erbmasse, wie sie sich aus Experiment und Erfahrung ergeben, auf die Chromosomen zu beziehen, wenn wir ihren Chromatinreichtum mit der notorischen Chromatinarmut des ruhenden Kernes vergleichen und der Tatsache gedenken, daß nur ein Bruchteil des letzteren als Idiochromatin aufgefaßt werden kann?

Es ist wohl unbestreitbar, daß sich dieser Auffassung große Schwierigkeiten in den Weg stellen. So kennen wir viele Kerne, die im Ruhezustande ihr sämtliches Chromatin im Nukleolus beherbergen. Nun haben wir aber vernommen, daß die meisten neueren Forscher das Nukleolenchromatin als Trophochromatin auffassen.[32] Somit würden wir, um den Zusammenhang des Nukleolus mit dem Idiochromatin zu erklären, zu der Hilfshypothese greifen müssen, daß das Trophochromatin das Idiochromatin in Potentia enthalte oder sich in ein solches verwandeln könne, was doch kaum zur Vereinfachung der Fragestellung beitragen würde.

Einen anderen und wie die nachstehenden Zeilen ergeben werden, aussichtvolleren Weg hat HAECKER betreten. „Nehmen wir an, daß die 'morphologische Organisa-

---

32 [18/1] Nach A. Fischer, Fixierung, Färbung und Bau des Protoplasmas. Jena, Fischer, 1899, S. 188, ist das Chromatin des Nukleolus sogar vom übrigen Kernchromatin verschieden.

tion' des Kernes nicht auf der färbbaren Substanz des Kerngerüstes und der Chromosomen, sondern auf der achromatischen, gewöhnlich als Linin bezeichneten Unterlage derselben beruhe, so würden wir leicht einen Weg zur Verständigung gewinnen." „Damit würde aber eine Kontinuität der Kerngerüstterritorien der ruhenden Kerne und der achromatischen Unterlagen der Chromosomen gegeben sein."[33] Die Untersuchungen HAECKER'S und zahlreicher neuerer Untersucher haben nämlich zu dem Resultat geführt, daß die Tochterkerne durch Verschmälzung von Teilkernen entstehen, welche ihren Ursprung den einzelnen Chromosomen der voraufgegangenen Teilung verdanken. Es stellt daher der Tochterkern nach einem Ausspruche MONTGOMERY'S[34] „a symbiotic union of as many nuclei as there are chromosomes". Die Chromosomen schwinden nämlich beim Übergange in den Ruhekern durch Quellung und Vakualisation, wodurch ihre Substanz in das Alveolenwerk des ruhenden Kernes überführt wird. Zwischen den einzelnen Chromosomenterritorien gibt es keine festen Grenzen. Es handelt sich nach HÄCKER um kein morphologisches Weiterbestehen der Chromosomen, sondern um die Wahrung einer physiologischen Autonomie, „daß die ursprünglich räumlich gesonderten Territorien wenigstens als physiologische Zentren fortbestehen." Diese Territorien bestehen zum allergrößten Teil aus achromatischen Substanzen, dem Kernsaft und dem Lininwabenwerk. Sollen sich aus ihnen neue Chromosomen bilden, so vermehren sich innerhalb des Territoriums die Chromatinkörner und verbinden sich zu einem Faden. Die Chromosomen entstehen demnach endogen, innerhalb der alten Territorien von neuem, sie sind keineswegs eine direkte Fortsetzung der Chromosomen der voraufgegangenen Teilung. Nur ein Teil der Grundsubstanz der alten Chromosomen geht auf die neuen über. „Die Kontinuität der Kernteile liegt demnach in der Grundsubstanz, welche dem Achromatin oder Linin, zum Teil wohl auch dem Plastin der Autoren entspricht; die Chromatinkörnchen dagegen weisen schon durch ihre außerordentlich wechselnde Menge darauf hin, daß ihnen das Attribut der Kontinuität oder Autonomie nur in beschränktem Maße beigelegt werden kann."[35]

Denselben Standpunkt wie HAECKER haben bezüglich der Kontinuität der Chromosomen auch MARÉCHAL,[36] FARMER and MOORE,[37] MARCUS,[38] MONTGOMERY,[39] sowie auch der Botaniker GRÉGOIRE[40] u.a. eingenommen.

33 [18/2] Haecker, Üb. d. Schicksal d. elterl. u. großelterl. Kernanteile. Jen. Ztschrft. f. Naturwiss., 37, 1902, S. 386/387.
34 [18/3] Montgomery, A study of the chromos. of the germ cells of Metazoa. Trans Amer. Phil. Soc., 20, 1901.
35 [19/1] Haecker, Bastardierung und Geschlechtszellenbildung. Zool. Jahrb. 1904, Suppl., 7, S. 230.
36 [19/2] Maréchal, Üb. die morph. Entw. d. Chromosomen im Keimbl. des Selachiereies. Anat. Anz., 25, 1904. – ibid., 1905.
37 [19/3] Farmer and Moore, On the meiotic Phase (red. Div.) in: Anim. and Plants. Quart. Journ. of Micr. Sc., 48, 1905.
38 [19/4] Marcus, Ei- und Samenreife bei Ascaris canis. Arch. f. mikr. Anat., 68, 1906.
39 [19/5] Montgomery, Chromosomes in the Spermatogenesis of the hemiptera heteroptera. Transamer. Phil. Soc., 21, 1906.
40 [19/6] Grégoire, La struct. de l'élement chromosomique au repos et en division dans les cell. végétables. La Cellule, 23, 1906.

Damit sind wir aber bei dem direkten Gegenteil der von HERTWIG-STRASSBURGER angenommenen Hypothesen angelangt; nicht das Chromatin soll mehr die Vererbungssubstanz darstellen, sondern das achromatische Substrat der Chromosomen. Die Theorie der Chromosomenkontinuität würde dadurch zwar verändert, nicht aber beseitigt worden, wie schon HAECKER hervorgehoben hat.

Nun aber wissen wir seit ZACHARIAS,[41] daß dieses Substrat (auch als Linin bezeichnet) in mikrochemischer Beziehung dieselben Reaktionen gibt, wie das Plastin, welches die Grundsubstanz des Kernes ausmacht und von manchen als Kernsaft (Euchylem) bezeichnet wird. Verhält sich dieses den Chromosomen gegenüber völlig passiv? Bereits MARÉCHAL (l.c.) hat diese Frage touchiert; obwohl er angibt, daß die Achse der Chromosomen stets erhalten bleibt, so muß diese Beobachtung doch nicht ganz sicher gewesen sein, denn er stellt sich die Frage: „Und wenn sie auch, sich fein verteilend, dem Auge temporär entschwinden würde, was würde daran liegen?" Die Beurteilung einer solchen Eventualität hängt freilich von dem Standpunkte ab, den man einnimmt.

TELLYESNICZKY,[42] welcher diese Erscheinungen verfolgt hat, behauptet, daß sich die Chromosomen bei der Rückkehr des Kernes in den Ruhestand völlig auflösen und schwinden und daß ihr Schwund von dem Auftreten der Grundsubstanz begleitet wird. Die Auflösung der Chromosomen ist nach TELLYESNICZKY so vollkommen, daß, nach seinen eigenen Worten, nicht das geringste Fragment von denselben übrig bleibt, um die Kontinuität des Chromatins zur Tatsache zu machen, es bleibt nur der homogene „Kernsaft". Zu analogen Schlüssen ist auch LILLIE[43] gekommen. Hier erübrigt es noch sich auch der von KORSCHELT beschriebenen „leeren" Kerne zu erinnern, die zwar nichts mit der Zellteilung zu tun haben, doch aber beweisen, daß das Chromatin ohne Beschädigung der Lebensfunktionen aus dem Kern schwinden kann, was man doch von einer Erbmasse nicht voraussetzen kann.

Hiernach wäre die Kontinuität der Erbmasse von der achromatischen Grundsubstanz des Kernes, dem Plastin, getragen und die Individualitätshypothese müßte, wie schon FICK[44] in richtiger Beurteilung der Dinge geschlossen hat, endgültig aufgegeben werden.

Zugleich würde aber auch allen bisher entwickelten Hypothesen über die morphologische Begründung der Vererbungslehre der Boden entzogen werden. Denn das Plastin ist nicht bloß im Kerne enthalten, sondern bildet auch einen und sogar den größten Teil des Zellkörpers. Damit ist man auf eine Idee zurückgekommen, welche FRENZEL schon 1886 ausgesprochen hat,[45] die aber völlig vergessen worden war, obwohl sie, wie wir sehen werden, geeignet ist, zur Klärung mancher Frage beizutragen.

41 [20/1] Zacharias, Bot. Ztg., 45, 1887.
42 [20/2] Tellyesniczky, Anat. Anz., 25, Suppl., 1904. – Arch. f. mikr. Anat., 66, 1905. – Die Entstehung der Chromosomen. Wien, Urban-Schwarzenberg, 1907.
43 [20/3] Lillie, Obs. and exp. conc. the elementar phenomena of embryonic development in Chaetopterus. Journ. of exper. Zool., 3, 1906.
44 [20/4] Fick, Arch. f. Anat. u. Entw., 1905, Suppl.
45 [21/1] Frenzel, Das Idioplasma und die Kernsubstanz. Arch f. mikr. Anat., 27, 1886.

Mit dieser Erkenntnis wird die Frage der Erbsubstanz auf ein ganz anderes Feld gebracht; es erweist sich nämlich als notwendig, zu untersuchen, inwiefern auch das Cytoplasma der Geschlechtszellen an dem Befruchtungs- und Vererbungsprozeß beteiligt ist.

Seit jeher haben vereinzelte Forscher die Mahnung ausgesprochen, man möge doch nicht vergessen, daß bei der Befruchtung zwei vollständige Zellen verschmelzen. Die Tatsache, daß in manchen Fällen die Geißel des Spermiums vor dem Eindringen in das Ei abgeworfen wird, sowie der Umstand, daß der Zellkörper der Spermie im Verhältnis zum Zellkörper des Eies verschwindend klein ist und im Eiinhalte bald unbemerkbar wird, haben indes – besonders im Lichte der HERTWIG-STRASSBURGER'schen Vererbungstheorie betrachtet – zur völligen Vernachlässigung des Spermiencytoplasmas geführt. Unter solchen Verhältnissen wird es kaum wundernehmen, daß Stimmen, wie z. B. diejenige von HENSEN,[46] der den Ausspruch tat: „Daß jedenfalls neben der Kernmasse des Zoosperms auch protoplasmatische Substanz in das Ei eingeht, was zu vernachlässigen kein Grund vorliegt," von NUSS-BAUM,[47] van BENEDEN,[48] BERGH, HAACKE vergeblich verhallt sind; 1887 schloß RAUBER,[49] daß bei der Befruchtung zwei Zellen verschmelzen, daher auch das Plasma bei der Vererbung einwirken müsse; noch 1893 gab WALDEYER[50] seiner Überzeugung Ausdruck, daß das alleinige Walten des Kernes bei der Vererbung nicht bewiesen sei.

Insbesondere klarer und ich möchte behaupten, sogar wegweisenderweise hat aber VERWORN[51] das Verhältnis von Kern und Cytoplasma zur Vererbung besprochen. Indem er darauf hinwies, daß bei Befruchtung zwei Zellen verschmelzen, erklärte er die Hypothese von der Identität der Erbmasse mit der Kernsubstanz für unhaltbar. Seine Experimente haben ihm die Tatsache vor die Augen geführt, daß weder Kern noch Plasma allein ein selbständiges Leben führen können. Das Wesen des Lebens machen die Stoffwechselvorgänge aus; somit müssen auch die Erbmerkmale ein Ausdruck von Stoffwechselvorgängen sein. Was vererbt wird, ist nach VERWORN einzig und allein der jedem Organismus eigene Stoffwechsel. Da aber – so lautete das Ergebnis der experimentellen Forschungen VERWORN'S – Kern und Plasma in Stoffwechselbeziehungen zueinander stehen, ohne welche das Leben der Zelle unmöglich wäre, so müssen auch beide Träger der Vererbung sein.

Ich werde weiterhin Gelegenheit haben darzulegen, daß die Idee VERWORN'S, das Wesentliche der Vererbung läge in den Stoffwechselvorgängen, welche von den Eltern auf die Nachkommen übertragen werden, die einzige ist, welche einer modernen Auffassung der Lebensvorgänge, sowie a l l e n bekannten Tatsachen gerecht wird. Wenn sie bis jetzt nicht das richtige Verständnis gefunden hat, so lag das – meines Erachtens – daran, daß man bis in die letzte Zeit hinein kein Objekt kannte, an wel-

---

46 [21/2] Hensen, Hdbch. d. Physiol., 6, S. 126.
47 [21/3] Nussbaum, Sitzber. d. naturf. Ges. Bonn 1883. – Arch. f. mikr. Anat., 26, 1885.
48 [21/4] Van Beneden, Rech. sur la matur. de l'oeuf usw., 1883.
49 [21/5] Rauber, Personalteil und Germinalteil des Individuums. Zool. Anz. 1887.
50 [21/6] Waldeyer, Eröffnungsrede zur Vers. d. anat. Ges. in Göttingen, 1893.
51 [21/7] Verworn, Die Physiol. Bedeutung d. Zellkernes. Arch. f. d. ges. Physiol., 51, 1892.

chem man ihre Richtigkeit einwandfrei hätte demonstrieren können. Doch davon später! (Kap. II).

Für die Frage der Beteiligung von Kern und Plasma an der Vererbung sind die neueren experimentellen Arbeiten von großer Wichtigkeit.

Bereits GRUBER[52] hat die Resultate der Merotomie für die Vererbungslehre ausgenützt. Aus der Tatsache, daß kernlose Teilstücke zugrunde gehen, schloß er „Auf rein empirischem Wege werden wir hier vor die unumstößliche Tatsache gestellt, daß der Kern der wichtigste, daß er der arterhaltende Bestandteil der Zelle ist, und daß man ihm mit Recht die höchste Bedeutung bei den Vorgängen der Befruchtung und Vererbung zuschreibt." Nun hat aber VERWORN (l.c.) durch seine schönen Versuche an Thalassikola gezeigt, daß ein cytoplasmaloser Kern geradeso zugrunde geht, wie ein kernloses Cytoplasma und damit den Deduktionen GRUBER's den Boden entzogen.

Um die experimentelle Stützung der STRASSBURGER-HERTWIG'schen Theorie hat sich insbesondere BOVERI verdient gemacht. Es sind vor allem zwei Versuche, die da angeführt werden müssen.

Bei der Befruchtung geschüttelter und dadurch fragmentierter Eier von Sphaerechinus grannlaris mit Spermien von Echinus microtuberculatus erhielt BOVERI[53] neben normalen Bastardformen noch Zwerglarven, welche einesteils Milchmerkmale, anderenteils jedoch nur Echinusmerkmale aufwiesen. Die ersteren Zwergformen deutete BOVERI als durch Befruchtung kernhaltiger Teilstücke, die letzteren dagegen als durch Befruchtung kernloser Teilstücke der Eier entstanden. Und daraus deduzierte BOVERI weiter, daß also der Kern der Echinusspermie die Vererbungssubstanz in das Eifragment hineingebracht hat. Diese Ergebnisse hat VERWORN einer eingehenden kritischen Analyse unterzogen, der ich nichts zuzufügen habe.[54] Indem er auf das Bekenntnis BOVERI's hinweist, daß es ihm nicht gelungen ist, isolierte kernlose Fragmente zu befruchten, zeigt er, daß also schon die Deutung des Ursprunges der gewonnenen Formen nur auf einer schwankenden Unterlage möglich ist. Aber selbst, wenn die Ableitung BOVERI's richtig wäre, so wäre damit die Alleinherrschaft des Kerns bei der Vererbung doch nicht bewiesen, da ja, wie schon PFEFFER aufmerksam gemacht, die befruchtende Spermie doch auch ein Cytoplasma besitzt, das mit in das Ei eindringt, womit auch das Vorherrschen der väterlichen Merkmale erklärt werden kann, ohne daß man den Kern als alleinigen Sitz der Erbmasse anerkennen müßte.

Zur Begründung der letzteren Behauptung führt BOVERI weiterhin auch seine Versuche über die Doppelbefruchtung von Seeigeleiern[55] an. Infolge unterdrückter Teilung eines Spermozentrums teilen sich disperme Eier in drei Teile, so daß das Chromatin eine abnorme Verteilung erfährt. Sind die Chromosomen für die spezifische Gestaltung der Larvencharaktere maßgebend, so ist zu erwarten, daß die Plutei aus doppelbefruchteten Eiern in ihren einzelnen Bereichen einen verschiedenen individuellen Typus darbieten. Tatsächlich sind die Plutei asymmetrisch. Da sie aus

---

52 [22/1] Gruber, Biol. Centralblatt 4 u. 5, 1885.
53 [23/1] Boveri, Ein geschlechtl. erzeugter Organismus ohne mütterliche Eigenschaften. Sitzungsber. d. Ges. f. Morphol. u. Physiol. München 1889.
54 [23/2] Verworn, Allg. Physiologie. 3. Aufl., S. 532.
55 [23/3] Boveri, Ergebn. Über die Konstit. der ehem. Subst. d. Zellkerns. Fischer, Jena 1904, S. 106–110.

gleichartigem Cytoplasma entstanden sind, kann, so schließt BOVERI, die verschiedene Gestaltung nur durch die Verschiedenheit der Kernsubstanz bedingt sein.

Obwohl nun BOVERI angibt, daß das Spermienplasma, falls man dasselbe des oberwähnten Ausganges beschuldigen wollte, keine Mittel hat, um in ähnlicher Weise wie das Chromatin verteilt zu werden, so macht doch MEVES[56] darauf aufmerksam, daß die Asymmetrie in der Pluteientwicklung dispermer Eier auch von einer ungleichen Verteilung der im Cytoplasma sowohl des Eies wie der Spermie enthaltenen Mitochondrien herrühren könnte, ein Einwand, dessen Wahrscheinlichkeit auch andere Ursachen haben könnte.

MEVES gedenkt auch noch des erst neuerdings von STRASSBURGER[57] für die ausschließliche Wirkung des Kernes bei der Vererbung beigebrachten Beweises. Wie ich bereits früher erwähnt habe, gibt nämlich STRASSBURGER an, daß der Spermakern bei Lilium nackt in das Ei eintrete. Es könnte höchstens das Plasma des Pollenschlauches in das Ei gelangen, doch dies sei nicht beobachtet worden. MEVES wendet nun dagegen ein, daß nach der Angabe STRASSBURGER'S das Cytoplasma des Pollenschlauches den Spermakern an seinen Bestimmungsort befördert, so daß ein Eindringen desselben doch möglich sei.

Jedenfalls ist zuzugeben, daß die zum Beweise des ausschließlichen Sitzes der Erbmasse im Kerne geführten Versuche nicht eindeutig sind und höchstens die Hypothese mehr oder minder wahrscheinlich machen.

Demgegenüber haben andere Versuche eine Reihe feststehender Tatsachen ergeben, welche eine Beteiligung des Cytoplasmas an der Vererbung unumstößlich beweisen. Es sind diejenigen Experimente, welche an die zum ersten Male von HIS 1874 ausgesprochene und von SACHS 1880 weiter ausgebildete Hypothese der „organbildenden Substanzen" anknüpfen.

CRAMPTON[58] hat zeigen können, daß bei der marinen Schnecke Hyanassa durch Abtrennung des sog. Dotterlappens vor der Vollendung der ersten Furche bei vorsichtigster Schonung des Kernes die Ausbildung des Mesoderms verhindert wird. Da der Kern erhalten bleibt, so müssen die zur Bildung des Mesoderms nötigen Stoffe im Plasma liegen.

Am anschaulichsten demonstrieren dies die von FISCHEL[59] an Ctenophoren (Beroë) unternommenen Experimente. Dotterentnahmen während der Entscheidung der ersten Furche hatten stets Rippendefekte zur Folge. Ja, FISCHEL konnte zeigen, daß bestimmte Verletzungen des Dotters nur bestimmte Defekte der Larven hervorrufen.

Nicht minder interessant sind die Resultate WILSON'S[60] an Dentalium und Patella; das Ei vom Dentalium zeigt schon in den jüngsten Entwicklungsstadien differente Substanzanordnungen, welche zu bestimmten Organen in Beziehung stehen. Die Pigmentzone gelangt in die Entomeren, das obere pigmentfreie Polfeld in die Ektomeren, das untere in die Somatoblasten. Die Entfernung des Dotterlappens vor

---

56 [24/1] Meves, Arch. für mikr. Anat., 72, 1908, S. 858.
57 [24/2] Strassburger, Jahrb. f. wiss. Bot., 45, 1908.
58 [24/3] Crampton, Exper. Stud. on Gasteropod-Development. Arch. f. Entw.-Mechanik, III, 1896.
59 [24/4] Fischel, Exp. Unters. am Ctenophoren-Ei. Arch. f. Entw.-Mechanik, 5, 1897; 7, 1898.
60 [25/1] Wilson, Exp. Stud. on germinal Localisation. Journ. of exper. Zool., 1, 1904.

Vollendung der Zweiteilung führt zum Ausfalle der Posttrochalregion und des Apikalorganes usw. Es zeigt sich somit auch hier, daß das Cytoplasma in gewisser Weise zur Ausbildung bestimmter Körperteile prädestiniert ist.

Sichtbare Substanzunterschiede sind bei Eiern verschiedener Organismen konstatiert worden. So fand DRIESCH[61] im Myzostomaei drei verschieden gefärbte Substanzen: 1. eine rötliche, aus welcher die Mikromeren hervorgehen; 2. eine glasige, welche in die Entomeren übergeht und 3. schwärzlich grünliche, die den Somatoblasten zugeteilt wird.

Ähnliches gilt von den Eiern von Unio (LILLIE),[62] Asplanchna (JENNINGS),[63] Crepidula, Physa, Planorbis, Limnaens (CONCLIN),[64] Lanice (DELAGE),[65] Strongylocentrotus (BOVERI).[66]

Von Neritina zeigte BLOCHMANN,[67] daß sie im Ei eine Substanz enthalte, die später in den sog. Urvelarzellen erscheint.

Und CONCLIN[68] fand bei Cynthia, einer Ascidie, sogar sechs durch Farbe und Lichtbrechungsvermögen unterschiedene Substanzen, die schon nach der Vollendung der ersten Furche dieselben Lagen aufweisen, welche die Organe, die sich aus ihnen herausbilden, zeigen, nämlich ein Ekto-, ein Entoplasma, ein Myoplasma, ein Chymoplasma, ein Kaudalchymoplasma und ein Chondroneuroplasma.

Daß auch die Eier höherer Metazoen sich ähnlich verhalten, haben die von ROUX[69] an Froscheiern angestellten Versuche gezeigt, welche wohl die ersten auf diesem Gebiete waren und durch welche bewiesen wurde, daß bei der typischen Entwicklung die Dotteranordnung die Hauptrichtungen des Embryo im Eicytoplasma bestimmt.

Der Anspruch von RABL[70]: „So dürfen wir also annehmen, daß bei allen Metazoen ganz feste Beziehungen zwischen der Differenzierung und Lokalisation des Eiplasmas einerseits und der Organbildung andererseits existieren," erscheint demnach berechtigt.

Außerdem haben wir aber noch eine Reihe von Bastardationsversuchen zu berücksichtigen, welche gleichfalls zu dem Schlusse hindrängen, daß das Cytoplasma an der Vererbung beteiligt ist.

DRIESCH[71] und BOVERI[72] erhielten Seeeigelbastarden, die rein mütterliche Charaktere aufgewiesen haben. Dasselbe Resultat haben die Versuche LOEB'S[73] mit der

61 [25/2] Driesch, Arch. F. Entwick.-Mechanik, 4, 1896.
62 [25/3] Lillie, Journ. of Morphol., 17, 1901.
63 [25/4] Jennings, Bull. Mus. Harvard Coll., 30, 1896.
64 [25/5] Conklin, Journ. of the Acad. of Nat. Sc. of Philadelphia, 12, 1902.
65 [25/6] Delage, Arch. de zool. expér. et génér., 7, 1898.
66 [25/7] Boveri, Verh. d. phys. Med. Ges. Würzburg, 34, 1901. – Zool. Jahrb. Anat., 14, 1901.
67 [25/8] Blochmann, J. f. wiss. Zool., 36, 1882.
68 [25/9] Conclin, Journ. of exp. Zool., 2, 1905. – Biolog. Bull., 8, 1905.
69 [26/1] Roux, Bresl. Ärztl. Ztschft. Nr. 6–9, 1885. – Vers. Deut. Naturf. Magdeburg, 1884. – Vers. Deut. Naturf. Berlin 1886. – Anat. Anz. 1886. – Arch. f. mikr. Anat., 29, 1887.
70 [26/2] Rabl, Üb. „Organbildende Substanzen" und ihre Best. für die Vererbung, Leipzig. Engelmann 1906, S. 17.
71 [26/3] Driesch, Üb. rein mütterl. Charakt. an Bastardl. von Echin. Arch. f. Entw.-Mech., 7, 1898. – Üb. Seeeigelbastarde. Ibid., 16, 1903.

Befruchtung von Seeigeleiern durch Samen von Asterias, Asterina, Pycnopodia ergeben.

Vollends beweisend sind schließlich die glänzenden Experimente von GOD-
LEWSKI,[74] welcher bei Kreuzung von Seeigeln mit Crinoiden Larven von rein mütterlichen Merkmalen erhalten hat und zwar ist die Überzeugungskraft dieser Versuche
aus dem Grunde so groß, weil GODLEWSKI auch k e r n l o s e F r a g m e n t e von
Seeigeleiern mit Crinoidensperma mit dem oberwähnten Erfolge zu befurchten vermochte. „Es war bloß väterliches Chromatin vorhanden und doch zeigte die sich ent-
wickelnde Larve die Eigenschaften der Mutter! Diese Beobachtung, deren Richtigkeit
nicht zu bezweifeln ist, scheint alles umzustoßen, was wir bisher über Befruchtung
und Vererbung, ja über das Leben der Zelle überhaupt, zu wissen glaubten." Diese
Worte RABL'S charakterisieren in zutreffender Weise die Bedeutung der Versuche
GODLEWSKI'S.

Es sind freilich Versuche unternommen worden, um die zwischen den zitierten
experimentellen Ergebnissen und der morphologisch so ausgearbeiteten Vererbungs-
hypothese zutage tretenden Gegensätze auszugleichen.

So meinte schon RABL (l. c.) man müsse beachten, daß Kern und Cytoplasma in
materiellen Wechselwirkungen zueinander stehen. Während der langen Wachstums-
periode bildet die Ovogenie die für die Entwicklung unumgänglich notwendigen Stoffe, die in bestimmter Weise lokalisiert sind. Hierauf folgt die kurze Reifungsperiode,
worauf die Spermie ins Ei eindringt. Der Keimkern teilt sich nicht sofort, sondern
gelangt vorerst in das Ruhestadium. In dieser Zeit kommt es zum Stoffaustausch zwischen dem Keimkern und den zur Entwicklung unumgänglich notwendigen Stoffen,
wodurch die organbildenden Substanzen entstehen. Solchermaßen glaubt RABL, die
experimentellen Resultate erklären zu können. Bezüglich des Versuches von GOD-
LEWSKI meint er, daß auf die Eibruchstücke, welche befruchtet worden sind, bereits
der mütterliche Kern eingewirkt habe, während zugleich die Crinoidenspermien durch
den Zusatz von Lauge (welchen die Methode erfordert) in ihren Vererbungspotenzen
geschwächt wurden. Daher kamen nur die mütterliche Charaktere zur Entwicklung.

In ähnlicher Weise hat sich BOVERI[75] geäußert. Er möchte in der Entwicklung
zwei Perioden unterscheiden, in der ersten entscheidet das Plasma, in der zweiten die
spezifischen Eigenschaften der Chromosomen. Da GODLEWSKI aus den kernlosen
Eifragmenten nur die ersten Entwicklungsstadien (bis zur Gastrula) herangezüchtet
hat, so meint BOVERI, daß das eben die Stadien sind, bis zu welchen sich das Plasma
ohne eigene Chromosomen zu entwickeln vermag. Das Hervorbringen der weiteren
Stadien, somit die normale Entwicklung, erheische die Gegenwart des Eikernes.

---

72 [26/4] Boveri, Üb. d. Einfl. d. Samenzelle auf die Larvencharakt. d. Echin. Arch. f. Entw.-Mech.,
    16, 1903.
73 [26/5] Loeb, Üb. Befr. von Seeigeleiern mit Seesternsamen. Pflüger's Arch., 99, 1903. – Unt.
    Über künstl. Parthenogenese. Lpzg. 1906.
74 [26/6] Godlewski, Unt. üb. d. Bastard. Der Echiniden- und Crinoidenfamilie. Arch. f. Entw.
    Mechanik, 20, 1906.
75 [27/1] Rabl, l. c. S. 11. (sic)

Einen analogen Standpunkt wie RABL nimmt bezüglich der organbildenden Substanzen auch CONKLIN[76] ein. An der Vererbung seien sowohl Kern wie Plasma beteiligt, doch so, daß das Plasma den Typus fixiert, während die Kerne nur das Detail dazu liefern.

STRASSBURGER[78] hat angesichts der Resultate GODLEWSKI'S gleichfalls einen Einfluß des Cytoplasmas eingeräumt; doch meint er, daß die Entwicklung rein mütterlicher Charaktere bei Bastarden auch dadurch herbeigeführt werden könnte, daß das Muttercytoplasma in irgendwelcher Weise die Wirksamkeit der väterlichen Chromosomen verhindert oder daß gewisse Entwicklungsvorgänge die Mitwirkung des Kernes überhaupt nicht erheischen; kurz seiner Ansicht nach werde durch jene Versuche die Annahme, daß der Kern der alleinige Träger der Vererbung ist, nicht berührt.

Auch HERTWIG[79] ist auf diese Frage ausführlicher eingegangen. Seiner Meinung nach fallen die organbildenden Substanzen des Eiplasmas, welche als Hauptbeweise gegen die nukleäre Idioplasmahypothese ins Treffen geführt werden, überhaupt nicht unter den Begriff des Idioplasmas. Denn die organbildenden Substanzen SACHS' sind nichts anderes als Nährmaterial, das an sich keinen formbildenden Einfluß entfalten könne; dies wäre nur durch Vermittlung der lebenden Zellen möglich, ist jedoch nicht bewiesen, da die Nährmaterialien auf die spezifische Gestaltung eines Organismus keinen Einfluß ausüben (S. 93). Hierzu möchte ich mir zu bemerken erlauben, daß dies den Erfahrungen der Botaniker nicht entspricht, da ja bekanntlich viele Pflanzen ihre Standortvarietäten besitzen, die nur von der verschiedenen Ernährung abgeleitet werden können; die Versuche aus R. HERTWIG'S Laboratorium und auch vielen anderen, welche die Möglichkeit differenter Geschlechtserzeugung durch mehr oder minder reiche Nahrung sowohl bei Tieren, als bei Pflanzen erwiesen haben, widersprechen gleichfalls der obigen Behauptung O. HERTWIG'S. Damit will ich freilich die SACHS'sche Hypothese der Vererbung keineswegs vor einer berechtigten Kritik in Schutz genommen haben.

Bezüglich der organbildenden Substanzen im Sinne der neueren Autoren, meint HERTWIG gleichfalls, daß sie keineswegs als in das Cytoplasma verlegtes Idioplasma aufgefaßt werden. Denn das Idioplasma müsse eine organisierte, sehr beständige Substanz sein, während Rabl von den organbildenden Substanzen umgekehrt angebe, daß sie sehr unbeständig sind, sich tiefgreifend umbilden müssen, ehe sie zur betreffenden Organsubstanz werden. Sodann spreche man nirgenwo davon, daß sie elementare Lebenseinheiten wären, die durch Assimilation wachsen und sich durch Selbsteilung vermehren. Schließlich wäre von ihnen nicht erwiesen, daß sie von Anfang an in der Keimzelle vorhanden sind, wie man das von einer Erbmasse verlangen müsse. Im Gegenteil ließen die betreffenden Forscher die organbildenden Substanzen erst im Laufe der Entwicklung entstehen. Im Urei fehlen sie noch. Daher glaubt HERTWIG schließen zu dürfen, daß die organbildenden Substanzen etwas vom Idioplasma

---

76 [27/2] Boveri, Entw. Dispermer Zellenstudien. VI, 1907. (sic)
77 [27/-] Conclin, The mechanism of heredity. Science, 27, 1908.
78 [28/1] Strassburger, Üb. d. Individual. d. Chromos. u. die Propfhybridenfrage. Jahrb. f. wiss. Bot., 44, 1007. – Ontogenie der Zelle. Progr. rei bot., 1, 1907. – Jahrb. f. wiss. Bot., 45, 1908.
79 [28/2] Hertwig, Der Kampf usw., S. 81–99. Dritte Gruppe von Einwänden und Neunter Zusatz, S. 114–120.

„Grundverschiedenes" „ihm Entgegengesetzt" sind. Nach der Ansicht RABL'S würde sogar die Keimbahn nur von Zellen gebildet werden, welche sich „von den organbildenden Substanzen gleichsam ganz gereinigt haben". Obwohl die männliche Fortpflanzungszelle auch Träger erblicher Anlagen ist, werde sie von den Anhängern der Lehre von den organbildenden Substanzen völlig außer acht gelassen. Nun aber enthalte sie ebenso wie die Knospen wirbelloser Tiere und Pflanzen keine organbildenden Substanzen; trotzdem sei das Resultat dasselbe. Auch bei der Erklärung der Regenerationserscheinungen versage die Lehre von den organbildenden Substanzen. Es sind nämlich die letzteren weder im Samenfaden, noch in der Knospe, noch in dem der Regeneration dienenden Gewebe, noch in der Embryonalzelle enthalten, können also auch in der Eizelle nicht als Träger der Vererbung fungieren; sie gehören „nur zu den Bedingungen, die zur Aktivierung einer Anlage erforderlicher sind, oder mit anderen Worten, sie wirken als Entwicklungsreize nach Art der chemischen Substanzen, durch deren Verwendung der Experimentator Lebewesen zu Chemomorphosen veranlassen kann".

Auf Grund der zitierten Erwägungen gelangt HERTWIG zu dem Schlusse, daß die Hypothese von den organbildenden Substanzen die Lehre, daß das Idioplasma im Kern der Zelle lokalisiert ist, gar nicht berührt; sie läßt sich nicht als Beweis gegen sie verwerten.

Allerdings ist ja auch eine andere Auffassung der organbildenden Substanzen möglich, als die von HERTWIG vorgetragene. Es scheint mir nämlich nicht ganz entsprechend, wenn man außer dem Entwicklungsreiz, der das Idioplasma bei oder nach der Befruchtung trifft und sonst überhaupt, aber auch in den Fällen, in welchen organbildende Substanzen vorkommen, für gewisse Merkmale, als ausreichend zur Entfaltung aller Anlagen erachtet wird, noch besondere Entwicklungsreize für bestimmte Anlagen voraussetzen wollte. Weiterhin müßten wohl Entwicklungsreizen, die man sich in Form differenzierter Plasmen, also morphologisch vorstellen sollte, unbekannte mystische Kräfte zukommen, um ihre physiologisch kaum denkbare Wirkungen zu veranlassen.

Übrigens setzt sich HERTWIG durch seine besprochene Annahme in hellen Widerspruch zu einer früher von ihm verfochtenen und auch in seinem letzten Buch (H. 54/55) geäußerten Ansicht, daß durch das Cytoplasma nur Qualitäten übertragen werden, „die nicht erst entwickelt zu werden brauchen", da ja doch kein Zweifel daran bestehen kann, daß die durch die organbildenden Substanzen repräsentierten Qualitäten im Cytoplasma enthalten sind.

Wenn ich RABL gut verstanden habe, so versteht er unter organbildenden Substanzen eigentlich schon in Entwicklung begriffene Anlagen. Denn wenn er feststellt, daß sie in einer frühen Entwicklungsperiode des Eies im Cytoplasma gelagert sind, daß sie aber im Urei fehlen, so ist doch klar, daß sie sich erst entwickeln mußten. Indem RABL annimmt, daß diese Entwicklung auf einer Wechselwirkung des Kernes und des Cytoplasmas beruht, steht er, meines Erachtens, mehr auf dem Boden der Idioplasmatheorie als HERTWIG selbst in seinen neuen Ausführungen. Denn, wenn man sich die Wechselwirkung morphologisch vorstellen will (und die Idioplasmatheorie ist ja eine morphologische), so kann man wohl nur auf die von DE VRIES inaugurierten Vorstellungen rekurrieren, die ja auch HERTWIG stets propagiert hat.

Danach können aus den Kernen die Erbeinheiten in Form von „Pangenen" in das Cytoplasma übertreten und daselbst ihre Erbfunktion (besonders im Sinne der Differenzierungsentfaltung) entwickeln. Von R. HERTWIG[80] sind die Pangene mit den Chromidien identifiziert worden. Somit käme man in Verfolgung der Ideen von RABL und O. HERTWIG zu der von MEVES aufgestellten und bereits oben besprochenen Annahme einer Erbfunktion der Chromidien. Doch hat O. HERTWIG selbst diese Hypothese abgelehnt.

Die Unzulänglichkeit der de VRIES'schen intracellulären Pangenesis hat übrigens schon WALDEYER erkannt und aufmerksam gemacht, daß durch sie die Frage, ob auch im Cytoplasma Erbmasse vorhanden ist, nicht gelöst wird. Eine durch aus dem Kern ausgetretene Pangene bewirkte Vererbung wäre freilich nur eine Vererbung aus zweiter Hand. Die Frage steht aber nach WALDEYER so, „ob wir dem Protoplasma ebenso originär wie den Kernen Erbmasse zuschreiben dürfen, oder nicht".[81]

Bekanntlich wird das von HERTWIG bestritten. Auch in seiner neuen Publikation führt er (S. 37ff.) die Gründe an „aus denen sich schließen läßt, daß, wenn man auch das Protoplasma als Träger vererbbarer Eigenschaften mit in Anspruch nehmen will, ihm jedenfalls hierbei ein nur untergeordneter Anteil zufallen kann". Sie folgen nachstehend:

1. Die Tatsache der Merogonie sowie die Isolierungsversuche an Blastomeren zeigen, daß das Protoplasma nur wenig aus qualitativ ungleichen Erbeinheiten zusammengesetzt sein kann, da sowohl aus den Teilstücken, als auch aus den einzelnen Blastomeren ein ganzer Organismus hervorgehen kann. Die Protoplasmabioblasten müßten „jedenfalls voneinander nur wenig verschiedenen und die gleichartigen müßten (im Ei) in einer sehr großen Auflage vertreten sein". In der Spermie müßten sie dagegen ungleich spärlich zugegen sein.

2. Darauf, daß die minimale Menge des Spermiencytoplasmas bei dem Befruchtungsvorgang nicht beteiligt ist, weisen verschiedene Umstände hin. Der kontraktile Faden der tierischen Spermatozoen besteht aus hochdifferenziertem, einem bestimmten Arbeitszweck angepaßtem und umgewandeltem Plasma; „von einer Substanz aber, welche Anlagen der Eltern auf das Kind übertragen soll, werden wir annehmen müssen, daß sie sich noch in einem ursprünglichen, histologisch-undifferenzierten Zustand befindet".

3. Bei der Befruchtung der Infusorien werden nur die Wanderkerne ausgewechselt, kein Cytoplasma.

4. Bei allen Vorgängen der Entwicklung und Regeneration tritt das Cytoplasma gegenüber der Kernsubstanz in den Hintergrund. Es ist vorwiegend die Kernsubstanz, welche sich im Beginne der Entwicklung vermehrt und diese Vermehrung kann nur auf Kosten des Protoplasmas und seiner Nährsubstanzen geschehen. Manchmal (bei den Arthropoden) unterbleibt dabei anfangs jede Zellteilung. Erst wenn das Chromatin in genügender Menge gebildet ist, beginnt die morphologische Differenzierung; Vermehrung und Verteilung der Kernsubstanz ist eine Vorbedingung derselben. Die embryonale Substanz fällt auf durch ihren Reichtum an Chromatin (Kernen). Es liegt

---

80 [30/1] R. Hertwig, Üb. Neue Probleme der Zellenlehre. A. f. Zellforsch., I, 1908, S. 16.
81 [30/2] Waldeyer, Eröffnungsrede zur Vers. d. anat. Ges. Göttingen 1893, S. 9.

nahe das letztere auch für die physiologischen Eigenschaften der embryonalen Substanz verantwortlich zu machen (S. 42). Ganz analoge Ansichten entwickelt Strassburger (Siehe schon oben.)

HERTWIG hat sie unter der Bennenung „Isotropie des Protoplasmas" zusammengefaßt[82] und darunter wie PFLÜGER, der sie erfunden hat, die Erscheinung verstanden,
„daß der Inhalt des Eies nicht in der Weise gesetzmäßig angeordnet ist, daß sich auf
diesen oder jenen Teil die einzelnen Organe zurückführen lassen", daß das Protoplasma „aus mehr gleichartigen, locker untereinander verbundenen Teichen oder Mi-
zellen bestehen" muß.

Unter dem Eindruck der Tatsachen, welche das experimentelle Studium der Entwicklung beigebracht hat, erklärt nun HERTWIG neuerdings weiter (l. c. S. 115 ff.), er
wolle mit dem Ausdrucke „Isotropie" nicht behaupten, daß das Eiplasma etwa eine
strukturlose Masse sei, sondern, daß ein bestimmtes Stück Dottersubstanz je nach den
Bedingungen in verschiedener Weise für den Aufbau des Embryos verwandt werden
kann. Obwohl er dies selbst als Negation der Lehre von den organbildenden Substanzen (S. 115) ansieht, so räumt er derselben doch eine gewisse Berechtigung ein (S.
118); er möchte sie nur von präformistischen Vorstellungen gereinigt sehen und ist
schließlich bereit, „den Ausdruck 'Isotropie des Protoplasma' in Zukunft ganz fallen
zu lassen" (S. 120).

So wären wir denn schließlich dahin gelangt, daß es keine Isotropie des Eiplasmas gebe und fraglich wäre nur, ob man die organbildenden Substanzen im präformistischen oder epigenetischen Sinne aufzufassen hat.

Und da scheint es mir klar zu liegen, daß wohl HERTWIG den richtigen Standpunkt
einnimmt, wenn er eine Präformation zurückweist. Eine andere Frage ist freilich, ob
man infolgedessen schon berechtigt ist, die Gegenwart einer „originären" Erbmasse
im Cytoplasma zu bestreiten und die alleinige vererbende Rolle des Kernes zu pro-
klamieren.

Meines Erachtens könnte schon der ganze Entwicklungsweg, den die Frage der
Erbmasse genommen hat und der im Vorangehenden geschildert worden ist, als deutlicher Fingerzeig dafür gelten, daß die Lösung dieser Frage auf einem anderen Gebiete liegt, als auf welchem man sie bisher gesucht hat. Indes werde ich dies erst im
nächsten Kapitel in Diskussion ziehen.

Es ist doch unbestritten, daß die von mir schon oben zitierten Versuche GOD-
LEWSKI'S, welche in der neuen Publikation HERTWIG'S leider keine Berücksichtigung
finden, in klarer Weise den Beweis liefern, daß auch das kernlose Cytoplasma mit
vollem Erfolge als Erbsubstanz fungieren könne.

Sollten weiterhin noch die Versuche KUPELWIESER'S,[83] welcher Seeigeleier mit
Spermien der Molluske Mytilus erfolgreich zu befruchten vermocht hat, eine weitere
Bestätigung erfahren, so müßte der Anschluß an den Ausspruch LOEB'S,[84] daß „was
an Präformation des Embryo im Ei vorhanden sei, nicht im Kern, sondern im Protoplasma des Eies zu suchen sei", nur begreiflich erscheinen.

---

82 [32/1] Hertwig, Allg. Biologie. Fischer, Jena 1906, S. 362.
83 [33/1] Kupelwieser, Biolog. Centralblatt, 26, 1906.
84 [33/2] Loeb, Vorles. über die Dynamik der Lebenserscheinungen. Leipzig, Barth, 1906, S. 277.

Indessen muß es nicht als ausgeschlossen gelten, daß trotzdem in zahlreichen Fällen die Vererbung der sich auf geschlechtlichem Wege vermehrenden Metazoen sowohl vom Kern, als vom Cytoplasma getragen werden kann, so wie es VERWORN postuliert hat, nur muß man sich vergegenwärtigen, daß es, dem oben Dargelegten gemäß, nicht das Chromatin ist, das die Erbmasse im Kern darstellt, sondern die achromatische Grundsubstanz.

Es fragt sich nun, wie erhält es sich mit der Erbmasse bei Organismen, deren Fortpflanzung ungeschlechtlich ist? Ist eine einheitliche Grundlage der Vererbungsprozesse gegeben?

UNGESCHLECHTLICHE FORTPFLANZUNG

Wiewohl ich bereits in der Einleitung erwähnt habe, daß selbst in den Fällen von Parthenogenesis und direkter Teilung das Vererbungsproblem in derselben Form entsteht, wie bei der geschlechtlichen Vermehrung, so möchte ich mich in diesem Kapitel doch an ein Objekt halten, das mit Bezug auf die Vererbung vollkommen einwurfsfrei wäre. Als ein solches erscheinen mir die sporenbildenden Bakterien. Ich abstrahiere dabei natürlich von jenen spärlichen Formen, bei welchen man einen, wenn auch noch so primitiven, geschlechtlichen Vorgang zu erkennen glaubt und halte mich nur an solche, bei welchen ich durch eigenes Studium zu einer Anerkennung solcher Vorgänge nicht gelangen konnte.

Bei solchen Bakterien wird somit auf ungeschlechtlichem Wege ein indifferentes Ruhestadium (die Spore) ausgebildet, aus dem sich das neue Individuum entwickelt. Das erwachsene Bakterium ist der Spore völlig unähnlich. Die aus der Spore hervorgegangene Generation kann entweder die Merkmale der Mutterbakterie aufweisen oder aber von ihnen abweichen. Somit besteht auf Grund meiner Ausführungen in der Einleitung die Berechtigung, an diesen Organismen eine Prüfung der Vererbungstheorien vorzunehmen, die auch z. B. von LEPESCHKIN[85] anerkannt worden ist, wenn auch freilich erst in der letzten Zeit der Versuch gemacht worden ist, die Bakterien dazu zu benützen.[86]

Es könnte vielleicht der Einwand gemacht werden, daß uns die Bakterien histologisch bei weitem nicht so gut bekannt sind wie die Geschlechtszellen. Doch wäre dies ein leicht zu widerlegender Einwand. Denn erstens besitzen wir eine Reihe von Arbeiten, welche freilich bislang ziemlich wenig Beachtung gefunden haben, die aber nichtsdestoweniger die cytologische Natur der Bakterien völlig klarlegen und deren Resultate zugleich ein tieferes Eindringen in die Gesetzmäßigkeiten der Strukturbildung in der lebenden Substanz gestatten, so daß der besagte Einwurf höchstens auf die Zahl der studierten Bakterien bezogen werden könnte, was aber nicht von

85 [34/1] Lepeschkin, Z. Kenntn. d. Erblichkeit bei den einzelligen Organismen. Centr. f. Bakteriol., II. Abt., Bd. X, 1903.
86 [34/2] Růžička, Die Bakterien u. das Vererbungsproblem. Arch. f. Entwicklungsmech., XXVI, 1908.

großem Belange sein dürfte. Zweitens aber sind die Tatsachen, von welchen wir bei der Parallelisation der Bakterien und Geschlechtszellen mit Bezug auf die Vererbung auszugehen haben, außerordentlich einfach und gehören zu den festest sichergestellten der Bakteriologie. Welche Tatsachen das sind und wie sie zur Lösung der Frage der Erbsubstanz verwendet werden können, wird sofort Gegenstand der Erörterung sein.

Vor allem wollen wir uns einige cytologische Momente ins Gedächtnis rufen, welche sich auf die Kernfrage beziehen und von Wichtigkeit für uns sind, weil sie eine morphologische Analogie zwischen den Bakterien und Zellkernen zutage fördern.

Daß die Bakterien einfacher als eine Zelle organisiert sind, wird von vielen Forschern zugegeben, die Kontroverse bezieht sich bloß darauf, wie die Strukturen der Bakterien zu deuten wären.

I. Es wäre vor allem möglich, daß die Bakterien Zellen vorstellen, die wie echte Zellen in Cytoplasma und Kern gesondert sind. Allgemein wird zugestanden, daß wir nur morphologische Kriterien für den Kern besitzen. Weder die Färbung noch, wie ich in einer noch unveröffentlichten Arbeit gezeigt habe, die mikrochemische Zusammensetzung bilden etwas für den Kern Charakteristisches, sondern nur sein morphologisches Verhalten im Ruhezustande und die charakteristischen Umwandlungen desselben während der Teilung. Von welcher Wichtigkeit auch der Nachweis eines Kernes in den Bakterien speziell für die Morphologie der Vererbungsvorgänge wäre, so müssen wir doch dem jetzigen Wissensstande gemäß bekennen, daß ein solcher Nachweis bis jetzt nicht gelungen ist. Es liegt wohl eine Reihe von Arbeiten vor (bes. von VEJDOVSKÝ[87], MENCL[88], MEYER[89], PREISZ[90], AMATO[91], SWELLENGREBEL[92], in welchen dies behauptet wird; doch können bei genauerem Eingehen nur die Arbeiten von MEYER, PREISZ und besonders SWELLENGREBEL ein wissenschaftliches Interesse beanspruchen; um die Berechtigung dieses Ausspruches anzuerkennen, genügt es auf die Kritik, welche die übrigen Arbeiten erfahren haben, aufmerksam zu machen.

Die Arbeiten von VEJDOVSKÝ[93] und MENCL[94] scheiden von selbst aus. Denn nach dem übereinstimmenden Urteile kompetenter Autoren handelt es sich bei den von ihnen als Bakterien (Schizomyceten) beschriebenen Objekten überhaupt um keine solche. Nach GUILLIERMOND[95] beschrieb MENCL Cladotricheen (Spaltalgen); die von ihm benutzte Methode wurde von SWELLENGREBEL[96] folglich charakterisiert: „Habe ich M.'s Anweisungen genau befolgt, es ist mir aber nie gelungen, weder bei Bac. Maximus noch bei Spirillum gigant. einen echten Kern nachzuweisen." Nach MEY-

87 [35/1] C. f. Bakt., II, 6, 1900; 11, 1904.
88 [35/2] C. f. Bakt. II, 12, 1904; 15, 1905. Arch. f. Prot., 8, 1907.
89 [35/3] Flora, 1908; 1897: 1899.
90 [35/4] C. f. Bakt., I, 35, 1904.
91 [35/5] C. f. Bakt., I, 48, 1908.
92 [35/6] C. f. Bakt., II, 16, 1906; 19, 1907.
93 [35/7] C. f. Bakt., II, 6, 1900; 11, 1904.
94 [35/8] C. f. Bakt, II, 12, 1904; 15, 1905. Arch. f. Prot., 8, 1907.
95 [35/9] Arch. f. Prot., 12, 1908, S. 36.
96 [35/10] C. f. Bakt., II, 19, 1907, S. 621.

ER[97] hielt MENCL Volutinkörner, die Reservestoffe sind, für Kerne. Den Bac. Gammari von VEJDOVSKÝ hat SCHAUDINN am Berner Zoologenkongreß (1904) für Saccharomyces erklärt, womit GUILLIERMOND[98] und AMATO[99] übereinstimmen; einige Bilder VEJDOVSKÝ'S wurden von GRIMME[100] als Sporozoen erkannt. PJECZENKO[101] erklärte die Kernbilder sowohl VEJDOVSKÝ'S las MENCL's für Artefakte, welche wahrscheinlich durch unrichtige Entfärbung bei Anwendung der HEIDENHAIN'schen Eisenhämatoxylinfärbung entstanden sind, eine Gefahr, auf die auch SWELLENGREBEL aufmerksam gemacht hat. Einzelne Bilder VEJDOVSKÝ'S und MENCL's möchte PJECZENKO auf einen der Bacillopsis stylopygae verwandten Organismus, nicht aber eine Bakterie beziehen. Derselben Meinung ist MIGULA.[102] Es ist somit offenbar, daß die zitierten Autoren Gemenge verschiedener Organismen beschrieben haben, was ja nicht zu verwundern ist, da VEJDOVSKÝ Schnitte einer infizierten Gammarusart, MENCL, aber sogar faulendes (5 Monate stehen gebliebenes[103]) Flußwasser untersucht hat. Die Frage läßt sich aber zweifellos nur an Reinkulturen unzweifelhafter Bakterien entscheiden.

Die von den übrigen Autoren als Kerne beschriebenen Gebilde beziehen sich auf verschiedene Dinge. Ich kann hier unmöglich auf die ganze Literatur eingehen und verweise diesbezüglich auf meine einschlägigen Arbeiten. Nur soviel sei bemerkt; es kann als NAKANISHI's dem säurefesten Körper BUNGE's entspricht; der von MEYER und GRIMME zum Teil diesem Körper, zum Teil dem Chromatinkorn der reifenden oder keimenden Spore; der „Kern" von PREISZ entspricht dem Körperchen KROMPECHER's, derjenige von AMATO einesteils dem scheidewandbildenden Korne der jungen Bakterien, anderenteils dem Chromatinkorn der keimenden Spore.[104] Die eigentliche Bedeutung der säurefesten Körper BUNGE's samt deren Inhaltskörper (KROMPECHER'schen Körpern) ist unbekannt, Kerne sind es auf keinen Fall; die Bedeutung der scheidewandbildenden Körner ist klar und schließt, wie mir schon MIGULA[105] zugestimmt hat, aus, daß es sich um Kerne handeln könnte; die Bedeutung des Chromatinkornes der keimenden Spore werde ich noch besprechen, sie ist aber von der eines Kernes ganz verschieden. Es erübrigt somit nur noch, die Arbeit SWELLENGREBEL's[106] über das Bact. Binucleatum zu besprechen, der außer der morphologischen auch mikrochemische Untersuchungen vorgenommen hat. Hervorzuheben ist, daß es sich wiederum um keine Reinkultur gehandelt hat, somit der Einwurf einer willkürlichen Kombination der Entwicklungsphasen bestehen bleibt. Jedes Individuum enthält

---

97 [35/11] Flora, 95, 1908, S. 335.
98 [35/12] L. c. S. 36.
99 [35/13] C. f. Bakt., I, 48, 1908, S. 392.
100 [35/14] C. f. Bakt., I, 32, 1902, S. 249.
101 [35/15] Obudowie i rozwoju Bacillopsis stylopygae. Krakow 1908. Extr. de Bullet. De l'Acad. d. Sc. Krakovie 1908, S. 369ff.
102 [36/1] Lafar's Hdbch. d. techn. Mykol., I, S. 69.
103 [36/2] Centr. f. Bakteriol., II, 15, 1905.
104 [36/3] Siehe diesbezüglich die ausführl. Besprechung bei Ambrož, Entwicklungscyklus d. Bac. Nitri usw. Centr. f. Bakteriol. 1909.
105 [36/4] Lafar's Hdbch. d. techn. Mykologie, I, S. 67.
106 [36/5] Zur Kenntn. d. Zytologie d. Bakterien. Centr. f. Bakteriol, II, 19, 1907.

nach SWELLENGREBEL zwei Kerne, die sich zweimal hintereinander teilen, so daß jede Tochterbakterie wiederum je zwei Kerne enthält. Zur Stütze seiner Deutung, daß die zwei Körner wirklich Kerne sind, führt SWELLENGREBEL folgende Argumente an:

1. Die Körner besitzen diejenige Größe, welche die Kerne, wenn sie anwesend wären, vielleicht haben würden. Es ist jedoch klar, daß über die Größe eines Kernes, der erst nachgewiesen werden soll, keine Hypothesen angestellt werden können; außerdem ist die Kerngröße durchaus keine stets gleichbleibende Konstante.

2. Sie färben sich wie Kerne. Seit den Ausführungen A. FISCHER'S und seit nachgewiesen worden ist, daß auch die Lipoide Kernfarbstoffe anziehen, ist jedoch dieses Argument zum Nachweise der Kernnatur gewisser Granula unbrauchbar.

3. Sie unterscheiden sich mikrochemisch von den Fett- und Volutinkörnern, geben dagegen die Reaktionen des Chromatins. Dasselbe gilt aber auch von den Chromidien, Centrosomen, ja auch von vielen speziellen Zelldifferenzierungen, ohne daß man sie deshalb für Kerne halten dürfte.

Meiner Ansicht nach ist einmal die völlige Analogie der SWELLENGREBEL'schen Körner bei ruhenden Bazillen mit den BABES-ERNST'schen Körnchen unleugbar; zweitens aber sind sie, wie ein genaues Studium der Abbildungen ergibt, keineswegs konstante Gebilde, sondern können durch andere (netzförmige und scheidewandähnliche) Strukturen ersetzt werden. Übrigens möchte ich hervorheben, daß sich meines Erachtens zur Entscheidung der Frage des Bakterienkernes nur sporenbildende Formen eignen, da nur bei diesen allein eben wegen der Sporenbildung eine Erledigung der Frage nach dem U r s p r u n g e   d e s   B a k t e r i e n c h r o m a t i n s ,   d u r c h w e l c h e   a l l e i n   d i e   K e r n f r a g e   e n t s c h i e d e n   w e r d e n   k a n n , e r m ö g l i c h t   w i r d .

Dies zeigt sich deutlich, sobald wir andere Deutungsmöglichkeiten erwägen, welche uns das Studium der Bakterienstrukturen eröffnet. Es wäre nämlich

II. möglich, daß bei den Bakterien die Kerne in der Form von Chromidialsystemen zugegen wären; diese von R. HERTWIG ausgesprochene Vermutung würde durch das morphologische Aussehen der ruhenden Bazillen unterstützt werden, welches einem Chromidialnetzwerke nicht unähnlich ist. Haltbar ist diese Vermutung jedoch nur bei oberflächlicher Betrachtung. Man hat zwar gemeint, aus den Vorgängen der Sporenanlagenbildung ableiten zu dürfen, daß der Vergleich der Bakterienstruktur mit einem Chromidialsystem tiefer begründet ist. Es ist nämlich von SCHAUDINN, mir u. a. konstatiert worden, daß bei der Sporenbildung ein Teil der Chromatinkörner des Bakterienleibes zur färbbaren Sporenanlage zusammentritt; da bekanntermaßen auf ebensolchem Wege aus Chromidialsystemen sekundäre Kerne entstehen, so glaubte SCHAUDINN die Sporenanlage mit einem Zellkern vergleichen zu dürfen. Das ist von vielen so aufgefaßt worden, als wenn er die Identität dieser Gebilde nachgewiesen hätte. Dies stand ihm jedoch ferne und man braucht, wie ich gezeigt habe, nur die weitere Entwicklung der Sporenanlage zu verfolgen, um sich von der Irrtümlichkeit einer solchen Auffassung zu überzeugen. Das Chromatin der Spore verhält sich nämlich den vegetativen Chromidien völlig analog; beim Übergange in den funktionellen Ruhezustand schwindet es allmählich und taucht bei neuentfachter Tätigkeit in der keimenden Spore wieder auf. Würde man aber die Sporenanlage für einen Kern halten, so würde die Chromidialstruktur der Spore ihre vegetativen Umwandlungen innerhalb eines Kernes durchmachen, was dem eigentlichen Begriff eines Chromidiums widersprechen würde.[107] Denn derselbe fordert zwar entweder die Entstehung des Chromidiums aus dem Kern oder die Bildung des Kernes aus Chromidien, aber zugleich auch eine Lagerung außerhalb des Kernes. Der Zusammenhang Primärkern-Chromidium (im Cytoplasma)-Sekundärkern gehört zur Definition der echten Chromidien.

Aus diesem Grunde ist es auch bei asporogenen Bakterien nicht möglich ihre Struktur mit einem Chromidialsystem zu identifizieren, weil eine Umwandlung in Kerne = Sporenanlagen überhaupt nicht vorkommt.

Aus dem Angeführten ergibt sich, daß man Kerne von Chromidien und Chromidien von der Bakterienstruktur unterscheiden muß, denn diese drei Dinge haben eine ganz verschiedene Genese. Wenn man vom Kerne der meisten Zellen sagen kann, daß er ein stabiles Gebilde ist, das nur durch Teilung eine Vermehrung erfahren kann, so muß man bezüglich der Chromidien nur an ihrer Genese aus dem Kern festhalten, sonst aber wenigstens einen Teil derselben für vergänglich ansehen, während die Bakterienstruktur dem achromatischen Sporenleibe entspringt und bei der Reifung der Spore in ihr verschwindet, somit ganz und gar ein vergängliches Gebilde darstellt.

III. Schließlich wäre es nicht ausgeschlossen, daß, wie WEIGERT und MITROPHANOW vermutet haben, die Kernsubstanz im Bakterienleibe vom Cytoplasma nur chemisch aber nicht auch morphologisch differenziert ist. Wie man sich das freilich in bezug auf die Struktur des Bakterienleibes, also morphologisch, vorstellen soll, ist unerfindlich, stimmt aber auch mit den Tatsachen nicht überein, da ja im erwachsenen Bakterienkörper das Chromatin in einem morphologisch differenzierten Zustande enthalten ist. Man könnte die Vermutung WEIGERT'S höchstens auf die strukturlose, chromatinfreie reife Spore beziehen, weil sich aus ihr der strukturierte, mit Chromatin versehene Bakterienleib entwickelt. Dann wäre wohl eine chemische Fassung denkbar; dann würde man aber, um zugleich den morphologischen Vorgang zu erklären, zu der von mir[108] aufgestellten Theorie des morphologischen Metabolismus der lebenden Substanz gelangen, nach welcher das Chromatin und Plastin aus Stoffwechselvorgängen resultierende gegenseitige Umwandlungsformen der lebenden Substanz sind. Diese Auffassung, auf welche ich noch zurückkomme, ist jedoch von derjenigen WEIGERT'S völlig verschieden.

Aus dem Dargelegten ergibt sich mit Klarheit, daß keine der bisher über die cytologische Beschaffenheit der Bakterien aufgestellten Ansichten einer strengeren Kritik standzuhalten vermag.

Wir besitzen zu dieser Frage zwei ausgezeichnete Arbeiten BÜTSCHLI'S,[109] welche trotz der vielfachen Besprechung, die sie erfahren haben, doch nicht genügend gewürdigt worden sind. Es ist nämlich unbestreitbar, daß, was an   t a t-

---

107 [38/1] Die nähere Begründung dieses Gedankenganges siehe in Růžička, Die Cytol. der sporenbild. Bakt. und ihr Verhältn. zur Chromidienlehre. Centralbl. f. Bakteriol. 1909, II. Abt.

108 [39/1] Arch. f. Entwicklungsmech., XXI, 1906. – Struktur u. Plasma. Wiesbaden, J. F. Bergmann, 1907. - Arch. f. Zellforschung, I, 1908.

109 [39/2] Üb. d. Bau der Bakterien. Leipzig, Winter 1890. – Weit. Ausf. üb. d. Bau d. Cyanoph. u. Bakterien. Leipzig, Engelmann, 1896.

s ä c h l i c h e m   M a t e r i a l über die Struktur der Bakterien zurzeit eruiert werden
kann, bereits alles in den erwähnten Arbeiten BÜTSCHLI'S enthalten ist.

Eine Reihe meiner eigenen Arbeiten hat diesbezüglich die Resultate BÜTSCHLI'S
nur bestätigen können. Wenn ich aber auf Grund analoger Tatsachen dennoch zu einem anderen Resultate gelangt bin als BÜTSCHLI, so ist dies nur durch den Umstand
bewirkt worden, daß ich in meinen Deutungen von den Suggestionen der Zelltheorie
unbeeinflußt geblieben bin.

Meine Arbeiten[110] beziehen sich auf die nachfolgenden Punkte:

1. Die histologische Struktur

Mit Hilfe verschiedener Methoden (vitaler Färbung, verschiedener Fixierung und
Tinktion) habe ich bei einer sehr großen Anzahl (150 verschiedenen Arten) von Bakterien gefunden, daß ihre Struktur variabel ist, eine Angabe, die auch von anderen
Forschern seither bestätigt worden ist. Neben homogenen Individuen kommen solche
mit verschiedentlich körnigen, fädigen und alveolären Strukturen vor. Durch direkte
Beobachtung unter Zuhilfenahme der vitalen Färbung konnte ich feststellen, daß diese Variabilität davon herrührt, daß die Protoplasmastrukturen der Bakterien während
der Lebensvorgänge Schwankungen unterliegen.[111] Ein analoges Verhalten von
Strukturen ist auch an Zellenkernen beschrieben (KORSCHELT) und die Ursache dieses
Verhaltens durch direkte Beobachtung gleichfalls von der Wandelbarkeit ihres Protoplasmas abgeleitet worden (FROMANN), daher glaubte ich mich zu dem Schlusse berechtigt, daß sich die Bakterien bezüglich ihrer histologischen Struktur Zellkernen
analog verhalten.

2. Die tinktorielle Analyse im Sinne EHRLICH'S

In Übereinstimmung mit PAPPENHEIM habe ich dargetan, daß die Färbbarkeit des
Milzbrandbazillus der Färbbarkeit der Kerne im Prinzip völlig entspricht, daß jedoch
sein Körper im allgemeinen einen etwas geringeren Grad von Basophilie aufweist als
die Kerne. Von den endobazillären Körpern konnte ich aber feststellen, daß ihre Basophilie noch geringer ist, als diejenige des Bakterienkörpers und daß sie diesbezüglich mit den Nukleonen der Kerne (MOSSE) übereinstimmen.

3. Die mikrochemische Untersuchung

Durch dieselbe habe ich den Beweis geliefert, daß die vegetativen Bakterienindividu-
en aus im Magensaft unlöslichen Stoffen bestehen (1904), von welchen die färbbaren
durch Einwirkung chromatin- resp. nukleinauflösender Agentien entfernt werden
können (1906), d. h. also, daß sie aus Chromatin und Plastin (Linin) bestehen, was
von SWELLENGREBEL am Bac. Maximus buccalis bestätigt worden ist. Da im Zellkern
gleichfalls keine anderen Stoffe als Chromatin und Plastin (nach ZACHARIAS u. a. z. B.

110 [40/1] Üb. die biolog. Bed. der färbbaren Körnchen d. Bakterieninhaltes. Arch. f. Hyg., 47, 1903. –
    Weit. Unters. über den Bau u. die allg. Biolog. Natur der Bakterien. Ibid. 51, 1904. – Der morphol.
    Metabol. des leb. Protoplasmas. Arch. f. Entwicklungsmech., 21, 1906. – Depressionszustände u.
    Regulationsvorgänge bei dem Bact. Anthracis. Arch. f. Protistenk., 10, 1907. – Die Cytol. der
    sporenbild. Bakterien u. ihr Verh. zur Chromidienlehre. Centr. f. Bakteriol., II, 1909.
111 [40/2] Davon auch in: Zeitschrift für allg. Physiol., IV, 1, 1904, S. 142.

O. HERTWIG, entspricht auch das Linin dem Plastin) mikrochemisch nachgewiesen werden können, so erweisen sich die Bakterien auch in dieser Beziehung den Kernen analog.

4. Der Entwicklungszyklus

In meiner Arbeit über den morphologischen Metabolismus des Protoplasmas (1906) habe ich auf Grund besonderer Untersuchungen die Frage erörtert, ob bei den Bakterien analoge Veränderungen in den gegenseitigen Verhältnissen der dieselben zusammensetzenden mikrochemisch nachweisbaren Substanzen (also Chromatin und Plastin) konstatiert werden können, wie man sie während des Lebensverlaufs des Zellkerns beobachten kann und habe zugleich auf den Prozeß der Sporenbildung hingewiesen.

Ich habe nämlich auf mikrochemischem Wege festgestellt, daß die unreife Spore, welche aus einer Aggregation von Chromatinkörnern hervorgeht und daher wie das Chromatin färbbar ist und auch die mikrochemischen Reaktionen des Chromatins gibt, während des Reifungsprozesses stets mehr zu den Reaktionen des Plastins hinneigt; die reife Spore bietet alleine die Reaktionen des letzteren.

In diesem Verhalten sah ich schon damals eine Analogie zu den Umwandlungen des Chromatins der Zellkerne. Faßt man nämlich den Zellkern zur Zeit der Metakinese ins Auge, so wird man nicht umhin können zuzugeben, daß er bloß von einer Gruppe Chromatingebilde repräsentiert wird. Und geht man dem Schicksale dieser Gebilde nach, so nimmt man wahr, daß das Chromatin derselben während der Telophasen stetig abnimmt, während sich das Plastin vermehrt. Im Teilungsruhezustand schließlich bilden Plastin (und Linin) im Gegensatze zum Chromatin den bei weitem größten Teil des Kernes, ja das letztere kann, wie wir bereits früher vernommen haben, fast völlig schwinden.

Wir sehen, daß sich in den beiden Fällen: bei der Zellteilung sowohl wie bei der Sporenbildung, die in Frage kommenden, als differenzierte Bestandteile auftreten mikrochemisch nachweisbaren Substanzen, wenn man von ihrer morphologischen Ausgestaltung absieht, sowohl in ihren Eigenschaften, als in ihren Umwandlungen völlig analog verhalten.

Der in die Mitose eintretende Kern gibt vor allem eine Vermehrung des Chromatins auf Kosten des Plastins zu erkennen, welche bis in das Stadium der Metakinese anhält; das letztere bedeutet den Gipfelpunkt der Chromatinentwicklung. In ihm beginnt jedoch auch schon der Rückbildungsprozeß, das Chromatin beginnt zu schwinden, in den Telophasen schreitet dieser Prozeß weiter und erlangt sein definitives Aussehen, das bei der Rekonstruktion der Tochterkerne zum Ausdruck kommt, bereits bei der Entstehung der Teilkerne. Die ruhenden Tochterkerne erscheinen sodann überwiegend aus dem Plastin zusammengesetzt.

Ein vegetatives Bakterienindividuum, das sich zur Sporenbildung anschickt, vermehrt vor allem seine Chromatinkörnchen (MEIER, ich). Dieselben treten unter Verschmelzung an einem Pole zu einer homogenen Chromatinmasse – der Sporenanlage – zusammen; dieser Zeitpunkt stellt den Gipfel der Chromatinausbildung dar. Hierauf bildet sich das Chromatin zurück, während das Plastin an seine Stelle tritt, bis schließlich die reife Spore als reines Plastingebilde vor uns liegt.

Die Analogien, welche der Entwicklungszyklus der sporenbildenden Bakterien mit den Umwandlungen der Kerne bietet, beruhen somit auf der gegenseitigen Verschiebung der Relationen zweier heterogener Substanzen, die wir mikrochemisch als Chromatin und Plastin unterscheiden, und sind, da kein Zweifel darüber bestehen kann, daß diese Relationen auf Grund von Stoffwechselvorgängen verschoben werden, zugleich auch das Resultat des morphologischen Metabolismus des Protoplasmas.

Es liegen somit zwischen den Bakterien und Kernen so weitgehende und allseitige Analogien vor, daß es gewiß gestattet sein muß, eine einheitliche Auffassung dieser Gebilde anzubahnen. Denn daß die Idee BÜTSCHLI'S, die Membran der kleinen Bakterien, von welchen er fand, daß sie einzig von dem dem Kern analogen Zentralkörper aufgebaut werden, entspräche dem Cytoplasma, bei dem heutigen Wissensstande unhaltbar ist, ist ja völlig klar, da ja nachgewiesen werden kann, daß jene Membran zwar an den osmotischen Vorgängen im Bakterienprotoplasten teilnimmt, hingegen aber völlig unbekannt ist, daß sie an einem anderen Lebensvorgange in aktiver Weise beteiligt wäre, wie es ja sonst sein müßte, wenn sie die Cytoplasmafunktionen zu versehen hätte. Selbst die Geißeln entspringen keineswegs, wie noch BÜTSCHLI[112] glaubte, der Membran, sondern, wie ELLIS[112] gezeigt hat, dem Protoplasten.

Meiner Ansicht nach hieße es, sich der Sprache der Tatsachen verschließen, wenn man die Berechtigung zur Analogisierung des morphologischen und mikrochemischen Aufbaues der Kerne und der Bakterien bestreiten wollte.

Andererseits ist nicht zu bestreiten, daß diese meine Anschauungsweise mich noch weiter führt zu einem Standpunkt, der viele Berührungspunkte aufweist mit der von einer Reihe von Forschern, wie z. B. MIGULA, FISCHER u. a. verteidigten Ansicht, nach welcher die Bakterien als kernloses Protoplasma anzusehen sind. Der Widerspruch zu der obigen Schlußfolgerung ist, wie ich sofort zeigen werde, nur ein scheinbarer. Man muß nur auf die mikrochemisch nachweisbare stoffliche Zusammensetzung achten. Es dürfte nämlich, meinen Erfahrungen gemäß, nur einige Protoplasmadifferenzierungen geben, welche nicht, zumindest in einem Zeitpunkt ihres Bestehens, zugleich aus Chromatin und Plastin in wechselndem Verhältnis bestehen und bei welchen sich diese Substanzen nicht in direkten gegenseitigen Beziehungen befinden würden. Das gilt vom Centrosom, vom Kern, Nukleolus, vom Cytoplasma, von den Chromidien, von der Zelle als Ganzem.

Kurz es hat nach meinen, bis jetzt nur zum Teil publizierten[113] Untersuchungen den Anschein, als wenn das Chromatin und Plastin zwei entgegengesetzte Zustände der lebenden Substanz überhaupt darstellen würden.[114] Mit großer Wahrscheinlichkeit kann geschlossen werden, daß der Schwund des Chromatins an einen assimilatorischen, die Neubildung desselben hingegen an einen dissimilatorischen Stoffwechselvorgang gebunden ist. In diesem Sinne – also als Beispiel des morphologischen Me-

---

112 [42/1] Ellis, Unt. über Sarc., Streptok. u. Spirillum. Centr. f. Bakter., c. Orig., XXXIII, 1902.
113 [43/2] Zur Kenntnis d. Natur u. Bedeutung des Plastins. Arch. f. Zellforschung, I, 1908.
114 [43/3] Es handelt sich dabei nicht um eine indirekte Abhängigkeit in Form einer Stoffwechselgemeinschaft, wie Hertwig, Der Kampf usw., S. 52, gegen Verworn hervorheben zu müssen glaubte und wie man sie z. B. zwischen Blut und Gehirn beobachtet, sondern um ein d i r e k t e s   A b h ä n g i g k e i t s v e r h ä l t n i s, in dem der eine Teil (Plastin) durch seine Stoffwechselvorgänge den anderen (Chromatin) bildet oder ersetzt.

tabolismus des Protoplasmas – sind dann Chromatin und Plastin wirklich unzertrennliche Gebilde und wird dadurch die Notwendigkeit der beiden zur Erhaltung des Lebens bei Objekten, welche die beiden zitierten Komponenten d a u e r n d besitzen, dem Verständnis ganz im Sinne der von VERWORN experimentell deduzierten Beziehungen zwischen Kern und Cytoplasma nähergerückt. Aber verstehen lernen konnte man diese Beziehungen erst durch das Studium von Objekten, welche, wie die sporenbildenden Bakterien, Entwicklungsstadien besitzen, die nur aus einer der erwähnten Komponenten bestehen. Den engen Zusammenhang, ja die kausale Abhängigkeit des Auftretens des Chromatins von bestimmt gerichteten Stoffwechselvorgängen des Plastins zeigt uns die reifende, zur Ruhe sich begebende Spore, die es verliert und die keimende, zu neuem Leben erwachende Spore, die es neubildet, auf das deutlichste.

Nun handelte es sich höchstens noch um die Feststellung, ob das, was wir als Chromatin bezeichnen, als eine einheitliche Substanz betrachtet werden kann oder ob man zwischen dem Chromatin der Zellen und zwischen dem Chromatin der Bakterien grundsätzliche Unterschiede zu vermuten vermag. Es ist nun natürlich zuzugeben, daß in chemischer Beziehung bei verschiedenen Objekten gewisse Differenzen bestehen werden; wir müssen sie ja selbst bei sehr nahe verwandten Zellenarten voraussetzen, wie wir aus der Analogie mit der biologischen Blutreaktion schließen dürfen. Doch dürfte es wohl keinen Zweifel unterliegen, daß sie zu einer gemeinsamen Gruppe chemischer Substanzen gehörig sind. Die Zugehörigkeit einzelner Chromatingebilde zu den Lipoide möchte ich hier nicht diskutieren; sie ist auch ohne Belang für unser Thema, da die Formationen, um welche uns zu tun ist, die Lipoide als wesentlichen Bestandteil nicht enthalten. Nach dem heutigen Wissenstande ist also wohl auf eine differente Auffassung des Chromatins und Plastins verschiedener Objekte besonders in bezug auf die Morphologie der Vererbung nicht zu denken.

Wenn wir uns der verschiedenen oben hervorgehobenen Berührungspunkte erinnern, welche uns die Chromatinplastinstrukturen der besprochenen Objekte in biologischer Beziehung bieten, so werden wir sicherlich nicht umhin können, zuzugeben, daß es gestattet sein muß, sie in Vergleich zu setzen, wenn man sich nur bewußt bleibt, daß es sich um keinen Vergleich h i s t o l o g i s c h e r Strukturen, von Formen, sondern um einen Vergleich s t o f f l i c h e r Differenzierungen des Protoplasmas, also von Substanzen, handelt.

Aber einen Vergleich histologischer Strukturen braucht man ja im Hinblick auf unser Thema gar nicht zu fordern, da, wie wir ja schon früher gesehen haben, die Entwicklung der Vererbungsmorphologie auch von den morphologischen Gebilden (Chromosomen) zu den stofflichen Differenzierungen (Chromatin) herabgelangt ist.

Solchermaßen erreichen wir den Punkt, an welchem die Analogien der Bakterien mit den Kernen eine prinzipielle Bedeutung für die Vererbungslehre erlangen.

Denn, während in den Zellen, wahrscheinlich wegen ihrer Zugehörigkeit zu einem komplexen Individuum und der damit verbundenen ununterbrochen wirksamen Ernährungsvorgänge das Chromatin fast niemals gänzlich aus dem Kerne zu schwinden vermag, sehen wir, daß bei der Spore dieser Fall eintritt und daß dieselbe in vollem Reifezustand keine Spur von Chromatin sehen läßt.

Wir haben nun zu bedenken, daß eben die Spore das indifferente Stadium darstellt, aus dem sich das erwachsene Bakterium erst entwickeln muß, sowie daß, worauf übrigens auch schon früher aufmerksam gemacht wurde, die Spore alle Anlagen bestimmen und auch die Variabilität, somit die Vererbung überhaupt vermitteln muß. Angesichts der unumstößlichen Tatsache, daß die Spore kein Chromatin enthält, bleibt nur der Schluß übrig, daß das Chromatin bei den sporenbildenden Bakterien keineswegs die Erbmasse darstellen und diese Rolle nur dem die ganze Spore aufbauenden Plastin zufallen könne.

Bei der ungeschlechtlichen Fortpflanzung wie sie uns von den sporenbildenden Bakterien in prägnanter Weise geboten wird, kann also von einer Kontinuität des Chromatins, selbst wenn man auf dessen morphologische Gestaltung keine Rücksicht nimmt, überhaupt nicht gesprochen werden und somit darf man wohl füglich den Schluß ziehen, daß für diese Fortpflanzungsart die morphologische Chromatintheorie in keiner Weise zutrifft.

Es fragt sich nun, kann man hieraus etwas für die Morphologie der Vererbung bei der geschlechtlichen Fortpflanzung folgern?

Diese Frage dürfte bejahend zu beantworten sein, wenn wir auf der Forderung einer allgemeingültigen Theorie der Vererbung bestehen, die aber in der Natur der Sache selbst begründet zu sein scheint. Über die Anknüpfungspunkte, die ich bereits anderwärts[115] besprochen habe, dürften wir uns bald klar werden, wenn wir uns der zum Schlusse des ersten Kapitels angeführten experimentellen Tatsachen und der daraus gezogenen Schlußfolgerungen erinnern.

Während nämlich die Versuchsresultate GODLEWSKI's auf die direkte Beteiligung des Cytoplasmas an der Vererbung ohne Zutun des Kernes hinweisen, kann für viele andere Fälle zugegeben werden, daß sowohl das Cytoplasma, als der Kern die besagte Funktion erfüllen; nur muß man sich vor die Augen halten, daß die Kontinuität des Kernes von dem Plastin herbeigeführt wird. Dasselbe ist aber der Fall beidem Cytoplasma, das ja zum größten Teile von dem Plastin aufgebaut wird.

Auf solche Weise gelangen wir also zu einer einheitlichen Auffassung der Resultate GODLEWSKI's, als auch der Fälle geschlechtlich bewirkter Vererbung, bei welchen sowohl der Kern wie das Cytoplasma der Geschlechtszellen beteiligt erscheinen.

Jedenfalls wird aber durch eine solche Auffassung auch die Möglichkeit eröffnet, eine einheitliche Theorie der Vererbung überhaupt anzubahnen, denn, wie wir ja soeben erfahren haben, wird auch bei der ungeschlechtlichen Fortpflanzung die Vererbung durch das chromatinlose, aber plastininhaltige Plasma der Spore überliefert.[116]

B e i   d e m   V e r e r b u n g s v o r g a n g e   h a n d e l t   e s   s i c h d e m n a c h   u m   k e i n e   K o n t i n u i t ä t   b e s t i m m t e r m o r p h o l o g i s c h e r   G e b i l d e ,   s o n d e r n   u m   d i e K o n t i n u i t ä t   e i n e r   c h e m i s c h   i n   b e s t i m m t e r   W e i s e c h a r a k t e r i s i e r t e r   F o r m   d e r   l e b e n d e n   S u b s t a n z .

---

115 [45/1] Růžička, Die Bakterien u. das Vererbungsproblem. Arch. f. Entwicklungsmech., 26, 1908, S. 682ff.

116 [46/1] Die Möglichkeit einer einheitlichen Auffassung so verschiedener Gebilde zeugt jedenfalls dafür, daß auch die Auffassung der Bakterienstruktur, wie ich sie vortrage, richtig sein dürfte.

Bedenken wir, daß ich es wahrscheinlich machen konnte,[117] daß das Plastin zur Gruppe der Albuminoide gehörig ist, so werden wir wohl manchen Umstand begreiflicher finden.

So z. B., daß die Kontinuität der Art im Laufe der stetigen chemischen Umwandlungen, welche das Leben charakterisieren, durch eine Protoplasmaverbindung vermittelt wird, welche durch eine besondere Stabilität ihrer Molekularverbände ausgezeichnet ist. Auch HERTWIG meint analog wie einst NÄGELI, die Träger der Vererbung müßten „Substanzen sein, die sehr beständig sind – auf ihnen beruht ja die Eigenart der Organismen, von der wir wissen, daß sie sich in langen Zeiträumen in ihren wesentlichen Zügen kaum verändert hat".[118]

Damit steht auch eine andere Voraussetzung NÄGELI'S im Einklang, die nämlich, daß das Idioplasma durch den ganzen Organismus als zusammenhängendes Netz ausgespannt sei. Denn die Albuminoide finden sich als Plastin im Kern und Cytoplasma, als Grundsubstanzen in den Geweben und Hüllen, haben also eine entsprechende Verbreitung, welche dem Chromatin (das außerdem viel labiler ist) nicht zugeschrieben werden kann.

ENTWICKLUNGSFÄHIGKEIT UND ENTWICKLUNGSERREGUNG

Ich habe bis jetzt von einem Moment geschwiegen, das eine unerläßliche Voraussetzung der Vererbung bildet, nämlich von der Entwicklungsfähigkeit des indifferenten Stadiums (Ei, Spore). Man wird sie wohl kaum anders auffassen können, als einen bestimmten Zustand der lebenden Masse desselben, der sie befähigt, auf den Entwicklungsreiz hin mit der Entfaltung der Art- und Individualcharaktere zu reagieren. Die Entfaltung der Vererbung ist an die Entwicklungsfähigkeit der Erbmasse gebunden.

Versuchen wir unter diesem Gesichtspunkt zu bestimmen, ob dabei dem Chromatin oder dem Plastin die Hauptrolle zufällt, so bemerken wir das Folgende.

Die Frage der Entwicklungserregung spielt eine wichtige Rolle in der Diskussion des Vererbungsproblemes. Die Anhänger der morphologischen Theorie der Vererbung sind selbst nicht einig in der Beurteilung dieser Frage. Während BOVERI z. B. das Hauptmoment der Befruchtung in der Entwicklungserregung erblickt, meint O. HERTWIG im Gegenteil, daß dieselbe nicht zum eigentlichen Wesen der Befruchtung zu rechnen sei; die jedoch auch fehlen könne. So folge beispielsweise sehr oft auf die Befruchtung ein langes Ruhestadium, z. B. bei den Wintereiern der Daphniden; bei Algen und vielen niederen Organismen sei das Resultat der Befruchtung bekanntlich eine Dauerspore, also ein Produkt, welches unter Umständen jahrelang ruht, ehe es zu keimen beginnt usw. Des weiteren könne sich das Ei auch ohne Befruchtung (parthenogenetisch) entwickeln. Daher erblickt O. HERTWIG das Wesen der Befruchtung, jenes nach der herrschenden Ansicht für die Vererbung so folgenschweren Vorganges,

---

117 [46/2] Arch. f. Zellforschung, I, 1908, S. 587ff.
118 [46/3] Der Kampf usw., S. 94.

in der Amphimixis unter Verlegung des für die Vererbung wichtigen Prozesses in das Chromatin der Kerne.

Sehen wir uns die Vorgänge bei der Entwicklung der auf vegetativem Wege hervorgebrachten Spore näher an, so bemerken wir, daß weder eine Befruchtung noch eine Amphimixis zustande kommt. Was aber u n u m g ä n g l i c h notwendig ist, das ist die Entwicklungserregung. D a s   i s t   j e d o c h   e i n   U m s t a n d , d e r   s o w o h l   d e n   S p o r e n ,   a l s   a u c h   d e n   p a r t h e n o - g e n e t i s c h e n   E i e r n   u n d   a u c h   d e n j e n i g e n   E i e r n ,   w e l c h e n a c h   d e r   B e f r u c h t u n g   i n   e i n e n   R u h e s t a n d   v e r f a l l e n , g e m e i n s c h a f t l i c h   i s t .

Nachdem sich also die Vererbung erst bei der Heranbildung des artgleichen Deszendenten manifestieren kann, so muß geschlossen werden, daß die Entwicklungserregung für die Vererbung tatsächlich von wesentlicher Wichtigkeit ist.

Was geschieht nun, wenn die Entwicklungserregung zu wirken beginnt?

Wenden wir uns wiederum vor allem dem wohl einfachsten Falle, nämlich der Bakterienspore zu.

Wie ich bereits anderwärts[119] auseinandergesetzt habe, so hat die Entwicklungserregung in der Spore die Bildung des Chromatins zur Folge. In keinem Falle entwickelt sich die Spore, ohne Chromatin zu bilden; niemals bildet sie Chromatin, ohne sich auch zu entwickeln. Das Primäre, das Entwicklungsfähige, ist also das Sporenplastin, das Chromatin ist schon eine sekundäre, eine entwickelte Bildung. Die Entwicklungsfähigkeit, die wir als eine unerläßliche Eigenschaft der Erbmasse bezeichnet haben, muß also ein Zustand des Sporenplastins sein, was in Anbetracht seiner Eigenschaft als Albuminoid, das eine hochmolekulare, also hochgespannte Verbindung darstellt, begreiflich ist. Dieses – und nicht das Chromatin – ist also auch von diesem Standpunkte aus als Erbsubstanz zu bezeichnen.

Wir können diese Schlußfolgerung, ohne mit den Tatsachen in Konflikt zu geraten, auch die übrigen Fälle, in welchen die Vererbung in Kraft tritt, ausdehnen.

Denn die substantiellen Bedingungen der Vermehrung bieten sowohl bei der Bakterienspore, wie bei den Zellen eine prinzipielle Übereinstimmung.

Bei den Zellen ist nämlich für gewöhnlich die Kernteilung Bedingung der Vermehrung in artgleichem Sinne. Bevor es zur Kernteilung kommt, muß sich aber das Chromatin der Mutterzelle erst in bestimmter Weise vermehrt haben. Auch bei der Spore bildet jedoch das Wachstum des Chromatins die Hauptbedingung für das Wachstum und die weitere Vermehrung der Spore.

So sehen wir, daß sich das ganze Vererbungsproblem in einer Hauptfrage des morphologischen Metabolismus des Protoplasmas konzentriert; die entwicklungsfähige Erbsubstanz ist derjenige Zustand der lebenden Masse, den wir als Plastin bezeichnen. Wo sich aber derselbe in einen artgleichen Deszendenten entwickelt, bildet er auch den anderen Zustand der lebenden Masse, den wir als Chromatin bezeichnen.

Wie zu sehen, so bin ich beim Nachforschen nach den substantiellen Bedingungen der Vererbung schließlich zu dem Hauptproblem gelangt, dessen Lösung uns die Aussicht auf ein tieferes Eindringen in das Weben der lebenden Substanz eröffnet,

---

119 [48/1] Arch. f. Entwicklgsmech., XXII, 1908, S. 687.

nämlich z u m   P r o b l e m   d e r   C h r o m a t i n s y n t h e s e   a u s
d e m   P l a s t i n, also zu demselben Probleme, welches LOEB mit Bezug auf die Befruchtung von Eiern seit mehreren Jahren verfolgt; doch liegt jedenfalls dieses Problem bei den Bakteriensporen in viel einfacherer Form vor, da sie ja zur Zeit voller
Reife gänzlich chromatinfrei sind.

Die auf Erforschung der Bedingungen der Chromatinentwicklung in der Spore
hinzielenden Arbeiten habe ich – trotzdem sie mich nun schon einige Jahre beschäfti-
gen – noch nicht abschließen können. Wie ich jedoch bereits in meinem Buche[120] und
auch in meiner Vererbungsarbeit[121] angegeben habe, geht aus meinen Versuchen unzweifelhaft hervor, daß die Bildung des Chromatins aus dem Plastin auf Grund bestimmt gerichteter Stoffwechselvorgänge vor sich geht. D e r   R e i z   d e r
S t o f f w e c h s e l v o r g ä n g e   i s t   e s ,   d e r   n i c h t   n u r   z u r
M o r p h o g e n e s e   d e s   C h r o m a t i n s ,[122] s o n d e r n   d u r c h
d i e s e l b e   a u c h   z u r   E n t f a l t u n g   d e r   E r b a n l a g e n   f ü h r t. Damit wird, wie man wohl behaupten darf, ein Prinzip zum Siege gebracht, das von
VERWORN in eindringlicher Weise betont worden ist.

Wenn es nun also gestattet ist, aus den angeführten Darlegungen die Schlußkonsequenz zu ziehen, so würde ich mich dahin aussprechen, daß die Vererbung weniger
in der Übertragung stofflicher Bestandteile, d. h. einer besonderen Vererbungssubstanz, als in einem bestimmten chemischen Zustande der lebenden Substanz beruht,
welcher bei Einleitung des richtigen Stoffwechsels die Entwicklung des Chromatins
ermöglicht.

E s   h a n d e l t   s i c h   s o m i t   b e i   d e r   V e r e r b u n g   u m   k e i n e
K o n t i n u i t ä t   e i n e r   b e s o n d e r e n   „ E r b m a s s e ",   s o n d e r n   u m
d i e   K o n t i n u i t ä t   e i n e r   E r b f ä h i g k e i t ,   w e l c h e   a u f   e i n e r
b e s o n d e r e n   c h e m i s c h e n   K o n s t i t u t i o n   u n d   d e m   d u r c h
d i e   l e t z t e r e   u n t e r   g e w i s s e n   ä u ß e r e n   B e d i n g u n g e n
e r m ö g l i c h t e n   S t o f f w e c h s e l   b e r u h t.

Dadurch würde es möglich sein, die Vererbung als ökologisches Problem aufzufassen.

Nachdem ich zu solchen Schlußfolgerungen gelangt bin, erscheint es angezeigt,
noch auf die von HERTWIG[123] gegen VERWORN und CONKLIN erhobenen Einwände in
Kürze einzugehen.

Nach HERTWIG handelt es sich (S. 46) bei dem Vererbungsproblem in erster Reihe um ein Lokalisierungsproblem, da man von dem Grundsatze ausgehen müsse,
„daß bestimmte Kräfte an bestimmten Stoffen haften"; mit dieser Distinktion glaubt
er die Ausführungen jener Autoren entkräften zu können. „Es ist der uralte For-
schungsweg der Biologie, daß man zum Organ die Funktion und zur Funktion das
Organ sucht. „[…] auch die Zelle ist ein Organismus, der viele verschiedene Funktionen ausüben kann und in welcher die mikroskopische Forschung immer zahlreiche

120 [49/1] Struktur und Plasma, S. 543ff., a. a. O.
121 [49/2] Arch. f. Entwicklgsmech., XXVI, 1908, S. 688.
122 [49/3] Struktur und Plasma, S. 458.
123 [49/4] Hertwig, Der Kampf usw., S. 44ff. (Erste Gruppe von Einwänden).

Struktururteile, die man mit Recht häufig auch als Zellorgane bezeichnet, nachgewiesen hat." Geben wir das alles zu, wiewohl ja besonders die letztere Behauptung diskussionsfähig ist; so muß andererseits wieder zugegeben werden, daß besonders die Chromosomen, das uns interessierende „Organ" der Vererbung, nur ad hoc gebildet werden, wenn die Vererbungsfunktion schon im Gange ist, so daß man wohl mit Berechtigung fragen kann, ob sie nicht eher eine Begleiterscheinung dieser Funktion sind. So scheint mir nicht ganz zutreffend zu fragen, wie dies HERTWIG (S. 47) tut, worin die Funktion des Zellkernes im Gegensatze zum Protoplasma besteht, sondern ich würde es vorziehen zu fragen, in welchem Zusammenhang sich die Umwandlung des Kernes zu den Funktionen des Plasmas befinden. Bei dieser Fragestellung würden wir sicherlich weniger Schwierigkeiten bei der Bestimmung des Anteiles von „Protoplasma und Kernsubstanz" an der Lokalisation der Vererbung vorfinden, als bei der HERTWIG'schen, wie ja die in diesem Kapitel gebotenen Darlegungen zeigen. Dann würde HERTWIG auch nicht gezwungen sein, um den von CONKLIN in dem Satze:

„If hold rigidly, this theory involves the assumption, that the cytoplasm and all other parts of the cell are the products of the chromosomes, and that therefore the chromosome and not the cell is the ultimate independent unit of structure and function – an assumption which is contrary to facts"[124] gemachten Einwand zu entkräften, folgende Auswege zu suchen: 1. Daß er „die beiden Hauptbestandteile der Zelle, Protoplasma und Kern, als etwas fertig Gegebenes hinnimmt – und nur ihre Bedeutung im Zellenleben festzustellen sucht", da er ja dann auf eine Erklärung des Differenzierungsvorganges, welcher ja doch auch von der Erbsubstanz abhängen muß, verzichten und sich von der mit der Idioplasmatheorie so enge zusammenhängenden und von ihm selbst an mehreren Orten propagierten Pangenenhypothese DE VRIES' lossagen müßte; 2. Das Protoplasma „ist ja von Haus aus stets schon in Verbindung mit den Chromosomen," eine Annahme, welcher sowohl die Ruhezustände der Kerne, als auch die Sporen der Bakterien, Hefen u. a. ganz klar widersprechen. Freilich meint HERTWIG (S. 53), daß wir nichts davon wissen, ob die Kernsubstanz aus dem Protoplasma hervorgeht oder umgekehrt, aber das ist ein Satz, der in solch absoluter Fassung keineswegs Geltung hat. Auch gibt HERTWIG die Ansicht kund, daß bei der Entstehung der Kernsubstanz das Protoplasma aus einem niedriger organisierten Zustand überführt wird, was aber kann mit den Tatsachen in Einklang gebracht werden könnte. Denn „höher organisiert" ist doch soviel wie „komplizierter"; das Kompliziertere ist aber, wie ich wohl überzeugend genug gezeigt habe,[125] das Plastin.

Ich kann somit die Einwände HERTWIG'S CONKLIN gegenüber nicht für überzeugend genug ansehen.

DIE CHEMISCHE VERERBUNGSTHEORIE

Zum Schlusse mögen mir einige Worte über die physiologische Begründung der chemischen Vererbungstheorie gestattet sein, wobei ich vor allem auch wieder an die

124 [50/1] Conklin, Science, 27, 1908.
125 [51/1] Zur Kenntn. d. Natur u. Bedeut. des Plastins. Arch. f. Zellforschung, I, 1908.

letzten Ausführungen O. Hertwig's über diesen Gegenstand anknüpfen möchte. In
äußerst fesselnder und geistreicher Weise vergleicht Hertwig die Morphologie mit
der Chemie, ja nennt die Chemie geradezu eine morphologische Wissenschaft (S. 65).
Er weist auf die Grenzen der beiden Wissenschaften hin und meint schließlich (S. 67),
es werde „ein weites Zwischengebiet stofflicher Organisation übrig bleiben, in welches es weder der chemischen noch der mikroskopisch-morphologischen Analyse
weiter einzudringen möglich ist.“[126] Da müsse dann die Hypothese aushelfen, deren
Ausgangspunkt die Tatsachen der Vererbungslehre bilden und zwar eben die Idiobla-
stenhypothese. Denn die Keimzellen sind nach Hertwig nur durch ihre eigentümli-
che Organisation Anlagezellen. Ihre Gesamtanlage läßt sich als ein System von Einzelanlagen und Erbeinheiten auffassen, welche Ursachen der spezifischen Merkmale
sind (S. 68). Durch den Vorgang der Entwicklung lernen wir die Anlagen kennen,
durch Bastardationsversuche vermögen wie neue biologische Verbindungen hervor-
zurufen. Damit, meint Hertwig, ist ein Weg gewiesen, auf welchem sich vielleicht
ein besserer Einblick in das, was eine elementare Anlage ist und überhaupt in die
Konstitution des Anlagesystems wird gewinnen lassen.

Bis hierher wird man gewiß Hertwig folgen können, was er aber weiter über die
morphologischen Stützen dieser Hypothesen aussagt, indem er die Behauptung aus-
spricht, daß das Äquivalenz- und Zellengesetz der Chromosomen Maß und Zahl in
die Vererbungslehre einführt, scheint mir über das hinauszugehen, was durch Beobachtung und Experiment bewiesen wurde. Entschieden ist dies der Fall, wenn Hertwig (S. 70) die Schlußkonsequenz zieht: „Morphologie läßt sich ebensowenig durch
Chemie wie diese durch Morphologie ersetzen“ und es ist begreiflich, daß O. Hertwig in Verfolgung dieses Ideenganges, wenn auch nicht eingestandenermaßen, in die
Zauberkreise des Neovitalismus gelangt (S. 75 ff.)

Es scheint mir ja doch selbstverständlich, und nach den Darlegungen Bunge's
wohl kaum neuer Wiederholungen bedürftig, daß wir auch auf dem Forschungswege
der Chemie nicht bis auf den Grund der Lebensprobleme gelangen; aber worum sich
handelt, ist meines Erachtens die Frage, w e l c h e   v o n   d e n   h i e r
b e s p r o c h e n e n   W i s s e n s c h a f t e n ,   d i e   M o r p h o l o g i e
o d e r   d i e   C h e m i e ,   i n   d e r   B i o l o g i e   m i t B e z u g   a u f   d i e
k a u s a l e   E r k l ä r u n g s f ä h i g k e i t   f r ü h e r   a n   d e r   G r e n z e
i h r e r   L e i s t u n g s f ä h i g k e i t   a n l a n g t .

Darüber können wir nun aber in Ansehung der Erscheinungen des morphologischen Metabolismus und mit Bezug auf die Vererbung der im II. Kapitel der vorlie-
genden Abhandlung dargestellten Tatsachen in keinem Zweifel bleiben. Übrigens
zeigt uns z. B. die Gallenproduktion der Leber das richtige Verhältnis in einer selbst
für Laien klaren Weise. Die Morphologie nimmt ein jähes Ende schon bei den größten Tatsachen der Funktion dieses Organs, während der Chemie noch ein weites Gebiet übrig bleibt.

„In unserer Hypothese wird auf die besondere Organisation der lebenden Substanz ein großes Gewicht gelegt und ihr ein erklärender Wert beigemessen. Gerade
davon aber wollen manche Physiologen nichts wissen,“ sagt Hertwig (S. 56). Doch

---

126 [51/2] Der Kampf usw., S. 56ff. (Zweite Gruppe der Einwände).

nehmen gerade die Physiologen eine besondere Organisation der lebenden Masse an, die von den chemischen Einheiten k o n t i n u i e r l i c h bis zu den Morphologischen hinaufführt, also von der Chemie zur physikalischen Chemie und schließlich zur Morphologie hinaufreicht. Es handelt sich also um kein Ersetzen der Morphologie durch Chemie, sondern nur um eine Sukzession derselben, kurz etwa um dasselbe Prinzip, das HEIDENHAIN beim Muskel als Enkapsis bezeichnet hat.

Sonst scheint es mir ganz von dem Geschmacke des Forschers abzuhängen, ob er diejenigen Zustände der lebenden Substanz, welche sich zwischen den unzweifelhaft morphologischen und unzweifelhaft chemischen befinden, noch den Erscheinungen dieser oder jener doch nach dem früher Dargelegten (bes. II. Kap.) unzweifelhaft erscheinen muß, daß sie chemischen Vorgängen ihr Zustandekommen und ihre Erhaltung verdanken.

Das gilt ebenso von den Bioblasten überhaupt, als auch speziell von den Idioblasten. Ganz prägnant ergibt sich das aus einer von F. HAMBURGER [127] entwickelten Gedankenreihe, die ich nachfolgend zum Teil im Auszuge, zum Teil wörtlich zitiere.

Durch die Immunitätsreaktionen kann bewiesen werden, daß verschiedene Zellen desselben Organismus gemeinschaftliche Atomkomplexe enthalten, welche jene Reaktionen eben ermöglichen; sie charakterisieren diese Zellen als zu einer bestimmten Spezies gehörig, sie sind direkt die Träger der Arteigenheiten.

Bei der Assimilation werden die Eiweißkörper bis zum Schwinden der typischen Eiweißreaktion gespalten, bevor sie in die Eiweißform in eine andere nur dadurch übergeführt werden, daß alle Atomkomplexe voneinander getrennt und dann wieder neu zusammengesetzt werden.

Jede Zelle verbraucht bei den Vorgängen, die wir Leben nennen, stickstoffhaltige Substanzen, welche wieder erneut werden müssen; das Protoplasma muß wieder neu aufgebaut werden, wenn die Zellen am Leben bleiben oder sich sogar vermehren sollen. Das geschieht durch die Ernährung und Assimilation.

„Wollte man sich nun die Fähigkeit eines einzelligen Organismus, im Laufe der Generationen Milliarden neuer gleichgearteter Individuen zu erzeugen, morphologisch oder überhaupt materiell vorstellen, so, daß diese Fähigkeit e i n e m Atomkomplexe zukäme, der ewig und unveränderlich sich trotzdem teilte, so könnten wir uns das ohne ein Teilen und damit ohne ein Kleinerwerden dieses Atomkomplexes nicht vorstellen. V o n d e r M a t e r i e e i n e s h e u t e i n B o u i l l o n g e i m p f t e n C h o l e r a - b a k t e r i u m s i s t m o r g e n i n d e n u n g e z ä h l t e n M i l l i o n e n n i c h t m e h r e i n e S p u r; denn wenn wir auch annehmen, daß in jedem Cholerabakterium ein so und so viel Millionstel von der ursprünglichen Substanz, dem Stammindividuum, aus dem die neuen entstanden sind, vorhanden sei und auch mit dieser kleinsten Menge rechnen würden, so hätten wir doch an eines nicht gedacht, und d a s i s t d e r V e r b r a u c h a n S t i c k - s t o f f v e r b i n d u n g e n i m S t o f f w e c h s e l s e l b s t. Wir sehen also, erhalten bleibt nur die Form, – die Substanz wird verbraucht, indem aber immer nur ein Teil verbraucht wird und für diesen verbrauchten Teil gleich neue Substanz eintritt, – s o i s t d i e F o r m b i o m i s c h e S t r u k t u r ewig und innerhalb der weitesten Grenzen u n v e r ä n d e r l i c h."

---

127 [53/1] Arteigenheit u. Assimilation. Leipzig u. Wien, Deuticke, 1903, S. 22, 26, 31, 60, 62.

Auch die Geschlechtszellen besitzen die für die betreffende Art charakteristische biochemische Struktur; bei der Furchungsteilung, welche die Entwicklung des neuen Individuums einleitet, tritt wieder die Assimilation in Funktion. Die Geschlechtszelle nimmt Stickstoffverbindungen aus der Umgebung auf, preßt sie in die Artform und teilt sich dann usw.

Somit schließt HAMBURGER, daß durch die Fähigkeit der lebenden Substanz, fremde Stickstoffverbindungen in arteigene zu verwandeln die Arterhaltung und damit auch die Vererbung erklärt wird, dabei bleibt die Form in gewissen Grenzen unverändert, dagegen ändert sich stetig die Substanz selbst, s o d a ß e i g e n t l i c h n u r d i e r ä t s e l h a f t e A s s i m i l a t i o n s f ä h i g k e i t v e r e r b t w i r d (S. 64).

Auf einem ähnlichen Standpunkt stehen auch andere Forscher. Die auf einer Reihe glänzender Arbeiten beruhende Idee LOEB'S, daß die Entwicklung des Embryo aus dem Ei eine Reihe chemischer resp. physikalisch-chemischer Vorgänge ist, brauche ich, als allgemein bekannt, hier nur zu erwähnen.

FICK[128] nimmt für jedes Individuum ein spezifisches „Individualplasma" an und erklärt dessen Spezifität durch chemische Differenzen, ähnlich wie es auch HUPPERT[129] in einem etwas allgemein gehaltenen Ansatze getan hat. Das Individualkeimplasma denkt sich FICK in verschiedene räumlich getrennte Komponenten zerlegt, die vielleicht den verschiedenen Organkomplexen oder Organen entsprechen und soviel variable Atomgruppen- oder Atomstellungsmöglichkeiten geben, als es besondere Merkmale gibt und die wir uns als lebendes Protoplasma vorzustellen haben, so daß auch FICK'S Ansicht schließlich auf Stoffwechselvorgänge hinauskommt.

In analogen Ideengängen bewegen sich im wesentlichen auch die Ausführungen von ABDERHALDEN, HATSCHEK, HERBST, MONTGOMERY, RŮŽIČKA, HAECKER.

Spielen aber die Stoffwechselvorgänge die Hauptrolle, so ist nach dem oben Angeführten offenbar, daß die den Idioblasten beigelegten Eigenschaften nur auf Grund chemischer Vorgänge erhalten werden, womit die chemische Theorie der Vererbung wohl begründet erscheint.

Auf die nähere Erklärung der Vererbungstatsachen auf Grund dieser Fundamentalannahme möchte ich nicht eingehen, obwohl diesbezüglich besonders die geistvollen Hypothesen FICK'S (l. c.) und HATSCHEK'S[130] vorliegen, auf welche hiermit verwiesen sei.

Es ist indessen nicht zu verkennen, daß der chemischen Erforschung der Vererbungsvorgänge ein weites Gebiet völlig unbearbeiteter Beziehungen offen steht, in welches einzudringen der Zukunft vorbehalten bleiben muß. Wir müssen uns vorläufig mit der Erkenntnis zufrieden geben, daß die Annahme einer chemischen Begründung des Vererbungsgeschehens den heute bekannten Vererbungstatsachen am besten zu entsprechen scheint.

128 [54/1] Üb. d. Vererbungssubstanz. Arch. f. Anat. u. Physiol. Anat. Abt., 1907. - Arch. f. Anat. u. Entw., 1905, Suppl.

129 [54/2] Üb. die Erhaltg. d. Arteigenschaften. Prag, Calve, 1896.

130 [55/1] Hypoth. der organ. Vererbung. Lpzg., Engelmann, 1905.

ON THE NEED OF SYNTHESIS WITHIN THE ANALYTICAL DIRECTION OF CONTEMPORARY GENETICS[1]

(O nutnosti syntézy v analytickém směru dnešní genetiky)

Edward B a b á k

Issues of heredity and variability became a subject of investigation for modern biology only about twenty years ago.[2] Despite that, some outstanding results have been achieved when – in contrast to earlier descriptive methods – this area of biology adopted experimental approach, such as has been used in physiology. Various types of experiments enabled the extensive *analysis of an individual in relation to its ancestors*, and even – and this results from a successful analysis similar to those used in physics and chemistry – to *anticipate* characteristics of the offspring of given individuals.

The most noteworthy result of the analytic research of modern genetics is that it succeeded dividing an individual into a sum of traits which behave more or less independently. If we wanted to use a comparison (which is only an approximation), we could think of it in terms of analysis of larger organisms in terms of cells as building units. This analogy can also help us to point out a shortcoming of modern genetics, a deficiency which is the subject of the present article. Many biologists forget that an organism is not only a mere *sum* of cellular building units but rather an integrated, unified *system*. And similarly, after successfully breaking an individual down into genetic units, it is often forgotten that an individual is not just their sum, but rather *an integrated, unified system*. And this is what we shall address in the following.

An individual is a complex phenomenon regarding its shape and function, as well as its basic potential and its realisation, in the form of its lifelong development all the way until its death. Just as morphology analyses an individual of a given species down to its most minute parts, just as physiology investigates the function of the very minute organs down to cells and their parts, so one should analyse an individual in a historical sense, and relate its form to its parents and ancestors.

Individual qualities in this sense have been most adequately defined by *Johannsen*. The concrete personal properties are *reactions* of an innate *constitution to exter-*

---

1   Edward Babák, *O nutnosti syntézy v analytickém směru dnešním genetiky*, in: Biologické listy (Biological Letters) 4, 1916, pp. 202–205.

2   [202/*] Mendel's research and some other work is of an older date but it was either overlooked or remained isolated.

nal condition of lifes. If we are able to define and eliminate those aspects of the external appearance of an individual – its *phenotype* – which result from a random constellation of external factors, we reach its *genotype*, that is, a totality of constitutional elements called *genes.* We should view genes as elementary 'agents or factors' of heredity, not as 'causes' or some sort of 'seeds' of traits, material causes from which traits develop or grow. Unfortunately, we find this erroneous concept of genes often even in the scientific literature. Indeed, it may sometimes seem that some gene is almost a self-sufficient foundation of some characteristic (e.g. the brown colour of iris is conditioned by a gene whose absence leads to the occurrence of 'blue eyes'). Yet, very often two or more (and we know of cases where it is five) genes lead to the appearance of some property, and sometimes a gene can play a role in the creation of various characteristics (so, for example, we know a case where a gene conditions both the colour of the juice and the hairiness of petals). Similarly, one property can be conditioned by two or three genes independently. All of this shows that a gene has a close but not immediate relation to an realized characteristic: a *characteristic* develops as a *reaction of a gene*, an innate constitutional element, to factors of particular living conditions. We observe here a process of an unfolding of a potential rather than development in its usual sense. And cases where the realization of some characteristic seems to be conditioned by the *entire genotype foundation*, and not its individual parts, show that this process is often extraordinarily complex. (Here we find conditions rather reminiscent of the complex qualities of modern psychology, and even in the physiology of functions we could find analogies, but this is not the place to go into this point. I intend to elaborate on it in the future, and I will briefly mention it at the end of this article.)

Analytic research investigates particular genetic *elements* of innate *constitution*, that is, of a *genotype.*

A genotype, however, is not just a sum of *genes*, i.e. of *internal conditions* leading to a joint *reaction to external conditions* in producing a particular individual phenomenon. The facts that a particular characteristic can be related to more than one gene, and, reversely, one gene can take part in the development of quite distinct characteristics, point to a special and intimate connection between the elements of constitution. We could also mention the correlation between an individual's characterists that become realized or suppressed in the course of its development, and note the existence of phenomena of lineal variability, of discontinuous variability, and of 'alternative' variability.

One has to recognize the existence of a more or less stable *organisation of genes* within the whole innate constitution. We may imagine this to be similar to the organisation of shape and function of a developed individual, as a harmonically integrated system giving a unified reaction to external conditions and aiming the a preservation of the whole. This visible organisation is, of course, quite different from a hypothetical organisation of the genotype, since what we find in a developed body as realized characteristics are in a genotype mere potentials, sings, their symbols or internal conditions.

This organisation of genes also reacts as a unified living system to the influences of the conditions of life of the foetus. Which of the many possibilities relevant to each characteristic will in fact *become realized* is influenced not only by *external* factors but also, and perhaps much more importantly, by the *relationships between internal conditions* as determined in the constitution. Genetic organisation is a world of its own, a microcosm. But it is definitely a cosmos, not a chaos.

Atomistic research is an essential vehicle for the development of genetics. Morphology, physiology, and psychology first had to follow the example of chemistry, and began with the decomposition of their subject, with breaking it down into its elementary, smallest particles. But even in *physiology*, it was soon felt that this atomisation should be replaced by investigation of functions of a living *whole*, which is so marvellously integrated. We cannot begin to understand the real behaviour of an organism within its living environment if we look – and some almost triumphantly tower – at the fragments into which our analysis broke a living body. It is essential to undertake a *synthesis* of these elementary pieces of knowledge. Only such a synthesis can give the final result, a real success. A synthesis based on previous analysis will also reveal areas of research which remained hidden from research through analysis, decomposition. *An organism seen as a living whole displays new qualities that cannot be detected on the level of elementary phenomena of life.* It is the same case in *psychology*, which too, and with full right, carried out to the maximal extent possible an atomisation of psychological phenomena; we can see the results of excessive analytical efforts here, too. Many psychologists, even outstanding ones, forgot that this was just one, however justified, direction of research, and regarded the results of this one-sided effort as the pinnacle of success. But modern psychology is going through a fertile period, and adopting a synthetic approach, which is bringing outstanding research results.

In a science as modern as genetics, it would be a grave mistake to disregard the necessity of synthesis; the more so since we can find both encouraging and warning examples in related sciences, and can see where both the one-sided and the unifying approach can lead.

It is not my intention to claim that the need of synthetic approach has not been recognized sometimes. One could quote numerous articles that show dissatisfaction of some scientists with the existing analytic research. But in the area of morpho-physiology, geneticists are being trapped in the same illusion that affected the work of systematicists in morphology, that is, they tend to regard the concepts to which they arrived by analysis or their incomplete synthesis as objective rality (e.g., arguments about the content of the 'species' concept often take a full fledged ontological character).

Persons cognizant of the genetical literature will share my view that the concept of a 'gene', for example, became for many an almost materially existing thing; it is being treated in a way which betrays a lack of awareness of how this concept came into being. Physiologists have a greater immunity against such misconceptions. They investigate functions, processes, and terms derived from these do not so easily lend themselves to objectification. Yet, genetic issues are to a large extent also physiological. In physiology, it is much more common than in morphology to take into account the whole of an organism. After all, a physiologist distinguishes separate functions only for the sake of ease in particular investigation, and even an innate constitution of an embryo strikes a physiologist not as a collection of foundations of describable characteristics of a developed organism but rather as living architectonics of internal developmental conditions which react to external factors. A formulation of the concept of the gene should capture something that is only a little more persistent in the continuous flow of phenomena.

DER GEGENWÄRTIGE STAND DES MENDELISMUS UND DIE LEHRE VON DER SCHWÄCHUNG DER ERBANLAGEN DURCH BASTARDIERUNG[1]

(The Actual State of Mendelism and the Teaching of the Weakining of the Hereditary Dispositions Through Hybridisation)

Armin von Tschermak–Seysenegg

I

Als G. M e n d e l's Vererbungsregeln, der Satz von der Dominanz oder gesetzmäßigen Ungleichkeitswertigkeit der zunächst als Konkurrenten aufgefaßten elterlichen Merkmale und der Satz von der Spaltung oder selbstständigen Wertigkeit und freien Kombinierbarkeit der Einzelmerkmale, durch C. C o r r e n s, E. v o n T s c h e r m a k und H. d e V r i e s (1900) gleichzeitig und unabhängig wiederentdeckt und durch neue Beobachtungen erhärtet worden waren, da mochte mancher das Vererbungsproblem schon als nahe bis zur vollen Lösung gebracht ansehen und das Weitere sozusagen als Sache angewandter Kombinationsrechnung betrachten. Allerdings hatte bereits G. M e n d e l selbst an Habichtskräutern, die jedoch zum Teil wenigstens zu ungeschlechtlicher bzw. apogamer Fortpflanzung neigen, gewisse Eigenschaften gefunden, die nicht zu spalten schienen. Auch brachten M a c f a r l a n e, d e V r i e s, E. v o n T s c h e r m a k, M i l l a r d e t u. a. manche analoge Beobachtungen bei. Doch hatte die häufige Unfruchtbarkeit gerade solcher Bastarde die Frage nach dem Vorkommen von Nicht-Spalten oder besser gesagt von nicht-spaltenden Eigenschaften hinter der sich stets mehrenden Fülle von Spaltungsfällen zurücktreten lassen. Ja, so mancher Forscher war geneigt, das Vorkommen einer solchen dem Mendeln anscheinend eintgegengesetzten Vererbungsweise überhaupt zu bezweifeln. So meinte W. J o h a n n s e n, daß überhaupt kein sichergestelltes Beispiel von Nichtspaltung eines Bastards mit normaler sexueller Fortpflanzung vorliege.

Schon auf dem Gebiete des Mendelns hatte sich bald eine weit größere Komplikation als tatsächlich bestehend herausgestellt, als es zunächst theoretisch zu erwarten war. So erwiesen sich manche zunächst selbstständig erscheinende Eigenschaften bzw. Anlagen als absolut oder wenigstens relativ verkoppelt, andere als einander ab-

1 Armin von Tschermak-Seysenegg, *Der gegenwärtige Stand des Mendelismus und die Lehre von der Schwächung der Erbanlagen durch Bastardierung*, in: Naturwissenschaftliche Wochenschrift N. F. 17, 1918, Nr. 43, pp. 609–611.

stoßend (B a t e s o n). Ferner wurde vielfach als Grundlage eines scheinbar einfachen Unterschiedes zweier Formen eine Mehrzahl von selbstständigen, frei kombinierbaren oder isolierbaren Teilursachen oder Elementarfaktoren (G. M e n d e l, C u é n o t, C o r r e n s, B a t e s o n, B a u r, E. v. T s c h e r m a k u.a.). Besonders wurden in zahlreichen Fällen quantitativ abgestufte Unterschiede auf eine Mehrzahl von Anlagen oder Faktoren von kumulativer, speziell gleichsinniger Wirkungsweise zurückgeführt – ein als sehr fruchtbar bewährtes Prinzip (N i l s s o n – E h l e, E a s t, S h u l l).

Auf Grund der eben kurz bezeichneten Erkenntnisse wurde die zunächst geübte äußerliche Merkmalanalyse der Elterntypen – die allerdings für den praktischen Züchter stets die erste Aufgabe bleiben wird – zur innerlichen Analyse nach Elementaranlagen oder Faktoren fortgeführt. Man vertiefte damit die Beschreibung der äußerlichen oder scheinbaren Vererbungsweise. Der Unterschied der beiden Elterntypen wird nicht mehr in je zwei positiven Eigenschaften erblickt, die paarweise einander gewissermaßen als Konkurrenten gegenüberständen, sondern auf Besitz und Mangel einzelner Elementaranlagen, Faktoren oder Gene zurückgeführt (C u é n o t, C o r r e n s, B a t e s o n, P u n n e t). Man lernte konsequent unterscheiden zwischen der äußeren persönlichen Erscheinung, dem sog. Phänotypus, und der inneren Veranlagungsweise, dem sog. Genotypus. Ja, man faßt gegenwärtig die äußere Erscheinung des Einzelindividuums überhaupt auf als eine Funktion von erblicher Veranlagung und von Wirkungen der Umwelt; man setzt „Merkmal" und „Gen" nicht einfach parallel. Dementsprechend wird streng unterschieden zwischen äußerlicher, züchterischer Konstanz oder Reinheit d. h. voller Gleichförmigkeit im Anlagenbestande oder wahrer H o m o z y g o t i e, wie sie einen sog. B i o t y p u s nach J o h a n n s e n charakterisiert. Innerhalb einer solchen Elementargruppe vermag, wie nebenbei bemerkt sei, künstliche Zuchtwahl keinerlei Fortschritt mehr zu bewirken; der durch Selektion an einem Gemisch erzielbare Fortschritt erweist sich als ein bloß scheinbarer und beruht auf fortscheitender Reinigung und Isolierung bestimmter Elementargruppen aus dem bisherigen Gemenge (J o h a n n s e n).

Es wurden ferner Formen erkannt, die reaktionsfähige, doch äußerlich nicht wirksame Faktoren in sich tragen – Formen, die einerseits trotz erheblicher Anlagenverschiedenheit gleich aussehen können, die anderseits jedoch bei Kreuzung untereinander oft sog. Neue Merkmale in gesetzmäßiger Weise hervortreten lassen (E. v. T s c h e r m a k, B a t e s o n). Es gilt dies beispielsweise von gewissen glattblättrigen wie behaarten weißblütenden Levkoienrassen. Die sog. K r y p t o m e r i e solcher Formen ließ sich zunächst auf Verteilung an sich unwirksamer Teilanlagen oder auf Hemmung oder Verdrängung einer Anlage durch eine andere beziehen (C o r r e n s, S h u l l, E. v. T s c h e r m a k). Bald fügten weitere Untersuchungen die Erkenntnis hinzu, daß nicht bloß Wegfall eines Faktors aus einem wirksamen Verband, sondern auch schon das bloße Aufhören einer bisher bestandenen Wechselwirkung oder Assoziation von Anlagen – also eine sog. Dissoziation von Faktoren – zu Fehlen ihrer bisherigen Wirksamkeit bzw. zu Andersartigwerden der äußeren Erscheinung wie Farbloswerden oder Andersfarbigkeit führen kann. In anderen Fällen scheint ein assoziatives Unwirksamwerden bisher dissoziiert wirksamer Faktoren vorzukommen. Das Ergebnis ist eine Kryptomerie durch Änderung des wechselseitigen

Verhaltens von Faktoren, durch Dissoziation oder Assoziation (E. v. T s c h e r- m a k).

Eine recht interessante Komplikation der mendelnden Vererbungsweise scheint in gewissen Fällen ferner dadurch gegeben zu sein, daß die eine oder die andere Art von Zeugungszellen durchwegs oder zur Hälfte einer typischen Rassenanlage völlig entbehrt. Speziell wird zur Erklärung des verschiedenen Ergebnisses reziproker Kreuzung (♀ A kontra ♂ gegenüber ♀ B kontra ♂ A) in vielen Fällen eine Erzeugung von zweierlei Eizellarten angenommen, die je nach weiblicher oder männlicher Bestimmung faktoriell verschieden seien (Theorie der geschlechtsgeschränkten Vererbung nach D o n c a s t e r u n d R a y n o r, D a v e n p o r t, M o r g a n, W i l s o n u. a.).

II

Einen neuen Schritt vorwärts führt nun die kürzlich von A. v. T s c h e r m a k[2] durch Kreuzungsversuche an Hühnerrassen begründete Vorstellung, daß im Anschlusse an Bastardierung auch der Zustand der einzelnen Anlagen nachhaltig geändert, ihre Entfaltungsstärke geschwächt werden kann. Infolgedessen ergeben sich Formen, die – insofern ihnen gewisse Eigenschaften mangeln – äußerlich gleich, geradezu züchterisch rein erscheinen, innerlich jedoch dadurch verschieden sind, daß der einen gewisse Anlagen oder Gene völlig fehlen, während diese der anderen Form in geschwächtem Zustande zukommen. Dieses Verhalten sei als genasthenische Kryptomerie bezeichnet. Bezüglich gewisser Anlagen geht die Schwächung so weit, daß die für typische Vollwertigkeit geltenden Zahlenverhältnisse – bei der von der zweiten Bastardgeneration an eintretenden Mehrgestaltigkeit oder Spaltung – eine bis zur Umkehrung führende Abänderung erfahren, so daß statt der Relation 15:1 die Verhältnisse 12:4, 11:5, 9:7, 7:9, 5:11, 4:12, endlich 1:15 zur Beobachtung gelangen. Dieser auf Umkehrung abzielende Wechsel des Spaltungsverhältnisses läßt sich darauf zurückführen, daß auch in diesen Fällen zwar alle überhaupt möglichen Kombinationen der Anlagen in den Zeugungs-, bzw. Befruchtungszellen gebildet werden – genau so wie beim typischen, auch äußerlich kenntlich Mendeln. Infolge der Schwächung der Anlagen ist jedoch die Äußerung der sonst durch die betreffenden Gene bedingten Eigenschaften auf bestimmte Kombinationen eingeschränkt, speziell auf solche, in denen die Anlage (A oder B) von beiden Zeugungszellen („dichogametisch") beigebracht wird; beispielsweise ist A und B dichogametisch gegeben in der Kombination ABAB, A dicho-, B haplogametisch in ABAb, A und B haplogametisch in Abab usw.– In Grenzfällen geht die Schwächung so weit, daß überhaupt in keiner Kombination – auch nicht in ABAB – die Eigenschaft merklich wird, vielmehr an allen Nachkommen äußerlich fehlt. Dabei sieht es – äußerlich betrachtet – so aus,

2 [610/1] Vgl. die ausführliche Veröffentlichung von A. v. T s c h e r m a k, Über das verschiedene Ergebnis reziproker Kreuzung von Hühnerrassen und über dessen Bedeutung für die Vererbungslehre (Theorie der Anlagenschwächung oder Genasthenie). Biologisches Zentralblatt, Bd. 37, Nr. 5, 1917, S. 217–277.

als ob keine Spaltung erfolgte, obzwar auch hier eine Mendel'sche Aufteilung anzunehmen ist; es folgt daraus äußerliche Konstanz bei innerlichem Mendeln. Den Beweis für diese Auffassung liefern Fälle von vereinzelten Wiederauftreten der sonst fehlenden stammelterlichen Eigenschaften, Fälle von sog. Spontanem Atavismus – eine Folge von sprunghaftem Wiedererstarken der zunächst geschwächten Anlagen.

Damit ergibt sich ein Übergang vom äußerlichen Nichtspalten gewisser Bastarde oder Bastardeigenschaften zum äußerlichen Mendeln. Bezüglich der inneren oder faktoriellen Veranlagung, also des Genotypus, gilt in beiden Fällen das M e n d e l s c h e Prinzip, d. h. die faktorielle Spaltung durch Bildung aller überhaupt möglichen Kombinationen von Genen. Bezüglich der äußeren Erscheinungsweise oder Ausprägung von Anlagen zu Merkmalen, also des Phänotypus, besteht beim äußerlichen Mendeln Verschiedengestaltigkeit oder sichtliche Spaltung, beim Nicht-Mendeln äußerliche Gleichförmigkeit, welche faktorielle Verschiedenheit verdeckt.

Das eben allgemein Abgeleitete stütz sich auf umfangreiche Beobachtungen A. v. Tschermak's, die – bis Winter 1916/17[3] – 161 Bastarde der Hühnerrassen Kochinchina gelb, Minorka weiß, Plymouth Rock, Italiener Rebhuhnfarben, Langshan und die Vererbungsweise von 32 Merkmalen (im Detail von 5) betrafen und durch 3–4 Generationen systematisch verfolgten. Es ergab sich dabei einerseits ein Hervorgehen verschiedenen aussehender und auch verschieden vererbender Produkte aus reziproker Kreuzung, ferner Umkehrung der Spaltungsverhältnisse, in denen von der zweiten Generation ab (F_2 = Filii secundi ordinis) die verschiedenen Typen unter der Nachkommenschaft auftreten, wobei es selbst zum völligen nachdauernden Verschwinden des einen Elterntypus kommen kann. – Der Beweis für obige Ableitungen aus diesem Verhalten ist dadurch besonders zwingend, daß es dieselben Rassen sind, deren Bastarde in der einen Verbindungsweise typisch mendeln, in der anderen Verbindungsweise hingegen mehr oder weniger ausgesprochene Umkehrung des Spaltungsverhältnisses, ja zum Teil Ausbleiben von Spaltung, d. h. dauernden Wegfall bestimmter Merkmale erkennen lasse. Beispiele dieses Verhaltens gibt folgende Gegenüberstellung, in der die beobachteten und die theoretisch erwarteten Verhältnisse recht gut übereinstimmen.

---

3   [610/2] Die seitherige Fortführung der Versuche, wenn auch in bescheidenem Umfange, hat durchaus entsprechende Ergebnisse geliefert, über welche bei anderer Gelegenheit berichtet werden wird.

I. Generation (F₁):

Kochinchina ♀ x Minorka ♂   Minorka ♀ x Kochinchina ♂

Breiter Kamm (♂)   einfacher Kamm (♂)

Vollpigmentiert (♀)   teilpigmentiert (Neuheit)

Braun (♀) mit schwarz als Neuheit   weiß (♀) mit etwas schwarz als Neuheit

Befiederte Schäfte (♀)   nackte Schäfte (♀)

Beinfarbe teils gelb (♀), teils grau (♂)   graue Beinfarbe (♀)

II. Generation (F₂)

breit: einfach   breit: einfach

= 15:I (beobachtet)   = I:15 (beobachtet)

(**15:1** erwartet)   (**1:15** erwartet)

vollpigmentiert: vollpigmentiert:

teilpigmentiert: weiß   teilpigmentiert: weiß

= 9:4:3 (beobachtet)   = 0:15:7 (beobachtet)

(**36:12:16** = **9: 3: 4** erwartet)   (**0:45:19** erwartet)

schwarz: braun: weiß   schwarz: braun: weiß

= 12:I:3 (beobachtet)   = 10:5:7 (beobachtet)

(**45:3:16** erwartet)   (**27:18:19** erwartet)

befiedert: nackt   befiedert: nackt

= 14:2 (beobachtet)   = 0:22 (beobachtet)

(**15:1** erwartet)   (**0:n** erwartet)

gelbbeinig: graubeinig   gelbbeinig: graubeinig

= 11:5 (beobachtet)   = 5:11 (beobachtet)

(**11:5** erwartet)   (**5:11** erwartet)

Bei seinen Kreuzungen absolut reiner Rassen fand A. v. Tschermak, daß der Vatertypus die Form des Kammes, der Muttertypus die Ausbreitung und Verteilung des Pigments sowie den Farbenton, ebenso die Befiederung oder Nacktheit der Schäfe bestimmt. Es ergibt sich also ein deutlicher Einfluß des Geschlechts der Stammeltern auf die Ausprägung der Erbanlagen.

Einer besonderen Beantwortung bedarf noch die Frage, wodurch es in gewissen Fällen zu der geschilderten Schwächung bestimmter Anlagen kommt, so daß ihre Entfaltungsstärke selbst bis zur Unmerklichkeit gemindert werden kann. Die Theorie A. v. Tschermak's gibt darauf folgenden Bescheid. In der durch Bastardierung, d. h. Verschmelzung zweier verschiedenen veranlagter Zeugungszellen oder Gameten hervorgegangenen Befruchtungszellen oder Zygote unterliegen alle jene Anlagen einer Gefährdung, in gewissen Fällen einer Schwächung, welche nur von der einen Zeugungszelle eingebracht wurden. Der sozusagen einschichtige oder haplogametische Zustand bedeutet eben eine Gefahr für Entfaltungsstärke oder Valenz einer Anlage, während bei der normalen reinzüchtigen oder homozygotischen Befruchtung die Erbanlagen in voller rassetypischer Stärke erhalten bleiben. In letzterem Falle werden sie ja von beiden Zeugungszellen in gleicher Weise beigebracht. Die Fremdbefruchtung in gleicher Weise beigebracht. Die Fremdbefruchtung stellt nach dieser Auffassung nicht bloß eine Quelle der Bildung neuer Formen dar – infolge Erzeugung aller möglichen Kombinationen von Anlagen bzw. infolge Verknüpfung stammelterlicher Eigenschaften oder Hervortreten neuer solcher; die Bastardierung bildet vielmehr zugleich ein Mittel zur Schwächung einseitig vererbter Anlagen, also zur äußeren Ausmerzung gewisser Eigenschaften. So mögen u. a. beim Menschen auch krankhafte Anlagen im Anschlusse an eine relativ fremdstämmige Verbindung nachdauernd verschwinden.

Man darf wohl, ohne unbescheiden zu sein, die Hoffnung aussprechen, daß die eben kurz entwickelte Lehre von der Anlagenschwächung durch Bastardierung, die als „Theorie der hybridogenen Genasthenie" bezeichnet werden kann, noch zu bedeutsamen Ergebnissen auf dem hiemit neu erschlossenen, fruchtbaren Spezielgebiete der experimentellen Vererbungsforschung führen wird.

THE IMPORTANCE OF MENDEL IN BIOLOGY [1]

(K významu Mendelově v biologii)

Edward B a b á k

Attempts to penetrate the mysteries of human origins and of creation in general are among the most daring endeavours of the human spirit. The notion that all beings, with man at the pinnacle, developed over immense aeons by a temporal sequence of continuous changes, is based among others on the evidence of v a r i a b i l i t y of contemporary organisms. Lamarck and Darwin, above all, each in a different sense and to a different extent, emphasised that variability, and adaptability of organisms are the fundament of the idea of e v o l u t i o n.

Changeability, variability, arises from i n t e r n a l causes residing in the c o n s t i t u t i o n of living beings, from their nature itself. We can detect these for example when a particular plant or animal crossbreeds either with a closely related organism, or with a somewhat different organism belonging to a different race of the same species or at least to another "type" etc. – depending on what we name the differences smaller than those between species or races. But living beings can also change due to e x t e r n a l causes, for example, when a number of embryos from the same family line are subjected to different living conditions during their development. In such cases, we speak of externally i n d u c e d variability.

In specific cases it is not always easy to decide whether we see the result of one or the other kind of variability. One has to carry out experimental studies. Variability obtained from a stock, from inborn constitution, is certainly of a greater value from an evolutionary point of view, since it will persist in subsequent generations and will be the cause of their variability. In the case of induced variability we cannot without predict whether it will be carried over to the offspring who were not subjected to those transformative external influences due to which the parent generation developed differently. Concerning this question, Lamarck for example allowed for some kind of a hereditary variability, and even Darwin admitted it to a degree, but modern experimental biology has made such a notion most unlikely.

As we shall see below, new findings show that the so-called "fluctuating, c o n t i n u o u s, l i n e a l o r p l u s – m i n u s variability" that accounts for the merely quantitative, gradual differences between the members of one species (or even

1   Based on a lecture given by Edward Babák in the Naturalist Club in Prostějov on November 12, 1922 and published in: Příroda (Nature) 15, 1922, No. 9, pp. 313–318.

race, type, etc.), is primarily due to differences in the "living situation" in which the germs (even if they are of the same constitution) evolved from the beginning of their development. Thus, in insects, for example, one can, by using varying temperatures, experimentally grow from the same family line all sorts of gradual variations between the two extreme forms corresponding to extreme temperatures.

Darwin focused on this gradual i n d i v i d u a l variability, and used it to develop an idea of forces that condition the development of all organisms. He believed that even a small individual variation that endows an individual with a better chance in the struggle for survival, may help to preserve it and enable it to breed so that the off-spring inherit this, however small, variation, and that the passing of generations em-phasises and strengthens this feature. This leads then to differences of character be-tween races and species. In Darwin's work, the notion of "natural selection" was de-rived from the artificial selection that people apply when breeding, hybridising do-mesticated plants and animals; only that in nature, the selecting agent is the struggle to survive.

Darwin thought that in both cases one can, in generations foolowing each other, enforce and strengthen the relevant traits by selection; traits will be transmitted from one generation to the next by the force of heredity.

Galton's research supported Darwin's concept of heredity also as it raises the pos-sibility of individual variations producing differing types. He showed that plants grown from heavier pea seeds had a tendency to yield heavier seed, and conversely plants from lighter seeds. Breeders' experience showed that it is also true for horses, dogs, etc. Statistics pertaining to some selected English families seemed to support the idea that it applies to humans, e.g. individual differences in height can arise through heredity.

Following Darwin's thinking, Weismann developed subsequently a sophisticated theory of heredity and selection. However, until the end of the 19th century, no groundbreaking research was carried out on the basic presuppositions of the theory of evolution, and this is particularly true for the Darwinian approach to evolution. Men-del's experiments are of course the well known exceptions.

In the 1860s, Gregor Mendel performed numerous experiments, focusing on c r o s s b r e e d i n g of different varieties of sweet peas. As a naturalist, he was keenly interested in the results of the crossing of traits in hybridisation. It was not, however, Mendel's intention to use his results as an experimental test of the founda-tions of far-reaching biological theories. And yet, thanks to felicitously chosen mate-rial and a fortunate choice of questions, his results proved to be of a far-reaching im-portance, mainly due to their clarity and transparency. Based on his results, Mendel was able to p r e d i c t the ratio of various hybrids arising from particular parent types. His experiments with hawkweed and bees have, however, failed due to reasons only later understood. Unfortunately, his paper published in Brno remained almost unnoticed, and only in the beginning of the 20th century was re-discovered, and, importantly, confirmed to a large degree by the experimental work of botanists De Vries, Correns, and Tschermak.[2]

Mendel crossbred two differently shaped kinds of sweet pea, that were closely related but differed mainly in the colour of their flower: he crossed a plant with violet flowers with one with white blooms (P = parental generation), and ontained a first generation of offspring, F_1(filial), with light violet flowers. Next generation, however, F_2, derived by further crossbreeding, showed flowers in three colours, namely one quarter of plants had violet, two quarters light violet, and one quarter white flowers. It was, of course, previously known that in further crossing of hybrids original shapes and colours reappear, but only Mendel's meticulous research revealed that the mutual proportions of the offspring follow a rule. It is therefore evident that in the second generation of hybrids one regains the original "pure" types (25% of each) of the parental generation. Each of these variants, if bread only amongst within itself, will produce permanently non-hybridised, pure offspring, while one half (50%) of individuals of the F_2 generation are hybrids identical to the F_1 generation, this in generation F_3 will again produce three variants in a ratio 1:2:1. Mendel also discovered that if the first generation of hybrids resembles one of the parents, a different but also predictable ratio will hold among them. Thus, for example, if these hybrids resembled their father in F_1, in F_2 we will find 3 quarters offspring taking after the father and 1 quarter after the mother – in this case, we say that the paternal trait, thus exhibiting itself, is dominant with respect to the recessive maternal trait.[3]

By later research, these findings were verified even in humans, so that for example dark eyes (dark pigmentation of the iris) is a dominant trait with respect to recessive blue eyes. Therefore, in a family where both parents have blue eyes we find only offspring with blue eyes; a blue-eyed and a dark-eyed parent will have one half of blue-eyed and one half of dark-eyed offspring, and dark-eyed parents have 3 quarters of dark-eyed and one quarter of blue-eyed offspring. It is especially interesting that Davenport's meticulous statistical research showed that mental and nervous defects in human families are recessive, so that about 1 quarter of the offspring will inherit the defect if an affected person marries a healthy one. Unfortunately, as long as their defect is hidden (and that holds for 2 quarters of the offspring, see above the case of blossom colour) we cannot decide among members of affected families whether they are affected or not, since nothing in their appearance distinguishes them from the last quarter of the offspring, who are healthy both in their appearance and their character. Similarly, deafness is a recessive trait, and also needs to be taken into account in cases of possible marriage. On the other hand, where the illness or anomaly is a dominant trait (for example harelip), a healthy, thus normal person can without any danger unite with a normal person from the affected family.

Obviously, Mendel's experiments with sweet peas are of a far-reaching importance. Mendel himself expanded them with his plants with two up to seven traits. For

---

2   [314/*] For more on this topic, reader might wish to peruse articles by Hykš and Iltis, published in this volume.

3   [315/1] For more we refer the reader to an article by Brožek, published in this volume, and his work "Zušlechtění lidstva" (Improvement of Humankind) published by Topič Publishing.

a higher number of traits, the calculations of ratios are very complex: already with two traits appearing in conjunction, e. g. in peas with seeds either yellow and round or green and angular, where yellowness and roundness dominates over greenness and angularity, the ratio of the offspring is 9 yellow & round : 3 green & round : 3 yellow & angular : 1 yellow & angular.

M e n d e l's   r u l e s   thus describe the manner in which various traits – colour, shape, size, movement, peculiarities of metabolism, psychological traits, etc., both in plants and in animals – "carry over" to the offspring. Numerous experiments over the last 20 years verified the validity of these rules, and consequently the modern "physiology   of   g e n e t i c s" has developed mainly along Mendelian rules. F u n d a m e n t s, p r e d i s p o s i t i o n s   to the development of traits contained in germs, could and have thus become a subject of practical research in natural science.

Let us now proceed to a very general outline of the theoretical results which were achieved in modern times through research inspired by Mendel's above-mentioned discoveries. We shall focus in particular on the key notions of genetics.

We have already noted that Darwin ascribed an evolutionary value to individual lineal aberrations (of fluctuating variability), that is, he saw in them agents that influence the gradual evolution of organisms. Both the experience of breeders and Galton's research seemed to support this view. At the beginning of this century, however, Johannsen, a Danish geneticist, carried out experiments that deprived this view of its very foundation. He showed that in order to study the heritability of any given characteristics, one should not work with individuals chosen from a random collection of individuals, with "p o p u l a t i o n s" but rather with individuals chosen from "p u r e   l i n e s", that is, from family lines that were started from an individual propagated by self-fertilisation, that is, research subjects need to be "pure" and non-hybridised. Only then, when he bred – almost as if taking chemistry, which only then started developing, as his model, and preparing "pure" substances for his experiments – genetically "pure" germs, he found that an increased weight of seed of parental generation did not lead to an increase in the weight of seed yielded from daughter generation. He noted that the weight of seed of the daughter generation (bred from heavy and light seed alike) reverts to the average. O n e   c a n n o t   b r e e d   n e w   t y p e s   f r o m   p u r e   l i n e s. If, however, we mix beans from different family lines, for example five different pure lines, and then select the heaviest seed and the lightest seed, it can happen that a heavy seed chosen from such mixture (i. e., population) belongs to a heavy-seeded family line, and will yield heavier seed in breeding. The same holds for the lightest seed. And, importantly, Galton was choosing his examples from impure family populations.

It follows that o v e r   p e r s o n a l   c h a r a c t e r i s t i c s   are basically n o t   h e r i t a b l e. If we use selection to shift a type in a certain direction, the characteristic we follow is based on the constitution we randomly picked when choosing on the basis of appearance. We cannot, however detect the constitution just on the basis of the appearance of an adult organism – we can study it only by breeding.

C h a r a c t e r i s t i c s,   t r a i t s   d e v e l o p   in an individual due to an inherited c o n s t i t u t i o n   and through the effects of external influences that charcterize its living conditions. T r a i t s   a r e   r e a c t i o n s   o f   t h e   i n-h e r i t e d   b a s i s   t o   t h e   i n f l u e n c e   o f   e x t e r n a l   i n f l u e n c e s. What we observe in higher organisms is their p h e n o t y p e thast originated from an inborn g e n o t y p e. Individuals belonging to the same fa-mily line, i.e., same genotype, can produce a variety of phenotypes if their living conditions sufficiently differ. And on the other hand, individuals from different family lines (i. e. different genotypes) developing under a particular kind of conditions, can yield almost identical phenotypes. Genotype is a set of agents congenital to the constitution of the germ, that is, a set of so-called g e n e s. Genes are genetic units which together with external factors influence the development of individual characteristics. – The realized traits of a developed organism are represented in the embryo only as internal conditions, and only the outcome of their conflict with external factors determines whether certain properties will or will not develop.

When an ovum and a sperm unite and form a zygote (i. e., a fertilised egg), we call this a h o m o z y g o t e if the two elements united in fertilisation belong to the same genotype. If they belong to a different genotype, they give rise to a h e t e r o z y g o t e, which then develops into a b a s t a r d, h y b r i d, c r o s s b r e e d (a heterozygotous being).

H e r e d i t y is then not the transfer of traits from ancestors to their offspring. It represents an i d e n t i t y   o f   g e n e s of parents and offspring. What is inherited is a genotype: the development of traits, properties of that develop into a phenotype is co-determined by the reaction of the genotype to its particular living conditions.

In reality, however, things are much more complex. It is often not the case that one gene in the germ corresponds to one particular trait. Experiments show that sometimes two, sometimes even five genes participate in the establishment of a particular trait. As an example, we can take the skin colour: if a black person has an offspring with a white person, this results in half-breeds of varying colours of skin, because several genes need to be present in order for black skin to develop, and several of them must be missing to have white skin as the outcome. The number of genes in the hybrid embryo thus determines the development of body of a certain shade of colour. – From this we understand that sometimes we note a trait only after a number of mixed generations – it remained "hidden" until a requisite number of genes that condition this trait has come together in an embryo. In this way we can explain the r a r e occurrence of some phenomena, for example some m u t a t i o n s, which manifest a d i s c o n t i n u o u s (saltatorial) variability, when we see a sudden emergence of a trait different from the family type. We could understand the origin of genes in humanity in much the same way.[4]

On the other hand, it has been shown that one and the same gene can play a role in the development of various traits, even rather dissimilar ones, such as the colour of petals or hirsuteness, etc. In some cases, a particular trait can be related to the agency of different genes; it has also been shown that sometimes genes "attract" and sometimes "repulse" each other. Even gender seems to be determined by genetic factors,

---

4   [317/1] For more on the origin of rare or new traits according to modern genetics see Biolog. Listy (Biolog. Letters) 1917.

and the same holds for traits that are associated with gender (e.g. blood clotting deficiency, colour-blindness).

This does not even begin to exhaust the wealth of results produced by Men-
delism-inspired research. A t o m i s a t i o n, which proved itself so useful in chemistry and physics, has shown itself to be apllicable to biology as well. Yet it is about
time that after a period of extensive analysis, some sort of s y n t h e s i s[5] would also
be attempted. A living organism is not even genetically a mere s u m of genes but
rather their complex a r r a n g e m e n t. Individual genes do not condition the development of particular traits under suitable external conditions – it is their interaction
that does. The w h o l e of the inborn constitution plays a role in the origination of an
individual (which, too, is not just a sum of traits but rather their unified complex). We
must not turn genes into modern fetishes.

Finally, we need to return to the questions we posed at the beginning. Unless we
produce an alternative explanation that would refute the notion that only innate factors are the basis of traits in a developing individual, Mendelian research succeeded in
disproving the notion that a gradual individual variability could be the starting point
of evolutionary changes of organisms. But still, we noted already at the beginning
that in addition to the inherent, inherited factors of internal embryonic constitution,
external influences of outside environment also play a role. Could perhaps these external factors do more than produce variations in the intensity of traits, could they
possibly engender individual, gradual variability?

Here we need to mention some experiences which seem to indicate that in particular, some strong influences of e x t e r n a l factors can c h a n g e t h e
i n n a t e c o n s t i t u t i o n of embryos in such a manner that unless they do not
disrupt their development, they produce quite markedly aberrant forms, and that these
aberrations are heritable. In this way, an evolutionary jump might possibly be
achieved, as Korschinskij, De Vries and others emphasise in their work in which
abrupt evolutionary changes are seen as the basis of evolution.

Whether this amounts only to some loosening, a 'shake up' of the innate constitution where a change of overall coordination of otherwise unaltered genes produce
new creatures, or whether in such a way some genes were "destroyed" or "created", is
indeed hard to see. Much e x p e r i m e n t a l w o r k with suitable material is
needed to decide this issue.

It is possible that further progress in research and experimental work might, in the
future, divert us from a Mendelian line of thinking – which so far meets the demands
of its already fruitful mission – and replace it by new ideas. In any case, the evolutionary thought is so charming and productive that biology will not abandon it. It may
be necessary to find new ways of supporting the idea of evolution, which has already
proven itself very powerful, and find better evidence for it than the so-far indirect
results (systematic biology, comparative morphology, etc.). Variability which served
as a direct evidence for evolutionism has been brought in doubt by Mendelian re-

---

5   [317/2] On the Need of Synthesis Within the Analytic Direction of Contemporary Genetics see
     Biolog. Listy, 1916.

search, and its role as the chief force of evolution is much disputed. Yet it is possible that its importance will rise again in the light of new experimental research.

One must applaud M e n d e l for s h o w i n g us a n e w d i r e c t i o n o f r e s e a r c h. Though he was not understood in his time, he is an c h a m p i o n o f t h e p r o g r e s s i n b i o l o g y.

ON MENDEL'S THEOREM OF GAMETES[1]

(O Mendelově gamétovém teorému)

Artur B r o ž e k

No other part of the biological sciences developed into an independent discipline as fast as the modern science of heredity, which was founded almost 60 years ago (in 1865) by one short publication of an Augustinian monk, prelate of the St. Thomas Abbey in Staré Brno, G r e g o r J. M e n d e l. Less than a quarter of a century ago three botanists, C. C o r r e n s, E. v. T s c h e r m a k, and H. d e V r i e s almost simultaneously yet independently rediscovered the laws of heredity, described and formulated almost 40 years earlier by Mendel! During the short time since, new discoveries and rediscoveries laid foundations to a science that became central to almost all theoretical and applied areas of biology, a science that is finding applications even in economy and social sciences.

Mendel's discovery of the laws of heredity, which describe how various traits of hybrids distribute among their offspring, was inspired by statistical observations in his gardening and breeding experiments on a number of garden plants. In these experiments, he tried to breed artificially forms that could be of importance to growers and also forms that arise in nature by natural crossbreeding. In his letter to Nägeli (of October 31, 1866), he wrote: "Was durch die Insekten im Freien möglich wird, das muss sich am Ende auch durch die Hand des Menschen erzielen lassen..." (see C. C o r r e n s: „G r e g o r M e n d e l's B r i e f e a n C a r l N ä g e l i", 1866–1872, S. 196). In his work on crossbreeding, Mendel noticed a remarkable regularity with which the same hybrid forms tend to appear when the same two experimental plants are crossed. He saw this phenomenon as important enough to warrant further research and tried to explore it in other plant species (see his "V e r s u c h e ü b e r P f l a n z e n h y b r i d e n", 1st paragraph of the introductory chapter). It is obvious from Mendel's letters to Nägeli that he experimented on a great number of plants, and observed not only simple laws, such as those he described later in his classical work on peas (in "Versuche...") but also – as we can see from his letters and later from his second work ("Ü b e r e i n i g e a u s k ü n s t l i c h e r B e f r u c h t u n g g e w o n n e n e H i e r a c i u m b a s t a r d e" of 1869) – some much more complex phenomena. Results of his experiments with rowans seemed at first sight to directly

---

1   This paper was published by Artur Brožek, *O Mendelově gamétovém teorému*, in: Příroda (Nature) 15, 1922, No. 9, pp. 318–324.

contradict his findings in the pea experiments, and therefore to weaken the general validity of his earlier work. In contrast with the way of how his contemporaries made their observations by focusing on the i n d i v i d u a l s in the hybrid offspring as indivisible u n i t s, Mendel introduced a far more accurate and correct method, namely observing particular t r a i t s   o f   t h e s e   i n d i v i d u a l s. He saw in an individual not an indivisible unit but rather as a mosaic of separate, mutually independent traits. The goal of his experiments was then to see how these traits separate and unite in the offspring of hybrids. He managed to arrive at his most convincing results in peas, where he followed free combinations of 7 pairs of traits in which his experimental varieties differed from one another. These traits were the roundness or angularity of seeds, yellowness and greenness of unripe peapods, flowers distributed along an axis or accumulated at the end of the shoots, and low or tall growth. From all these pairs of traits, only one (the former) would develop in a hybrid, while the other was suppressed. The siblings of hybrids (F_1) thus consisted of identical individuals that exhibited full uniformity of type. Where one trait dominates over another, it follows that crossbreeding varieties that differ only in one pair of traits results in hybrids that fully resemble one of the parents (be it mother or father). But hybrids that were observed for numerous pairs of traits at the same time, that is, as units, resembled always that parental form from which they inherited more dominant traits. However, Mendel also observed that partial dominance may occur among the traits of a pair, which then results in hybrids (F_1) in intermediate values for that trait. Mendel describes such case in a hybrid of two bean varieties, P h a s e o l u s   v u l g a r i s and P h a s e o l u s   n a n u s, whose flowers were neither red, as in P.   v u l g a r i s, or white, as in P.   n a n u s, but rather pink. Though poor fertility of this indivi-dual prevented Mendel from investigating its offspring in large enough numbers, this case was important because it inspired Mendel to formulate a hypothesis about the origin of hues of colour in the flowers for the offspring of this hybrid. This hypothesis contains the foundations of an important theory of polymeric inheritance, which we find in modern Mendelian research. Mendel's published experiments describe mainly the heredity of dominant traits. Experiments on heredity of intermediate traits according to Mendel's laws are of a more recent date, and were done only in the first few years of Mendelian experiments after 1900 (see "Versuche...", chapter "Versuche über die Hybriden anderen Pflanzenarten").

Mendel first got the idea that traits may combine through a s t a t i s t i c a l examination of frequencies with which various types occur in the offspring of hybrids (so-called F_2 generation). In this generation, we see not only all possible combinations of individual traits but also find that these combinations are represented at ratios that correspond to coefficients of binomial series; in other words, their representation corresponds to a mathematical combinatorial process. At this point, Mendel concludes "...dass.... die Nachkommen der Hybriden, in welchen mehrere wesentlich verschiedene Merkmale vereinigt sind, stellen die Glieder einer Combinationsreihe vor, in welchen die Entwicklungsreihen für je zwei differierende Merkmale verbunden sind. Damit ist zugleich erwiesen, dass das Verhalten je zwei differierenden Merkmalen in hybrider Verbindung unabhängig ist von den anderweitigen Unterschieden an den beiden Stammpflanzen." (See "Versuche...", chapter "Die Nachkommen der Hybriden", etc.) Variability – in this case a qualitative one – in the offspring of hybrids is therefore a result of a combinatorial process. But it still remains to be seen how and by what means is this combination of traits accomplished.

Mendel, just like Darwin and other natural scientists of the time when the knowledge of the cell was still in its infancy, could not assume anything but that inherited predispositions and traits are carried into the body of the offspring by w h o l e germ cells. Mendel could not have any cytological information that would help him explain the mechanics of combination of factors in the gametes, and that is why he arrived to his conclusions o n l y f r o m t h e n u m e r i c a l r e s u l t s of his hybridisation experiments, from the quantitative and qualitative regularity of the forms that appeared in the offspring of hybrids that led him to this assumption. It was crucial to him that these frequencies and variety of forms appeared always o n l y i n the descendants of hybrids but never in the descendants of p u r e r a c e s. This circumstance led Mendel to the conclusion that the pure forms have gametes identical as to the factors therein contained, while the gametes of crossbred individuals have gametes that differ in this respect. According to Mendel, germ cells are carriers of pure, unmixed factors and their combinations, and function as mediators that upon fertilisation carry the traits of both parents into the body of a new individual. If in this individual identical factors or identical combinations of factors of two identical and purebred parents meet, or, as in self-fertilisation, only the factors of one individual are present, the result is a purebred individual, that is, an individual that can create gametes only of one kind, containing the identical combinations of factors. When, however, different kinds of gametes, containing different combinations of factors, meet in the process of fertilisation, the result is a varied offspring. And the same has to be asssumed of the gametes of a hybrid because a hybrid will never produce uniform descendants but always varied ones! A m o n g t h e g a m e t e s of hybrids we therefore find as many varieties of gametes (both male and female) as there are possible c o m b i n a t i o n s o f f a c t o r s s e e n as m u t u a l l y i n d e p e n d e n t u n i t s. I n a c c o r d a n c e w i t h p r o b a b i l i t y c a l c u l u s, o n e s h o u l d t o a s s u m e t h a t s i n c e t h e y c o n t a i n m u t u a l l y i n d e p e n d e n t t r a i t s, p a r t i c u l a r c o m b i n a t i o n s o f g a m e t e s m u s t o c c u r w i t h t h e s a m e f r e q u e n c y, w h i c h t h e n i n f e r t i l i s a t i o n y i e l d b y m i x i n g – t h a t i s, a t t h e s a m e p r o b a b i l i t y – p a r t i c u l a r i n d i v i d u a l c o m b i n a t i o n s. T h a t i s w h y t h e f r e q u e n c i e s o f p a r t i c u l a r t y p e s a m o n g t h e o f f s p r i n g o f h y b r i d s c o n f o r m t o a b i n o m i a l s e r i e s.

Mendel supported his notable theorem of gametes with a number of experiments. To demonstrate the nature of Mendelian experiments in general, we choose one that is least frequently quoted but is the most daring. In it, Mendel crossbred two pea hybrids. One had violet flowers, was low (Aabb), and resulted from breeding a violet and low variety (AAbb) with a white and low variety (aabb). The other hybrid had white flowers, was tall (aaBb), and resulted from crossbreeding of a white and tall variety (aaBB) with a white and low one (aabb). The first hybrid was impure as to the colour of the flower but pure as to its height, and therefore produced only two kinds of gametes: *Ab* and *ab*. On the other hand, the other hybrid was impure in its size, being tall but pure in respect of producing white flowers. It also produced two, though different, gametes: *aB* and *ab*. If these two kinds of gametes occur in both hybrids with the same frequency and can, therefore, combine with the same probability, then the crossbreeding of these two hybrids results in offspring of o n l y 4 different types, and these types should occur with e q u a l frequency! The actual experiment showed that of the 166 resulting plants, 47 were violet and tall (25% belonged to AaBb), 40 white and tall (25% belonged to aaBb), 38% violet and low (25% belonged to Aabb), and, finally, 41 white and low (25% belonged to aabb). This experiment showed, among other things, that "... dass die Erbsenhybriden Keim- und Pollenzellen bilden, welche ihrer Beschaffenheit nach in gleicher Anzahl allen konstanten Formen entsprechen, welche aus der Combinierung der durch Befruchtung vereinigten Merkmale hervorgehen." (see „Versuche...")

This gamete theorem constitutes the core of M e n d e l's teaching since all other phenomena investigated by Mendel in his experiments can be seen as in some way following from its in some way. This hold both for the uniformity of hybrids (F₁), variety of forms in their off spri n g (F₂), and the so-called "s p l i t t i n g".

From a historical point of view, it is interesting to note that Mendel had predecessors who quite certainly recognised the 'splitting' in descendants. In England, John G o s s (1822), and in France S a g e r e t (1826) were also aware of the fact that traits combine in hybrids. One should especially mention C h a r l e s N a u d i n (1815–1899) who recognised not only the uniformity of hybrids but also the variability among the offspring of hybrids and the re-emergence of original forms. Naudin even tried to formulate a gamete theorem and that in a way very similar to Mendel's. However, he assumed only three kinds of gametes in hybrids: not only gametes with traits one finds in one or the other parent are present but also gametes where these traits are m i x e d. Based on these assumptions, he was able to explain many phenomena but not the stability of new combinations. The notion of independence of particular traits, their inviolability and stability upon combination is not found in Naudin's work and makes for a substantial difference between his and Mendel's theorem. Also, any numerical analysis of experiments is in Naudin's work completely absent.

It is also rather interesting to compare – as we shall presently do – to what extent current Mendelian notions agree with or differ from Mendel's original ideas. To this day, the combinatiorial approach to the origin of various kinds of gametes in the body of the hybrid remains the foundation of a modern hybridisation teaching. It is used to explain the variability of the offspring of hybrids as well as the frequencies with which various types occur. Even so, modern Mendelian theory rather markedly departed from its classical form: this is not surprising once we consider the diverse assumptions made after 1900, the time when Mendel's writings were re-discovered.

Current Mendelian theories tend to use not the concept of heredity of traits but rather of the heritability of p r e d i s p o s i t i o n s t o t r a i t s, that is, about so-called genes. It is nowadays experimentally proven that a t r a i t i s o n l y a reaction of a certain predisposition or sets of predispositions to environmental conditions, that is, to conditions of a so-called 'life attitude'. What is inherited is a genetic constitution, which – depending on conditions surrounding the individual in the course of its development – reactively creates traits. Even dominance and recessivity, some of the most common phenomena of Mendelian experiments, in the end depend on environmental conditions, be it conditions within the body of the individual or outside it. Experiments show genes to be usually very stable and independent of variable external conditions. It is likely that a gene is based on a chemical and physical constitution of that part of the living matter (protoplasm) whose constitution determines its reaction to the external environment. If, however, genetic c o n s t i t u t i o n is indeed independent of the environment, hereditary changes can appear only in two ways: either by a creation of a new combination of predispositions, which is a process occurring in hybridisation, or by an abrupt change of the gene itself, that is, a mutation of a predisposition, but this is a process the causes of which we do not yet understand.

A gene, even a single one, can regulate a group of traits. Such traits are then inherited j o i n t l y and their mutual connection cannot be separated by crossbreeding since they form 'absolutely' interdependent traits. However, experiments made after 1900 have also shown that some traits are not based on one gene but rather a whole g r o u p   o f   g e n e s. In this way, one can obtain wild forms by crossbreeding two domesticated breeds, for example two varieties of rabbits, if these two breeds have complementary wild predispositions. Such cases are nowadays recorded not only in numerous plants (L a r y t h u s, A n t i r r h i n u m, P i s u m, etc.) but also in a several varieties of domesticated animals (such as poultry, rabbits, etc.). Sometimes, one may even observe a mutual i n t e r a c t i o n   o f   g e n e s, that is, cases where one gene or a group of genes acts on other genes in such a way that these cannot express themselves, as well as cases where some genes support or strengthen each other and this results in a change of the intensity of the trait. Such conditions are found in 'p o l y m e r i c' traits. Here we find among hybrids numerous nuances of a trait which are intensified by a combination of genes, nuances, which are organised in a series of variations and at first glance resemble in their frequencies and qualities non-heritable forms of individual (fluctuating) variability. The importance of a distinction between a non-heritable variation and a polymeric, heritable, variation, such as described by Mendelian research, is abundantly clear, and so is its significance for Darwinian and Lamarckian theories of evolution. Even small variations are of evolutionary value if they are heritable.

From a more general point of view, only c o n s t i t u t i o n a l changes of the living germinal plasma (idioplasm) are of evolutionary value. Experience shows that such changes can arise only through a re-grouping and combination of predispositions of a particular breed by hybridisation (so-called mixovariations) or by mutative changes (so-called idiovariations). The question whether genes can or cannot be altered by external influences is of key importance both for the evolutionary theory and for Mendelism itself. If genes are immutable and cannot be changed by external influences, then the evolution of organisms even under the influence of selection is purely a result of perpetual divisions, accumulations, and splitting of a limited number of predispositions, i.e., it is a circular process in which nothing new ever arises and a set of types p e r i o d i c a l l y repeats itself! In this case, Mendelism would be a preformist theory, one that transplants Linné's old teaching on stability and immutability of species to hypothetical, imaginary units, namely, genes. If, however, experiments carried out by Morgan and his colleagues indeed prove not only the possibility of variations of entire nuclear chromosomes but even of parts of the same p a r t s o f c h r o m o s o m e (so-called chromomeres), and if Morgan's hybridisation experiments indeed show that a particular chromomere as a centre (locus) of a particular predisposition can change, then it is very likely that genes are not immutable, that they are – for reasons we do not yet understand – i n a s t a t e o f c o n-s t a n t g e n e s i s, d e v e l o p m e n t, a n d d i s a p p e a r a n c e (H. de Vries). After all, one cannot discard the possibility that hybridisation itself, whereby there occurs an intimate connection between the parts of maternal and paternal chromosomes (perhaps during synapsis), may be responsible for some changes in genes, especially changes concerning their valence (so-called 'genasthenesis' according to A. v. Tschermak). If these ideas are confirmed, and to test them shall be a key future task of both Mendelism and experimental morphology, it is certain that Mendelism will become an epigenetic theory.

It was mainly cytology and experimental morphology, which regardless of the then only incipient genetics came to see nuclear chromosomes as carriers of heredity and keepers of germinal plasma (A. Weismann). Regular changes were seen in the chromosomes both during the indirect division of nuclei, and in the course of maturation and copulation of nuclei during fertilisation, changes that indicated that these may be very important structures, of which one half comes from the mother, and the other half from the father. Around 1912, chromosomes were described, and this enabled scientists to distinguish between two kinds of germ cells o n l y w i t h i n o n e s e x. It was found that each sex, by producing its germ cells both with these special chromosomes (so-called accessory or sex chromosomes, also called heterochromosomes) and without them, behaves with respect to the other sex as a simple hybrid as seen in other Mendelian experiments. It was discovered that the presence of these chromosomes determines the c r e a t i o n of sex in a syngamous way (i.e. during fertilisation). Around 1918, cytology and experimental morphology supplied further supports for Mendelism: a localisation of genes in sexual (accessory) chromosomes pointed not only to a simple explanation of the law-like and regular aberrations in inheritance of so-called sex-dependent traits (whereby in certain combinations traits carry over from mothers to sons and father to daughters), but also the assumption of crossing over of e n t i r e p a r t s of chromosomes, that is, of whole 'chromosomal' chains between a maternal and paternal chromosome of one pair. It facilitated the understanding of the Mendelian problem of mutually dependent traits and predispositions, predispositions which are inherited and combine as groups in the creation of gametes. Mutually dependent predispositions are, according to cytology and experimental morphology, predispositions on the same pair of chromosomes, while predispositions that do not bind to others are contained in different chromosome pairs. It is clear that predispositions of different pairs of chromosomes, which are not link into a single chain of particles, will always combine in gametes freely – this contrasts with predispositions contained on the same pair of chromosomes. The closer such chromosomes are to each other, the more difficulty they face in separating from their interconnection – in which they arrived from parents – and the less frequently they will form new chains. Morgan and his American school have shown in their hybridisation experiments (with *Drosophila*) that over 100 mutation traits that behave according to Mendel's rule can form the same number of groups as there are pairs of chromosomes (i.e., four), regardless of the fact that sex-related traits, being localised in the same sex chromosome, always form mutually dependent traits.

Mutually dependent traits have also been studied statistically. This was in hybridisation experiments that were carried out even before Morgan's work. After 1900, it was clear that frequency rates in frequently 'splitting' generations, which at first seemed to contradict Mendel's rule, can be best explained by presupposing gamete combinations that conform to Mendel's theorem but occur in u n e q u a l f r e q u e n c y! In order to explain the aberrant 'splitting' frequencies in F_2, it was necessary to assume that in this case gamete combinations do not occur at the rate of 1:1:1:1 but rather at the rate of 1:n:n:1 or n:1:1:n depending on the combination found in parents. This is because the combinations of predispositions found in parents occur with g r e a t e r   f r e q u e n c y also in the gamete of a hybrid.

Finally, even these results of modern Mendelism regarding linked predispositions need not be seen as e x c e p t i o n s but rather as a b r o a d e n i n g o f M e n d e l' s r u l e s t o a m o r e g e n e r a l f o r m, w h e r e M e n d e l' s o r i g i n a l r u l e s d e s c r i b e t h e s i m p l e s t c a s e s.

It was cytology that independently of statistical and experimental Mendelism pointed to chromosomes as the most likely carriers of heredity and described their division in gametes as the mechanism of hereditary process, and it is likely that the science of cytology that will hopefully soon explain real deviations from Mendelian heredity such as we find in hereditary colour spots and other kinds of 'vegetative' splitting. It is very likely that especially in plants with colour streaks these predispositions will be located outside the nucleus and its chromosomes, perhaps in the plasma or plastids.

It is a rare event in the history of biology that two scientific disciplines, using utterly different methods, reach such an agreement in results as we witness in the issue of heredity, with which we shall forever associate the name of the ingenious scientist of Brno, G r e g o r J. M e n d e l.

MENDEL'S TEACHING IN THEORY AND PRACTICE[1]

(Mendelova nauka v teorii a praxi)

Artur B r o ž e k

Recently, the Augustinian monastery of St. Thomas in Old Brno witnessed moments of joyful excitement. Its quiet halls and large garden reverberated with conversations of many esteemed guests from here and abroad. They came to represent their nations and native lands in a commemoration of the 100th birthday of Gregor Mendel, a genius of natural science, who lived here first as a member of the monastic order, later as the abbot of this monastery, a man who discovered and clearly formulated the laws of heredity through his extensive experiments on plants. Mendel's research took place at the time of great intellectual upheavals and progress, at a time when natural sciences left behind the doctrines on stability and immutability of organisms, time when under the influence of Lamarck's teachings in France but mainly of Darwin's teachings in England the view gradually became dominant that all organisms evolve and change according to certain laws. Since that time almost all theories of evolution belonging to either of these directions have regarded heredity as the principle of evolution. It is interesting to note, however, that none of them even attempted to investigate the workings of heredity by such precise statistical and experimental methods as Mendel did. Theories belonging to both directions describe heredity as a pre-existing factor, a conservative principle of evolution which is responsible for the preservation of traits and characteristics in the offspring. They do not, however, offer any detailed explanation of laws that govern the appearance of deviations from parental traits in the offspring, that is, they do not explain a law-governed *lack of repetition* of parental characteristics, and explain '*atavistic*' aberrations by some sort of persistence and random appearance of 'traits of ancient ancestors'. Variability, on the other hand, is ascribed a major role in evolution. They see it either as a reaction to external environmental conditions, that is, a unidirectional and purposeful reaction essentially driven esentially by an intelligent vitalistic cause, or else view it as a purposeless, blind, omnidirectional fluctuation in the appearance of aberrations, that is an inherent property of all living matter, a mechanistic changeability that provides evolution with material for selection. Mendel was well aware that his experiments on crossbreeding and his law

---

1   Artur Brožek, *Mendelova nauka v teorii a praxi*, in: Zprávy z oboru věd přírodních a technických (News from Natural and Technical Sciences) and Venkov (Countryside) on the 1st, 11th, and 22nd of November 1922, No. 255, 264, and 273.

on heredity in the offspring of hybrids present the only possible explanation of the appearance of new forms and varieties, and do, therefore, contribute to progress, but he did not consider in this context any particular view on the theory of evolution. It is most likely that this was one of the main reasons why his work and research were overlooked, and eventually quite forgotten, to be re-discovered and only half-a-century later, around 1900. In his time, his results were seen as random, without general validity, and escaped the attention of even such a brilliant botanist as *Nägeli*, with whom Mendel corresponded on scientific matters. His research also lost some of its potential importance because he was not able to repeat his results in another group of plants (hawkweeds). In this case the hybrid offspring created by non-sexual (parthogenetic) propagation produced pure lines of siblings who could not behave in accordance with the rules of variety Mendel postulated. Today, though, Mendel's discoveries provide not only a foundation of the theory of evolution but also exert a large influence on both practical and theoretical natural science and other related areas of science. Mendel's main motivation that led him to the discovery of his laws probably stemmed from a desire to create new varieties of garden plants by crossbreeding, and to artificially breed some hybrids that can appear also naturally in the wild. His most important experiments with plants (sweet peas) coincide with the time when he taught at a German high school in Brno (1854–1868). There, he focused on crossbreeding different varieties of this plant, which differed in a number of aspects, such as the roundness or angularity of seed, yellow or green colour of seed, short or tall growth, and another 4 pairs of traits. His laws have since been verified and elaborated using different kinds of plants and animals, and are a foundation of a large part of the theory of heredity, which we call *genetics* (*Mendelism*). Until Mendel's time, it was erroneously supposed that crossbreeding yields individuals in whom parental traits are mixed, and that these mixed traits carry over to subsequent generations. Mendel, on the other hand, investigated hybrids and their offspring not as units, but rather focused on following their particular traits. This led him to a realisation that these traits can freely combine without mixing, so that individuals represent a sort of a 'mosaic' of traits. This combination of traits, or a combination of predispositions, can be expressed by numerical rules based on probability calculus, and is the foundation of the process of heredity across generations. Sex cells (gametes) carry these 'pure' traits and their combinations, which then at fertilisation – that is, a union of an ovum and a male cell (sperm in animals, pollen grain in plants) – go on to form the body of a new individual. If both parents contribute identical predispositions or their combinations, the result is a 'pure-blooded' individual whose sex cells contain identical predispositions or their combinations, an individual that produces either on its own (by self-fertilisation) or by breeding with another individual of equal disposition, offspring of only one type, and equal to it. Otherwise, when parents contribute different predispositions or their combinations, we see the creation of 'mixed' individuals who differ from the pure-bloods mainly in having varied gametes, i.e., by producing as many types of gametes as there are possible combinations of their traits. This variety within the gametes of hybrids leads in their offspring – which result either from crossbreeding or self-fertilisation – to the appearance of various types. Some of these types resemble their mixed parents, others form new, either 'pure' or 'mixed' forms, but one can always use combinatorial rules to calculate the frequencies with which these types and type categories will occur.

These are the main principles of Mendel's discoveries, from which then follow other phenomena often investigated in hybridisation experiments, some of which were described already by Mendel. Most important of these is the uniform appearance, a uniformity of type, among the offspring of crossbred 'pure' lines, where either one trait fully dominates the complementary recessive trait or two traits combine to form intermediate values. We also need to mention the most important phenomenon of Mendelian experiments, the appearance of varied types represented in the offspring of hybrids with certain frequency, that is, the so-called 'splitting'. Using the *offspring* of this 'splitting' generation, one can find that this generation contains some pure individuals (whose offspring breed true lines) as well as individuals to some degree mixed, whose offspring are again to some degree variable. One can prove that among these pure types are found not only types that have new combinations of traits and predispositions, but also the original types, identical with their parents. Both of these findings are of a great practical and theoretical importance: not only is it the case that original races do not disappear through crossbreeding, but one can create new races whose predispositions and traits are combined or races that by successive crossbreeding acquire more traits or predispositions. All that is then needed is the intervention of natural or cultural selection, and these types can be separated and bred. It is clear that natural selection will maintain only such forms that adjust to environmental conditions, while cultural selection will prefer only those forms that meet the needs of the breeder, though in the wild they would be impractical and quickly perish. The variety of types among the siblings of hybrids, in 'splitting' offspring, and the ratio of their frequency (with ratio of 3:1, 1:2:1, 9:3:4, 9:3:3:1, 1:15 and others) is going to increase with the number of predispositions and traits that combine, and it is going to be the more complex the more factors influence each other or act in accord. This broadening of Mendel's experimental cases is, however, a result of more recent work, carried out shortly after 1900, the time when Mendel's work was re-discovered.

Experiments also discovered cases where a particular trait (such as the colour of flowers or hair) results from a combination of several factors. It was also found that many qualitative (gradual) differences within a trait are caused by a regular combination of a number of factors that reinforce one another (so-called 'polymeric factors'). Modern Mendelian experiments also explained the origin of *innate quantitative variability*, and distinguished it clearly from the apparently identical but from evolutionary point of view quite worthless non-heritable variability (so-called 'fluctuating variability') which depends directly on changes in the environment. It was also recognised that sometimes a trait appears due to the influence of several factors, and at other times there is one factor that may influence a number of traits. Another kind of Mendelian research investigates the heritability of traits that depend on the sex of the individual. In these cases, traits are inherited in a way that differs from Mendel's straightforward formulas, and a sex-dependent trait or group of traits carries over from mothers to sons and from fathers to daughters ("cross heritability").

Even the rule on free combination of predispositions had to be extended soon after the re-discovery of Mendel's work by a supposition of a sometimes stronger, sometimes weaker *link* between predispositions, i.e., the assumption that predispositions may combine by groups, and not always separately. Such phenomena were at first seen as counterexamples to Mendel's law but today, they are rather viewed as its generalisation and extension.

It is, however, understandable that the views of modern Mendelism in many ways differ from positions championed in Mendel's own work. For example, the theory of heritability does not speak of traits but rather of predispositions to traits, and views a trait as a *reaction* of an innate disposition to some constellation of external factors, even though we do not, as yet, know anything concrete about what a predisposition consists of. It is most likely that they are some sort of material particles of living germinal matter, in whose *composition* we can – by analogy with the composition of chemical substances – see the cause of a reaction, the *essence* of a predisposition. There remains, however, yet a different issue, one that should be solved by experimental genetics, namely, whether these predispositions are stable or variable units. If they were unchangeable, as they seem to present themselves in hybridisation experiments, and independent of external influences, then the whole organic development – even when selection is taken into account – would be nothing but a result of repeated unions, separations, and accumulations of a constant, and perhaps not even very large, number of predispositions. This would then over aeons leads to the creation of more or less similar and in that sense related groups of individuals (so-called 'linneons') whose members could breed only among each other since they would be similarly genetically constituted. In all these issues, it does not really matter in which part of a cell we situate the traits and their groups, whether in the plasm, the nucleus, or in its parts, the chromosomes. We cannot discount the possibility that the quality and composition of particles of living matter may suddenly and discontinuously change, perhaps due to various physical and chemical influences. Based on hybridisation experiments, Morgan voiced a very likely hypothesis that change may affect not only various particles of the nucleus (chromosomes), but even their parts. He also experimentally proved that a certain part of a particular place as a seat of a given 'predisposition' may be capable of sudden and discontinuous changes (so-called 'mutations of genes'), and such changes can happen in any direction and without any purpose. From this, we may conclude that organic development proceeds not only by a mere combination of predispositions but also by their discontinuous changes (mutations). This seems to agree very well with de Vries's view according to which genes are not stable units but rather find themselves in a continuous state of nascence, development, and annihilation. Finally, even crossbreeding per se (A. v. Tschermak) which brings these parts of nuclear chromosomes during fertilisation in close proximity, may contribute to their material change, modify the way these traits react, and perhaps even alter their material substance. If that is the case, crossbreeding may contribute to changes in genes. To prove or disprove these issues will be a primary task of the experimental science of heredity. By confirming the possibility of alteration of traits in the above-given sense, Mendelism would lose its pre-formist character, since otherwise, if the entire evolution was based only on separations and conglomerations of traits, the whole process would be in effect circular, leading to a mere periodicity of nascence and decay of shapes, even despite selection. It would be a process that would, in the end, preclude any possibility of appearance of truly new forms.

We can trace the consequences of Mendelism not only in the theory of evolution but also in other branches of biology: A similarity of predispositions to traits can explain the '*relatedness*' of species, genera, families, and orders. Also, when we take into account factors of selection, such as environmental conditions that perpetually change, will change, and have been changing, it can help us *understand the geographical expansion* of organisms, both in current times and in past geological eras. Even in palaeontology (science of extinct creatures) will Mendel's law one day play a crucial role, since even the most perfect evolutionary lines reconstructed from fossilised remains of organisms represent a '*continuous succession*' of forms. From a Mendelian point of view, they are nothing but a succession of *discontinuous* forms, *based on mutation*. They represent sequences whose evolution was dictated by selection, likeness of family constitution, and particular living conditions. Finally, it is possible that individuals belonging to these evolutionary lines may appear to be related but turn out to be genetically fundamentally different.

In practice, Mendel's law is very important for animal husbandry and horticulture, anthropology, medicine, and even to issues of social and economic life. If a breeder is familiar with both the good and the bad inherited qualities of his cultivated races, he may use crossbreeding to yield offspring that would in the next generation produce various combinations, including some new ones that would have traits the breeder desires and perhaps lack the qualities the breeder wishes to eliminate. The breeder can then select and propagate such types. This is usually not an easy and simple task. It is easier to implement in plants than in animals, where a limited number of offspring may often make it impossible to chose a particular type. One also should not underestimate the fact that many characters that are most appreciated in agriculture (such as early germination of wheat, quantity of milk and fatness of cattle, etc.) are in fact quantitative traits requiring an interaction of many factors (in the sense of polymery), that is, that these are traits whose heritability is inevitably rather complex.

A small number of offspring and complexity of traits often make it the case, especially in animals, that the breeder achieves the desired combination only with a large amount of luck. Only a frequent repetition of experiments carried out on a large set of individuals of very similar family lines increases the likelihood that selection will yield the desired result in reasonable amount of time. Mendelism provided the breeder with an explanation to a long-known phenomenon of a greater variety in the offspring of hybrids, and explained the principles of selection of individual variants present in such a generation. But it also clarified to the breeder the possibility of *reversion* in the offspring of entire selected groups consisting of apparently identical types: here, the reversion is caused by a dissimilarity of inherited constitution of group's members. This is a phenomenon which plagued all older methods of selection, which relied on selection not of *individuals* but rather of entire *groups* of individuals. It seems that a correct breeding method requires *a selection of particular individuals*. And finally, even the material itself, if the change of generations is slow – be it perennial plants, such as trees and bushes in pomiculture, or the slow maturation, eventually low breeding rate in cattle – can present an obstacle which makes the imple-

mentation of Mendel's laws more difficult than one may assume. Even so, if the practice of breeding is to achieve more certain results, it will profit from an application of
Mendel's methods. Numerous farm plants, such as wheat, are in fact forms that freely
arose in the wild through mutation and crossbreeding. A farmer then saw them as
useful, separated them from the rest, and multiplied them. Very often these plants
represent combinations that are much 'poorer' in predispositions and traits than the
wild, mixed varieties, from which they split off. We often find here types which, in
the course of combination of traits, lost some of those characters that would enable
them to survive in the wild and compete with other varieties. Such types, 'weakened'
by cultivation, can survive only under farmer's protection. On their own, they would
disappear through crossbreeding with wild varieties or, if they bred among each other
and trait groups came to complement each other in the process of crossbreeding in
such a way that they would result in trait groups present in wild varieties, they would
return to these original, wild forms in a sudden *atavistic reversion*. Another problem,
both in plants and farm animals, is often in selection, since the crossbreeding of related individuals leads to a decrease in fertility. Still, this is not a problem that necessarily accompanies all above-mentioned methods of breeding. Given that the fertility
of farm breeds increases when unrelated individuals breed together, one may suppose
that the breeding of related individuals leads to the appearance of a whole number of
suppressed traits, both physiological and those related to shape, which are responsible
for a decrease fertility or cause infertility. A particular combination of traits can then
explain why even the strictest self-fertilisation, such as we see in many agricultural
plants, does not negatively influence or alter the fertility of a pure race, while in other
forms of procreation, particular traits are eventually altered or lost. Finally, we also
know of cases where crossbreeding, which usually leads to an increase in fertility, is
related to its diminution or loss. We may explain these cases by the presence of certain disadvantageous combinations or traits. There is, however, no doubt that knowledge of Mendelian laws arms farmers and horticulturalists with the most reliable
methods, which will eventually lead to a permanent improvement of their breeds in
the direction they desire, though this will be preceded by most laborious efforts.

Problems of breeding can be to some extent related also to the human race since it
is without a doubt that the same laws that govern heredity of organisms apply to humans as well. However, the recognition of normal and bad traits and characteristics is
much more difficult in people than in agricultural practice. Statistical work and gene-
alogy, our only evidence, offer an observer only sequences and numerical ratios of
various types and their traits which are at first glance apparent, that is, so-called 'phenotypes', while the impossibility of experimental verification prevents us from recog-
nising the constitution of these traits. And since similar family types can differ in
their appearance due to external influences, and similar appearance may disguise a
dissimilarity of constitution, it is certain that in family trees and statistics eugenic
activities run into cases where types falsely appear to follow Mendelian heredity, or,
reversely, disguise it even where it indeed applies. Despite these problems, both anthropology and medicine is familiar with numerous normal traits, defects, and predispositions to illnesses, which are inherited in humans. Many of them follow even the
simple version of Mendelian rules (e.g. albinism), some even exhibit typical heritabil-

ity connected with sex (colour blindness, haemorrhaging) but most, especially dispositions to illnesses, neuropathic states, or mental qualities, both good and morbid, prove to behave in very complex ways. In these cases, the changeable influence of the environment, cultural traditions, education, as well as numerous positive and negative social effects oftentimes play such a significant role that based on statistical research and investigation of lineage one can only guess with greater or smaller probability on the working of the laws of heredity. This is especially true of such traits and characteristics that are most common and decide about the fitness, health, and power, both physical and mental, of not just individuals but even whole families, clans, and even social classes. There is no doubt that a combination of a large number of predispositions, both physical and mental, can either result in their harmonic union and a familial constitution of certain talents, or lead to a less advantageous union, such as we observe in asocial individuals, who by mixing with normal individuals introduce into the population degeneration and inferiority, and thereby lessen the chances of betterment of this or that class of people and its chances of success in the struggle with better and fitter classes. *The health of future generations is most certainly a function of hereditary health of the present generations.* Care of children, especially a conscious care of their birth, with good predispositions, which can only occur in healthy families, is surely a beautiful and important aspect of modern culture, though it may be not quite a new phenomenon in the history of mankind. We know today that both the present and the future generations can be fully happy and contribute to society only if they carry innate good qualities of body and mind which they inherited from their ancestors. Education within the family and the society aims at suppressing the bad and supporting the good traits by all means available, and it takes into account chiefly the innate abilities of its members. But in the future, even numerous different social and cultural institutions must strive to prevent or even stop the reproduction of inferior and degenerate individuals, thus contributing by all possible means and under any circumstances which the future may bring to a larger increase in the numbers of people with good and excellent qualities. The issues of eugenics, which stand on the firm foundation of Mendelism, are among the holiest ideals of mankind, aiming at the ultimate goal: *the birth of a person innately beautiful and good in body, mind, reason, will, morals, and feeling.*

FIGURES

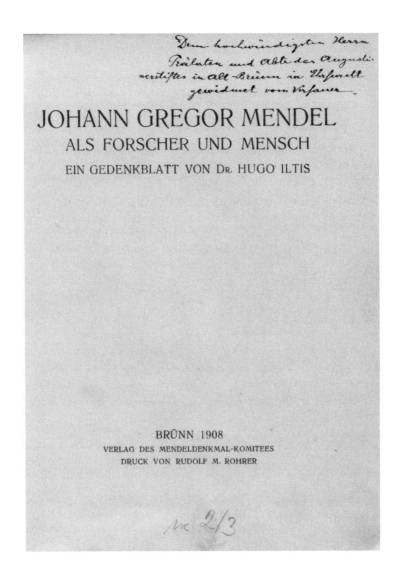

Fig. 1: Cover page of Hugo Iltis's paper "Johann Gregor Mendel as Scientist and Man" with dedication by the author; 1908.

Courtesy of the Moravian Library, Brno, Czech Republic.

Fig. 2: Professor Edward Babák speaking in Brünn/Brno before the Mendel's statue; 1922.

Courtesy of the Dpt. of Genetics of the Moravian Museum, Brno, Czech Republic.

Fig. 3: Professor Erwin Baur speaking in Brünn/Brno before the Mendel's statue; 1922.

Courtesy of the Dpt. of Genetics of the Moravian Museum, Brno, Czech Republic.

Fig. 4: The Tschermak-Seysenegg family; 1920s.

Courtesy of Armin Tschermak-Seysenegg Jr., Stuttgart, Germany.

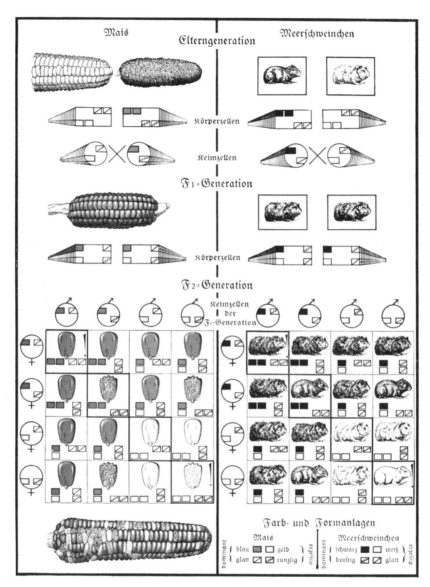

Fig. 5: Contemporary (German) demonstration of the independent assortment; 1910s.

Courtesy of the National Library, Prague, Czech Republic.

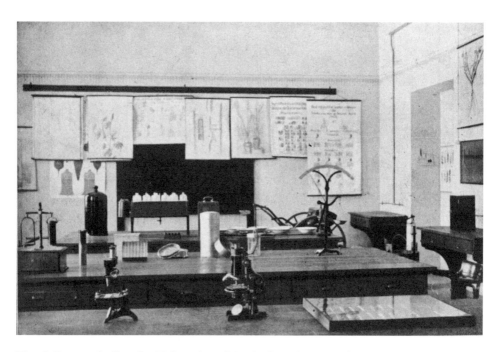

Fig. 6: Lecture hall at the University of Agriculture in Brünn/Brno;1920s

Courtesy of the Moravian Library, Brno, Czech Republic.

Mendel-Plakette zur 4. Internationalen Genetik-Konferenz in Paris · 1911

Fig. 7: The prize awarded to Erich von Tschermak-Seysenegg at the 4th International Congress of Genetics in Paris; 1911.

Courtesy of Armin Tschermak-Seysenegg Jr., Stuttgart, Germany

TSCHECHOSLOVAK. EUGENISCHE GESELLSCHAFT
IN PRAG.

EINLADUNG

zur

FESTVERSAMMLUNG

UND ZU VORTRÄGEN,

welche die

Tschechoslovakische Eugenische Gesellschaft in Prag

unter dem Protektorate S. M. des Rectors der Karlsuniversität

Prof. Dr. B. NĚMEC

zur Erinnerung an die 100 Rückkehr des Geburtstages von J. G. Mendel veranstaltet.

PROGRAMM:

I. FESTVERSAMMLUNG.

1. Eröffnung der Versammlung durch den Präsident der T. E. G. Universitätsprofessor Dr. Lad. Haškovec und Begrüssung der erschienenen Gäste und Delegate.
2. Ansprachen.
3. Festrede S. M. des Rectors der Karlsuniversität Prof. Dr. B. Němec: Die Bedeutung Mendels in der Biologie.
4. Festrede des Prof. Dr. Vlad. Růžička: Über Mendelismus und Genetik.

Diese Festversammlung wird Donnerstag am 19. Oktober 1922 9 Uhr vormittags im grossen Hörsaale des naturwiss. Institutes der Karlsuniversität, Prag-II., Albertov 6, abgehalten.

Fig. 8: Invitation to a meeting commemorating J. G. Mendel's 100th birthday in Prague; 1922.

Courtesy of the Centre for the History of Science and Humanities, Prague, Czech Republic.

Fig. 9: "Museum Mendelianum" in Brünn/Brno; 1920s.

Courtesy of the Centre for the History of Science and Humanities, Prague, Czech Republic.

DIE BEDEUTUNG MENDEL'S FÜR DIE DESZENDENZLEHRE[1]

(On the Importance of Mendel for the Science of Evolution)

Johann P. Lotsy

Die große Bedeutung M e n d e l's für die Deszendenzlehre erblicke ich in dem Umstande, daß es ihm gelang, festzustellen, welche Kategorie von Organismen eine den Eltern gleiche, welche eine den Eltern ungleiche Nachkommenschaft erzeugt, oder – wie man es häufig auszudrücken pflegt – welche Organismen konstant, welche variabel sind.

Konstant, so wies er nach, sind die homozygoten, variabel die heterozygoten Organismen. Damit war nicht nur ein scharfer Unterschied zwischen variablen und invariablen Organismen gemacht; es war auch die Ursache der Variabilität: Bastardierung, aufgedeckt. Der Entdeckung der konstanten Organismen durch M e n d e l gesellte sich die Möglichkeit ihrer Analysierung mittels Kreuzung und diese erlaubte M e n d e l bereits die Konstitutionsformeln oder Erbformeln so mancher Erbsenrasse – seine Hauptversuchspflanze war bekanntlich die Erbse – festzustellen.

Auf die Konstanz der diese Erbformeln zusammenstellenden Symbole, **a** z. B. für eckige Samen, **b** für grüne Cotyledonenfarbe etc., kann man sich – so hat es sich herausgestellt – so sehr verlassen, dass noch heutzutage einer Erbsenpflanze mit eckigen Samen und grünen Cotyledonen anstandslos die Formel **a b** zugeschrieben wird, und dass sie, mit dieser Formel als Grundlage, zur Analyse anderer Erbsenformen benutzt wird.

Mit anderen Worten: m a n   k e n n t   d e n   M e n d e l s c h e n   K o n s t i t u t i o n s f o r m e l n   d e r   O r g a n i s m e n   d e n s e l b e n   K o n s t a n z w e r t   z u   w i e   d e n   F o r m e l n   d e r   C h e m i e.

Es beruht demnach die Analyse der Organismen und die Analyse der chemischen Verbindungen auf demselben Prinzip, nämlich auf der Zuverlässigkeit der Konstanz des als Analysator benutzten Organismus, resp. der als solchen benutzten Substanz.

Trotzdem – und es ist dies eine sehr merkwürdige Tatsache – glauben manche Mendelforscher, welche sich tagtäglich bei ihren Arbeiten auf die Konstanz der Erb-

1   Johann P. Lotsy, *Die Bedeutung Mendel's für die Deszendenzlehre*, in: Studia Mendeliana ad centesimum diem natalem Gregorii Mendelii a grata patria celebrandum, Brünn-Leipzig: Verlag Karl Max Poppe 1923, pp. 149–160.

formeln verlassen, an eine Veränderlichkeit der Faktoren, welche in den Symbolen dieser Formeln ihren Ausdruck finden.

Selbstverständlich ist eine solche Stellungnahme nur dann möglich, wenn man annimmt, daß die Faktoren in der Tat in der Regel unveränderlich sind und nur ausnahmsweise, sei es in langen Zeitintervallen, sei es nach langer Einwirkung bestimmter äußerer Umstände, veränderlich sind. Erstere Annahme wird, der Anregung d e V r i e s' folgend, von den Mutationisten, letztere, der Anregung L a m a r c k s' folgend, von den Lamarckisten gemacht.

Im Grunde ist der Unterschied zwischen beiden Auffassungen gering, da auch d e V r i e s in der, der sichtbaren Mutation vorangehenden, Prämutationsperiode eine sehr lange Einwirkung von Agentiën annimmt, welche in letzter Instanz doch in die Rubrik der Einwirkung äußerer Bedingungen gehört.

Überhaupt beruht schließlich jede Annahme eine Existenz übertragbarer Variabilität auf der Entstehung permanenter Engramme. Ein jeder, der an erbliche Variabilität glaubt, ist de facto Lamarckist. Der einzige Unterschied zwischen den beiden oben erwähnten Auffassungen liegt darin, daß nach der Auffassung der Mutationisten nur einzelne, nach der der Lamarckisten sämtliche, Individuen gleicher Konstitution von der Einwirkung äußerer Bedingungen betroffen werden, in welcher Auffassung meines Erachtens die Logik auf der Seite der Lamarckisten ist. Unglücklicherweise, für die Anhänger dieser Hypothese, ist noch in keinem einzigen Falle ein allgemein befriedingender Nachweis einer solchen permanent gewordenen Engrammbildung nachgewiesen worden, ebenso wenig wie, meines Erachtens, ein einwandfreier Fall von Mutation eines Faktors bekannt worden ist.

Mir scheint, als ob alle Fälle sogennanter erblicher Variabilität oder Mutation nur die Folge von Spaltung heterozygoter Organismen sind, welche man irrtümlicherweise für homozygot gehalten hat.

Diese Auffassung läßt sich natürlich sehr wohl vereinigen mit der m. E. unabweisbaren Annahme, daß der lebenden Substanz wie der leblosen eine bestimmte moleculare Struktur zuzuschreiben ist, und demnach auch mit der, zweifellos in macher Hinsicht durch das Experiment gestützten, Annahme M o r g a n's, daß bestimmte Molekülgruppen linear in den Chromosomen angeordnet sind, ja sogar mit der Annahme, daß in solchen Chromosomen homologe Molekülgruppen ihren bestimmten Platz haben.

Aus dem Umstande aber, daß rote Haarfarbe bei Vieh eines roten Schlages von einer Gruppe von Molekülen an der Stelle „A" des Chromosoms I, sagen wir, verursacht wird und schwarze und weiße Haarfarbe eines schwarzbunten Schlages von einer ebenfalls an der Stelle „A" eines, dem Chromosom I entsprechenden, Chromosoms gelegenen Molekülgruppe verursacht wird, folgt noch keineswegs, daß diese beiden als I bezeichneten Chromosome ursprünglich identisch gewesen sind, was eine unerläßliche Vorbedingung für den Nachweis einer Mutation des Faktors „A" wäre.

Auch genügt zum Nachweise von Mutation nicht der Nachweis, daß ein rotes Kalb in einem schwarzen Schlage geboren wird, solange die Beweise fehlen, daß dieser Schlag ursprünglich konstant war und nicht von auswärts ein, wenn auch phaenotypisch dem schwarzen Schlage identisches, Tier darin eingeführt wurde.

Im Gegenteil weiß jeder Züchter des holländiscehn schwarzweißen Viehschlages, wie gefährlich eine solche Einfuhr sein kann, weil eben dadurch in einem Stall, in welchem nie ein rotes Kalb geboren wurde, dem das eingeführte Tier entstammte, ebenfalls nie ein rotes Kalb geboren war. Es ist das ohne weiteres klar, wenn man weiß, daß rot dem schwarz-weiß gegenüber rezessiv ist und zwei Heterozygoten miteinander gepaart werden müssen, um einen rezessiven zu gebären. Wenn also nur in beiden Ställen der Stier homozygot schwarz war, kann ein Teil der Kühe, ja können sogar sämtliche Kühe dieser Ställe heterozygot schwarz-rot gewesen sein, ohne daß je ein rotes Kalb geboren wurde. Wird aber von einem von beiden Ställen ein junges schwarz-weißes Stierkalb angekauft, aufgezogen und schließlich als Stier verwendet, so kann dieser, falls er heterozygot schwarz-rot war, bei einer zwar phaenotypisch schwarzen, genotypisch aber schwarz-roten, Kuh ein rotes Kalb verwecken.

Aus diesem Grunde kann ich den Versuchen M o r g a n's mit *Drosophilen*, welche bekanntlich nicht von einem einzigen Fliegenpaare abstammen, keine Bedeutung für die Mutationsfrage zulegen, wie hoch deren Bedeutung auch für Eruierung der Molekularstruktur der Chromosomen anzuschlagen sein mag.

Jedenfalls brauchen wir – nachdem M e n d e l nachgewiesen hat, wie viele Organismen aus einer einzigen Kreuzung hervorgehen können – die erbliche Variabilität nicht länger zur Erklärung der Evolution,[2] sondern können an Stelle der, jedenfalls sehr langem vor sich gehenden, bis dato völlig hypothetischen Engrammbildung, die schnell zu Resultaten führende und täglich nachweisbare Kreuzung treten lassen.

Dem ist entgegengehalten worden, daß durch Kreuzung nichts neues enstehen könne. Merkwürdigerweise wird diese Auffassung meistens vertreten von jenen Forschern, welche die Faktoren oder Gene als morphologische Gebilde, als die elementaren Bausteine der Organismen betrachten, sodaß ihre Auffassung ihr Analogon finden würde in der Meinung, daß ein Architekt keine neuen Gebäude schaffen könnte, solange von Steinen bedienen dürfte.

Wenn demnach durch Kreuzung zweifellos neue Organismen enstehen können, fragt sich nur, ob diese so oft stattfindet, respektive appliziert wird, daß sie zur Erklärung der Neubildung von Formen in der Natur und in der Domestikation genügt.

Fangen wir mit letzterer an:

Trotzdem recht wenig bestimmtes über den Ursprung unserer Kulturpflanzen und Haustiere bekannt ist, gibt es doch ein Mittel, um mit Bestimmtheit den Nachweis zu bringen, daß Bastardierung bei der Enstehung der ersteren wenigstens eine überwiegende Rolle gespielt hat. Alle Gartenpflanzen und Fruchtbäume nämlich, welche man vegetativ zu vermehren pflegt, wie Tulpen, Hyazinthen, Narzissen, Gladiolen, Birnen, Pflaumen, Apfel etc., geben bei Aussat eine sehr heterogene Nachkommenschaft, welche deren hybride Herkunft sofort verrät.

---

2 [152/1] Der Einwand, daß nicht-sexuell sich vermehrende Organismen durch Variabilität entstanden sein müssen, ist hinfällig, da es sehr fraglich ist, ob es überhaupt Organismen gibt, die sich nie sexuell fortpflanzen, respektive deren Ahnen sich nie sexuell fortgepflanzt haben. Bis vor wenigen Jahren galten noch so große Organismen wie die Laminarien als asexuell und wer hätte bis in allerletzter Zeit wohl an die Möglichkeit von Bastarden bei Basidiomyceten gedacht?!

Von den Haustieren steht fest, daß viele moderne Rassen von Tauben und Hühnern durch Bastardierung erhalten worden sind, weshalb sollten dann die älteren in
anderer Weise entstanden sein?

In einem interessanten Aufsatz im *Scientific Monthly* vom Jänner 1922[3] sagt Dr.
D. F. J o n e s vom Connecticut Agricultural Experiment Station in New-Haven:

> „Although much of the history of domesticated races is largely surmised, there can be no
> doubt but that the interplayed a very important role in their great alterations to suit the needs
> of man. Desirable qualities existed in several forms of allied animals in different regions.
> Tribal migrations and commercial intercourse furnished the means for bringing them together
> and as far as they were sexually compatible crossing undoubtebly was utilized to combine
> good features; and also the crossing and resulting variability [*recte:* diversity][4] brought out
> new possibilities not before realized. How else can one account for the great flexibility of
> domestic races as contrasted to wild species?
>
> The same occurence of species-hybridization is largely at the bottom of the development
> of cultivated plants."

Weil es demnach über jeden Zweifel erhaben ist, daß Bastardierung eine wenigstens
überwiegende Rolle bei der Bildung unserer Kulturpflanzen gespielt hat, fragt es sich
noch, ob Bastardierung so häufig in der Natur stattfindet, daß man ihr auch mit Fug
und Recht die Bildung der Arten zuschreiben darf.

Ich glaube ja und möchte dies durch einige Beispiele erhärten.

Schon K e r n e r v o n M a r i l a u n hatte richtig erkannt, daß nicht ein inhä-
rentes Variabilitätsvermögen, sondern die Sexualität und die mit ihr verbundene Gelegenheit zu Bastardierung die Möglichkeit zur Evolution geschaffen hat.

Er selber hat schon hunderte von wilden Arten von Bastarden beschrieben, welche Zahl von Floristen und Feldzoologen – unter letzteren zumal von Ornithologen –
so sehr vermehrt worden ist, daß es wohl kaum noch eine Familie von Pflanzen und
Tieren gibt, in welchen Bastarde unbekannt sind.

Dennoch konnten – bis auf M e n d e l – nur diejenigen wilden Formen, welche
annähernd intermediär zwischen zwei Arten waren, als Bastarde angesprochen werden, weil man meinte, daß aus der Kreuzung zweier Arten nur e i n e Bastardform
entstehen konnte und annahm, daß diese, wenn nicht steril, sofort konstant war.

Diese Meinung hatte so sehr festen Fuß gewonnen, daß sogar d e V r i e s
auf diese noch einen Unterschied zwischen Artbastarden und mendelnden Varietäts-
bastarden zu gründen versuchte und seinen Mutanten, welche seiner Meinung nach
Bastarde zwischen einer mutierten und einer nichtmutierten Gamete waren, ihrer
vermeintlichen Konstanz wegen, Artcharakter zuschrieb.

Seitdem aber bekannt geworden ist, daß auch Artbastarde eine sehr heterogene
Nachkommenschaft erzeugen können, sind Kreuzungsnachweise in der Natur möglich geworden, von denen man früher keine Ahnung hatte.

So konnte der bekannte Ornithologe W i l l i a m B e e b e auf seiner Reise in
Britisch-Indien nachweisen und sich dabei auf von G h i g i in Bologna ausgeführten

---

3   [153/1] D. F. Jones, Hybridization in: Plant and Animal Improvement. Scientific Monthly, January
      1922.
4   [153/2] Die eingeklammerten Wörter habe ich hinzugefügt.

absichtlichen Kreuzungen stützen, daß eine große Anzahl von Fasanenformen der Gattung *Gennaeus* welche in jüngerer Zeit als neue Arten beschrieben wurden, bloße Spaltungsprodukte von Bastarden bereits langer bekannter Arten waren, sodaß bei den Fasanen in Britisch-Indien Artbildung durch Bastardierung zur Zeit in voller Wirkung ist. Da wir überdies wissen, daß bigenerische Fasanenbastarde vollkommen fruchtbar sein können, wies dies z. B. vom zu früh gestorbenen K r u y m e l an von ihm ausgeführten Kreuzungen zwischen Amherstfasan und Goldfasan nachgewiesen wurde, liegt kein Grund vor, irgend eine andere Ursache als Kreuzung für die Bildung sämtlicher Fasanen in der Natur anzunehmen.

Auch brauchen wir nicht bei den Fasanen Halt zu machen, denn wir wissen, daß es unter den wilden Hühnern eine Art: die javanische *Gallus varius* gibt, welche einen so ausgesprochenen Fasanenkragen hat, daß kein Grund vorliegt, eine scharfe Grenze zwischen Fasanen und Hühnern zu ziehen; persönlich halte ich es sogar keineswegs für ausgeschlossen, fruchtbare Bastarde zwischen *Gallus varius* und irgend einer Fasanenart zu erzielen, ist es doch bekannt, daß zwischen Haushuhn und Fasan, sei es auch unfruchtbare, Bastarde bekannt sind. Wer noch festhalten möchte an der Überzeugung, daß letzten Endes die Art das Produkt ihrer ehemaligen und jetzigen Umgebung ist, bitte ich, auf die ebenfalls von B e e b e ans Licht gebrachte Tatsache aufmerksam machen zu dürfen, daß in England auf dem Gute „Tring" des Lord R o t s c h i l d aus der Vermischung von dort zu Jagdzwecken halb wild gehaltenen: *Phasianus colchicus*, *P. torquatus*, *P. versicolor* und *P. pallasi* eine Form entstanden ist, welche von einem typischen *Phasianus sitchuensis* aus dem innern Chinas nicht unterschieden werden konnte. Arten enstehen, ebenso wie Menschenkinder, dort, wo sich deren Eltern z. Zt. aufhalten und können an ihrem Geburtsort bestehen bleiben, wiederum wie Menschenkinder, nachdem ihre Eltern oder einer von diesen gestorben sind, sich auch, ohne von ihren Eltern begleitet zu werden, auf Reisen begeben, daher der Ausdruck Halbwaisen oder Ganzwaisen für Bastarde in Gebiete, in denen nur eine oder keine der Eltern vorkommt.

Sowie M e n d e l's Lehre der Aufspaltung von Bastarden die Häufigkeit der Bastardierung bei wilden Phasanen ans Licht brachte, so hat sie uns auch gezeigt, daß Bastardierung bei Pflanzen in der Natur noch weit häufiger ist als früher schon nachgewiesen wurde.

Der erste, welcher die unerwartete Häufigkeit der Bastardierung bei Pflanzen ans Licht brachte, ist wohl B r a i n e r d bei seinen grundlegenden Studien der Amerikanischen Viola-Arten gewesen. Seiner letzten Publikation[5] entnehme ich folgendes:

> „I am asked to prepare a statement for the Violet Bulletin, emphasizing the important function of hybridism in furnishing new forms for natural selection to work upon. This has led me to look over my mounted specimens of violet hybrids from the wild and from garden cultures. The large number of sheets that I find is surprising even to myself – 984 – about as many as my herbarium sheets of the species. The total number of distinct hybrids is 89, of distinct species 75. I may here state that in my first paper on hybrids (Rhodora 6: 213–233 pl. 58. Nov. 1904) the eight there described were from familiar species and were correctly determined as to parentage, and the parents designated by valid names. In March 1906, 16

---

5   [155/1] E z r a   B r a i n e r d, Violets of North America, with an introduction by G. P. B u r n s. Bulletin 224 of the Vermont Agricultural Experiment Station. December 1921.

months later, I described 25 other hybrids occuring along the southeastern New England coast and southward. Some 11 of these hybrids were between a pair of species, at least one of which was currently passing under an invalid name. On account of this unsettled condition of specific names I deemed it best for a while not to publish the supposed parental names of a hybrid, and, accordingly for a period of sic years I devoted my study of *Viola* largely to the work of clearing up this nomenclatorial confusion. I visited the herbaria and libraries at Cambridge Mass, Bronx Park, N. Y. Washington D. C. Charleston S. C. and St. Louis, Mo. I collected abundant herbarium specimens in the southern and southwestern states, shipping home living plants of both hybrids and species for garden cultures on as large scale as practicable.

I have given an account of my work on the 75 species of North American Violets in the preceding pages; and in the six which follow appears a list of the 89 hybrids, which I have in my herbarium. The facts concerning their distribution, the number of sheets of each hybrid in my herbarium and, in cases where the hybrid has been discussed, the place of publication are also cited.

A detailed discussion of violet hybrids will appar in a future bulletin of this station."

Dieser Publikation sehe ich mit Spannung entgegen, denn für mich steht fest, daß eine tiefere Einsicht in der Weise, in welcher die Evolution in der Natur stattfindet, nur von ebensolchen eingehenden Studien wie diese B r a i n e r d's gewonnen werden kann. Sehr zu Recht sagt, meines Erachtens, B u r n s in der Einleitung zur obengenannten Publikation B r a i n e r d s:

„Some of the more important data (of B r a i n e r d's *Viola*-work) may be summarized here. The numerous forms found in the wild may be grouped into three classes, species, hybrids, and anomalous forms which are normally fertile, and come true to seed. These last named forms are the result of hybridism in the remote or recent past. In this way new forms have arisen which, although of hybrid origin, are distinct and stable and, if fairly widespread, may be entitled to specific rank. His experimental work with that of P e i t e r s e n, has shown the great wealth of new forms furnished by hybridization upon which natural selection may operate. This work represents one of the most illuminating researchs of the present time, throwing light on the problem of the origin of species. It marks an enormous advance in the methods of the systematic botanist.

In view of the fact that the composition of plant found growing in the wild is so uncertain, I believe that such a study as is here presented is absolutely indispensable to determine the relationstip of the species in any genus of plants. All work in plant breeding should be preceded by such a preliminary experimental analysis of the plants to be used as parents before actual breeding experiments are begun. Only thus can the experiments themselves je properly conducted, only thus can reliable results je secured."

Seitdem ist die Häufigkeit von Bastardierung in der Natur – wenn auch nie in so gründlicher Weise wie von B r a i n e r d – an so vielen Beispielen erhärtet worden, daß G a m s in einem vor kurzem erschienenen bemerkenswerten Aufsatz[6] m. E. mit Recht sagt:

„Überhaupt sind alle, in Nord- und Mitteleuropäischen Gebirgen zahlreiche Neo-endemismen aufweisenden, polymorphen Genera bastard-verdächtig."

---

6   [157/1] G a m s, „Noch einmal die Herkunft von Cardamine bulbifera (L.) Crantz und Bemerkungen über sonstige Halb- und Ganzwaisen.", Be. D. Bot. Ges. XL, 1922, S. 362ff.

Nicht nur die offensichtliche Anwesenheit von Bastarden in der Natur gibt uns ein Maß für die Häufigkeit der Kreuzung dort, sondern dasselbe Prinzip, welches uns zur Aufdeckung der Bastardnatur so mancher habituell bloß vegetativ vermehrter Kulturpflanzen geführt hat, kann auch Licht werfen auf die wahre Natur gewisser wilden, als Arten beschriebenen, Formen. Diese Überzeugung hat sich während meiner letzten Reise in Nordamerika im vergangenen Jahre an mich aufgedrängt.

Die an Mexiko grenzenden südlichen Staaten, zumal Arizona, sind reich an *Cactaceae*; stark verteten ist dort die Gattung *Opuntia*, sowohl durch Arten der Sektion mit cylindrischen wie durch solche der Sektion mit flachen Stengelgliedern. Diese Arten vermehren sich habituell vegetativ, mittels abgebrochener Stengelglieder. Vermehrung durch Samen kommt kaum vor, weil den jungen Keimpflanzen dort zur jetzigen Zeit zu eifrig von allerhand Getier nachgestellt wird.

Sehr auffallend ist dort die Diversität innerhalb vieler sogenannter Arten; es blüht z. B. *Opuntia versicolor* in allen Farben und Farbentönen von fast weiß bis dunkelrot; die Gesamtheit macht ganz den Eindruck einer F_2-Generation einer Kreuzung, deren Diversität durch vegetative Vermehrung – so wie bei unseren Blumenzwiebeln – erhalten wurde. Es interessierte mich denn auch sehr von M a c D o u g a l zu hören, daß von ihm vor vielen Jahren ausgeführte Kreuzungen zwischen *Opuntia laevis* und *Opuntia discata* eine vielförmige F_1 gegeben hatten, woraus hervorgeht, daß wenigstens eine dieser „Arten" heterozygot oder mit anderen Worten ein Bastard war. Auch konnte dieser Forscher nachweisen, daß eine dort häufige *Echinocerus*-Art bei Aussaat eine vielförmige Nachkommenschaft gibt, also ebenfalls heteroyzgot ist. In bezug auf die Opuntien war er überzeugt, daß bei den *Cactaceae* künstliche Bastarde zwischen habituell sehr verschiedenen Formen erhalten sind, z.B. zwischen Angehörigen der Genera *Cereus* und *Phyllocactus*, ja daß sogar triftige Gründe vorliegen, um die in Mexiko wildwachsende *Phyllocactus Akermanni* Lk. Für einen Bastard zwischen *Cereus speciosissimus* Dc. und *Phyllocactus phyllanthoides* zu halten – sowohl G ä r t n e r, wie W a r s c e w i c z und L e c o q berichten ihn aus dieser Kreuzung erhalten zu haben – und daß gerade die *Cactaceae* wegen der Unschärfe der Art – ja sogar der Gattunggrenzen – berüchtigt sind, dann ist wohl kaum Zweifel daran möglich, daß die Polymorphie die Opuntien, ja sogar die ganze Formenbildung innerhalb der Familie der *Cactaceae* der Kreuzung zuzuschreiben ist.[7]

Von einer, in Europa häufigen Pflanze, von der *Erophila verna*, wissen wir durch die Untersuchungen R o s e n's, daß an deren Polymorphie Bastardierung beteiligt ist. Die überaus starke Polymorphie dieser „Art" legte den Gedanken nahe, daß auch bei ihr die Kreuzungspolymorphie durch irgendeine Art vegetativer Vermehrung erhalten worden war. Als es mir denn auch bei Kreuzung einer castrierten *Erophila*-Form – bei welcher also Selbstbefruchtung ausgeschlossen war – passierte, daß die durch Bestäubung mit fremden Pollen erhaltene Nachkommenschaft fast ausnahmslos der Mutter gleich war, lag es auf der Hand auch bei ihr Apogemie zu vermuten. Diese Vermutung ist inzwischen durch eine cytologische Untersuchung meines Materials durch Herrn J. P. B a n n i e r, welcher in Kürze selber darüber berichten wird, zur

---

7 [158/2] Es wäre gewiß interessant, die sich so oft vegetativ vermehrenden europäischen Saxifragen auf deren Samenbeständigkeit zu prüfen.

Gewißheit geworden. Die große Rolle, welche Apogamie bei der Erhaltung der Viel-
förmigkeit von H i e r a c i u m , T a r a x a c u m etc. spielt, ist natürlich seit langem
bekannt.

Sollte sich weiterhin die von E r n s t ausgesprochene und sehr plausibel gemachte Vermutung bestätigen, daß Apogamie überhaupt eine Folge von Bastardierung ist, dann hätten wir in dem bloßen Nachweis der Apogamie – und wir wissen,
daß immer mehr Fälle von Apogamie bekannt werden – ein weiteres Mittel, um die
Häufigkeit der Bastardierung in der Natur zu bestimmen.

Ein anderes Mittel bietet uns die cytologische Untersuchung des Chromosomen-
satzes mancher „Arten", indem es sich – durch die Untersuchungen
T ä c k h o l m's, H a r r i s o n's und M i ß B l a c k b u r n's – herausgestellt hat,
daß es in der Natur „Arten" gibt, welche neben gepaarten auch ungepaarte Chromosomen in ihren Kernen führen, welche Tatsache auf Bastardierung von Arten mit verschiedenen Chromosoenzahlen hinweist.

Daß solche Arten in der Tat miteinander bastardieren können, haben Dr.
H a r r i s o n und M i ß B l a c k b u r n vor kurzem für *Salix* nachgewiesen, so daß
der Schluß, zu welchem T ä c k h o l m kam, daß sämtliche Rosen der Sektion *Cani-
nae*, welche in Europa, Nord Afrika und Klein-Asien wachsen und welche immer als
gute Arten betrachtet wurden, in der Tat sich in irgend einer Weise apomiktisch vermehrende, sehr alte F_1-Bastarde sind, wohl kaum unrichtig sein kann.

Bedenkt man weiter, daß B r e m e r bei *Saccharum* den Nachweis erbracht hat,
daß eine *Saccharum*-Art mit 56 Chromosomen, mit einer solchen mit 40 Chromosomen in den Gameten bastardiert, einen Bastard mit 136 Chromosomen bilden kann,
indem die 40 Chromosomen der einen Art sich durch Längespaltung verdoppeln,
dann ist dadurch W i n g e's Hypothese der „indirect Chromosome-binding" Tür und
Tor geöffnet und die Möglichit geschaffen, daß der Chromosomenatz einer Art von
verschiedenen anderen Arten herstammen kann. So öffnen sich immer neue Gesichtspunkte zur Betrachtung der Artbildung vom Standpunkte der Kreuzung.

Fürchtete ich nicht zu lang zu werden, ich könnte noch so manchen neuen Gesichtspunkt hinweisen, ich begnüge mich damit auf die Mooskreuzungen F. v o n
W e t t s t e i n's[8] aufmerksam zu machen, welche soeben erschienen sind, auf die
Untersuchungen über Geschlechtsbestimmung und Reduktionsteilung von Basidiomyceten von K n i e p, in den Verhandlungen der Physikalisch-Medizinischen Gesellschaft zu Würzburg, Bd. 47, 1922, Nr. 1, aus welcher die Heterozygotie von Basidiomyceten in bezug auf das Geschlecht hervorgeht, welche durch zahlreiche Kreuzungsversuche näher untersucht wurde und auf die Erhaltung eines Bastardmyceliums
von *Panaeolus camoanulatus* und *P. fimicola* durch R. V a n d e n r i e s, worüber
dieser so eben in seine „Recherches sur le Détermnisme sexuel des Basidiomycétes,
Mémoires de l'Academie Royale de Belgique, Tome V, 1923, berichtet.

Durch diese letzteren Untersuchungen wird die Suche nach Bastarde unter den
Hutpilzen in der Natur nahegelegt, und muß auch bei dieser Gruppe künftighin mit
einem möglichen Einfluß von Bastardierung auf der Formbildung gerechnet werden.

---

8   [160/1] F r i t z   v o n   W e t t s t e i n. Kreuzungsversuche mit multiploiden Moosrassen, Biol.
    Zentralblatt. 31. Jänner 1923, S. 71.

Damit soll nicht geleugnet werden, daß wohl einmal „versehentlich", durch unregelmäßige Chromosomenverteilung durch „crossing over", durch eine unterbliebene Reduktionsteilung oder Spaltung von Chromosomen, welche zur Polyplodie führt, in einem Worte durch gelegentliches Verfehlen des Verteilungsapparates erblicher Qualitäten, neue Formen entstehen können; die *vera causa* der „Art"-bildung und somit eines bedeutenden Teiles der Evolution aber, erblicke ich, mit K e r n e r v o n M a r i l a u n, in der Sexualität, deren große Bedeutung für die Schaffung neuer Formen uns von M e n d e l gelehrt wurde.

V e l p, im Februar 1923.

EINIGE AUFGABEN DER PHÄNOGENETIK[1]

(Some Tasks of Phenogenetics)

Valentin H a e c k e r

In den allerersten Jahren der Mendelforschung konnte die Ansicht entstehen, daß der einzelnen äußeren (expliziten) Eigenschaft des fertigen Organismus jeweils eine einzige Erbeinheit zugrundeliegt und daß sich also umgekehrt die Spaltungen und neuen Verbindungen der „Anlagen" unmittelbar im Erbgang der äußeren Eigenschaften wiederspiegeln. Auch die mehrfach abgestuften Eigenschaften, deren einzelne Phasen untereinander „mendeln", konnten in dieses Schema eingefügt werden, indem man als Grundlagen dieser Phasen verschieden abgestufte Zustände oder Mutationen einer und derselben Erbeinheit (multiple Allelomorphe) annahm. Indessen forderten mancherlei Ergebnisse sehr bald eine Ergänzung dieser einfachen Vorstellungen. Außerordentlich rasch setzte sich die Lehre durch, daß viele Eigenschaften, die sogenannten zusammengesetzten Charaktere, erst in Erscheinung treten, wenn mehrere Erbeinheiten verschiedener Art zusammenwirken, und daß andere Eigenschaften in verschiedenen Intensitätsabstufungen zur Entfaltung kommen, je nachdem eine kleinere oder größere Zahl von gleichsinnig wirkenden Erbeinheiten zusammentrifft (Polymeriehypothese). Andererseits wurde erkannt, daß viele Erbeinheiten sich nicht bloß in einer, sondern in verschiedenen Eigenschaften und Organen auswirken können, und so ergab sich für die Zusammenhänge zwischen den äußeren Eigenschaften und den unsichtbaren Anlagen ein immer komplizierteres Bild, in welchem sich die verschiedensten Systeme von kon- und divergierenden Wirkungslinien in mannigfaltigster Weise durchkreuzen und durchflechten. Daß es trotzdem bei einigen Formen, so vor allem bei Drosophila und Antirrhinum, gelang, eine sehr große Zahl von scharfgesonderten Erbeinheiten auszusondern, wird immer als ein Meisterwerk analytischer Forscherarbeit betrachtet werden, auch zu einer Zeit noch, wenn sich alle unsere heutigen Vorstellungen als zu eng und einseitig herausgestellt haben.

Aber soweit auch die Kreuzungsanalyse gelangt ist, schließlich sind es doch nur zwei i n k o m m e n s u r a b l e G r ö ß e n , die auf diese Weise in Beziehung zu einander gesetzt wurden die sichtbaren, meßbaren oder in ihren physiologischen Wirkungen: irgendwie faßbaren Eigenschaften des werdenden und fertigen Organismus

---

1   Valentin Haecker, *Einige Aufgaben der Phänogenetik*, in: Studia Mendeliana ad centesimum diem natalem Gregorii Mendelii a grata patria celebrandum, Brünn-Leipzig: Verlag Karl Max Poppe 1923, pp. 78–91.

auf der einen Seite und die zunächst rein hypothetischen, unsichtbaren Erbeinheiten, Faktoren oder Gene. Man könnte ja, um eine Vorstellung von ihrem Zusammenhang zu gewinnen, das Bild gebrauchen, daß sie im Verhältnis einer verwickelten mathematischen Funktion zu einander stehen, aber damit ist für das kausale Verständnis nichts gewonnen, und wir sind vor der Hand in der Lage eines Mannes, der die Handgriffe an der elektrischen Schalttafel kennt und der genau weiß, welche Flammen aufleuchten werden, wenn er diesen oder jenen Griff drückt, dem aber die Kenntnis der technischen und physikalischen Zusammenhänge vollkommen abgeht.

Man hat nun gemeint, in der Chromosomentheorie der Vererbung und speziell in der M o r g a n'schen Lokalisationshypothese endgültig den Schlüssel gefunden zu haben, mit dem die Türe in dieses dunkle Gebiet der Zusammenhänge geöffnet werden könnte, aber abgesehen von manchen erheblichen Schwierigkeiten, die auf rein cytologischem Gebiet diesen Annahmen gegenüberstehen, wird die Kluft zwischen äußeren Eigenschaften und unsichtbaren Anlagen keineswegs überbrückt. Denn es bleibt die Frage ungeklärt, auf welche Weise nun eigentlich die materialisierten Gene während der Ontogenese die Entfaltung der einzelnen äußeren Eigenschaften bewirken. Auch die Annahme, daß von den Chromosomen bestimmte enzymatische Wirkungen ausgehen, hilft nicht wesentlich weiter: sie stellt allerdings einen erkenntnistheoretisch wichtigen Schritt dar, insofern dadurch der Anschluß an Vorstellungen angebahnt wird, die sich auf andern Gebieten gut begründen lassen, aber jeder Versuch, von dieser allgemeinen Annahme aus eine „Erklärung" der Zusammenhänge zwischen Genen und Merkmalen im E i n z e l n e n zu geben, muß in den allerersten Anfängen stehen bleiben.

Ein Weg, der auf diesem Gebiete weiter zu führen vermag, ist durch die e n t w i c k l u n g s g e s c h i c h t l i c h e   E i g e n s c h a f t s a n a l y s e oder P h ä n o g e n e t i k gegeben. Speziell auf dem Gebiet der Vererbungs- und Rassenlehre ist mit der P h ä n a n a l y s e, d. h. mit der morphologischen, histologischen und physiologischen Untersuchung der im fertigen Zustande bestehenden Rassenunterschiede, zu beginnen. Sodann wird rückläufig, und zwar deskriptiv sowohl, als auch womöglich experimentell, die Entwicklung der verschiedenen Varianten einer und derselben Eigenschaft bis zu dem s c h e i n b a r e n   G a b e l p u n k t oder der p h ä n o k r i t i s c h e n   P h a s e verfolgt, d. h. bis zu demjenigen Entwicklungsstadium, in welchem mit Hilfe der jetzigen Methoden erstmals eine Divergenz in der Entwicklung der Varianten zu beobachten ist (P h ä n o g e n e t i k   i m e n g e r e n   S i n n). Das ideale Ziel ist natürlich die Feststellung des w i r k-l i c h e n   G a b e l p u n k t e s, d.h. derjenigen Entwicklungsphase der Keimzellen selbst, in welcher ein verschiedenes strukturelles oder chemisches Verhalten der Varianten erstmals nachweisbar ist.

Daß es nicht zu gewagt ist, auch heute schon an die Erreichbarkeit dieses Zieles zu denken, darauf habe ich schon öfters hingewiesen. Die Fortschritte in der Chemie der Pflanzenfarbstoffe, die durch C o n k l i n's Arbeiten begründete Aussicht, die Rechts- und Linkswindung der Schneckengehäuse auf irgendwelche physiologisch-chemisch faßbaren, schon in den Keimzellen wahrnehmbaren Asymmetrien intra- oder intermolekulärer Art durchzuführen, sowie die Feststellung eines direkten oder indirekten Zusammenhanges zwischen einzelnen Riesenwuchsformen und der Chromosomenzahl kann hier angeführt werden.

Man könnte auch auf die zweifellosen Beziehungen hinweisen, die bei vielen Tieren zwischen der geschlechtlichen Differenzierung und dem chromosomalen Dimorphismus der Gameten bestehen. Scheint es doch hier gelungen zu sein, nicht bloß den scheinbaren, sondern den w i r k l i c h e n, in den Keimzellen gelegenen Gabelpunkt in der Entwicklung der beiden „Geschlechtsrassen" festzustellen. Indeß ist es ja fraglich, ob hier überhaupt ein direkter kausaler Zusammenhang besteht, und ob nicht die Geschlechtschromosomen, statt wirkliche Geschlechtsbestimmer zu sein, nur einen Index für die bereits durch andere Merkmale bewirkte Geschlechtsbestimmung darstellen. Aber auch wenn diese Kernelemente tatsächlich die eigentlichen „geschlechtsbestimmenden Faktoren" mit sich führen würden, so könnte es sich doch nur um a u s l ö s e n d e Agentien handeln, sie würden nur in alternativer Weise entscheiden, in welcher Richtung sich eine s c h o n v o r h a n d e n e B i p o t e n t i a l i t ä t geltend macht. Dagegen wird schwerlich jemand behaupten wollen, daß in den Geschlechtschromosomen die Gesamtheit der Erbeinheiten für sämtliche primäre und sekundäre Geschlechtscharaktere, also für häufig hochkomplizierte, adaptative, ihrer ganzen Natur nach den eigentlichen Artcharakteren sich nähernde Eigenschaften lokalisiert sind. Eine wirkliche phänogenetische Erklärung der geschlechtlichen Differenzierung ist jedenfalls durch die Ermittlung der Geschlechtschromosomen noch nicht gegeben, etwa in der Weise, wie die Verschiedenheit der Blütenfarben bei genauerem Eindringen in den allgemeinen Zellchemismus, die Asymmetrien der Schnecken durch den chemisch-physikalischen Nachweis asymmetrischer Moleküle oder Molekülgruppen, und möglicherweise Größenunterschiede bestimmter Art durch verschieden große Chromosomensätze erklärt werden könnten.

Im ganzen ist es der s p e z i e l l e n, mit den einzelnen Eigenschaften sich befassenden Phänogenetik noch nirgends gelungen, den scheinbaren Gabelpunkt bis zu den Keimzellen zurückzuschieben. Vermutlich wird sie dies am ehesten bei solchen Eigenschaften erreichen, die auf gleich gerichteten Abänderungen s ä m t l i c h e r o d e r d e r m e i s t e n Zellen des Organismus beruhen und demgemäß die morphologischen oder physiologischen Verhältnisse nicht einzelner Organe, sondern mehr oder weniger den ganzen Körper betreffen (extreme Körpergrößen, Anomalien des Eiweißstoffwechsels)[2] und welche ich als e u r y ë d r i s c h[3] den auf Spitzen- und Kleinorgane (Extremitäten, Haare, Federn u. s. w.) lokalisierten a k r o ë d r i s c h e n Merkmalen gegenüberstellen möchte. Doch sind, wie wir sahen, auch hier nur erste Ansätze zu verzeichnen.

Trotzdem also die spezielle Phänogenetik ihr Endziel noch nirgends erreicht hat, ist das auf den verschiedensten Gebieten gewonnene Material jetzt schon ausreichend, um die Formulierung einer ganzen Anzahl von Thesen, Fragestellungen und Aufgaben a l l g e m e i n - p h ä n o g e n e t i s c h e r Art zu gestatten.

---

2 [81/1] Über weit. Zusammenhänge, Pflüg. A., 181, 1920, S. 151.
3 [81/2] ἕδρα = Sitz.

Welches Einzelgebiet man auch phänogenetisch in Angriff nimmt, diejenige Frage, welche sich immer sofort aufdrängt, ist die nach der r e l a t i v e n E i n -
f a c h h e i t oder K o m p l e x i t ä t der bei der Entfaltung einer Eigenschaft zusammenwirkenden Entwicklungsvorgänge. Schon ohne entwicklungsgeschichtliche Untersuchung, also bei rein phänanalytischer Betrachtung treten hier starke Gegensätze hervor. So ergibt sich z. B. aus den histologischen Verhältnissen der Vogelfedern ohne weiteres, daß der schwarzen Farbe eines Raben oder Minorkahuhnes eine geringere Zahl von entwicklungsgeschichtlichen Faktoren zu Grunde liegen muß, als dem Schieferblau der Felsentaube, dem Grün- und Beryllblau des Eisvogels oder gar dem glänzenden Lackblau des Cotinga[4]. Verfolgt man bei entwicklungsgeschichtlich faßbaren Rassenmerkmalen diese Unterschiede genauer, und berücksichtigt man auch die E r b l i c h k e i t s v e r h ä l t n i s s e, so ergibt sich unmittelbar die e n t w i c k l u n g s g e s c h i c h t l i c h e V e r e r b u n g s r e g e l, wonach einfach-verursachte, ausgesprochen autonome (auf Selbstdifferenzierung beruhende) Entwicklung mit klaren M e n d e l'schen Spaltungserscheinungen, komplex-verursachte, durch Korrelationen gebundene Entwicklung mit unübersichtlichen Erblichkeitsverhältnissen verbunden ist. Soweit sich „einfach-verursacht" mit „unifaktoriell" und der Begriff der komplex-verursachten Merkmale mit den B a t e s o n'schen compound characters deckt, sagt ja der Satz nur Bekanntes aus, aber die Merkmale der zweiten Gruppe umfassen ein wesentlich weiteres Gebiet, als mit dem B a t e s o n'schen Begriff gemeint ist. Sie schließen auch diejenigen Eigenschaften in sich, die, wie Größe und Scheckung, durch eine Anzahl g l e i c h g e r i c h t e t e r, sei es homo-, sei es heteropolymerer Faktoren bedingt sind, und bei welchen vielfach Vererbungsvorgänge auftreten, die am einfachsten als unreine Spaltung zu deuten sind; ferner sind einbegriffen heterophäne Habitus- und Konstitutionsformen, d. h. Zustände erblicher Art, die am ganzen Organismus oder in einer größeren Zahl von Körperverhältnissen in mannigfaltigen, z. T. individuell wechselnden Anomalien und Symptomen zutagetreten und einen unregelmäßigen, unübersichtlichen Vererbungsmodus aufweisen; endlich sind hierher zu rechnen mosaikartig gegliederte Eigenschaften besonders flächenhafter Organe, wie z. B. die Schmuckzeichnung eines männlichen Gold- oder Amherstfasans. Andererseits gehören n i c h t dazu solche Eigenschaften, welche an und für sich zweifellos komplex-verursacht sind, die aber doch, weil im wesentlichen nur eine, und zwar die den Entwicklungsprozeß a b s c h l i e ß e n d e Komponente variabel ist, wegen einfach mendelnden Verhaltens der letzteren der Spaltungsregel. folgen (pseudokomplexe Eigenschaften). So sind bei der primären Längsstreifung der Wirbeltiere[5] zwei Hauptkomponenten zu unterscheiden: einerseits eine bestimmte Wachstumsordnung der Epidermis, die wohl in den meisten Wirbeltiergruppen als uraltes Erbgut in jedem einzelnen Individuum

---

4 [82/1] Es dürfte sicher sein, daß die einfacheren blauen Federfarben polyphyletisch als
    H e m u n g s b i l d u n g e n (durch Wegfall der gelben Lipochrome) aus Grün hervorgegangen
    sind. Vermutlich konnten sie wenigstens in einigen Fällen dadurch den Charakter von
    Schmuckfarben erhalten, daß g l e i c h z e i t i g eine entsprechende Weiterbildung des
    Sehapparates und Nervensystems des Weibchens stattgefunden hat.
5 [83/1] Über umkehrbare Prozesse, Berlin (Bornträger), 1922, S. 25; Einfach-mendelnde Merkm.,
    Genetica, 4, 1922, S. 206.

zu Recht besteht, andererseits die besonderen physiologischen Bedingungen, auf Grund deren in den „Hauptwachstumslinien" der Haut eine Pigmentierung auftritt und auf diese Weise den sonst nicht erkennbaren Wachstumsrhythmus als Längstreifung manifestiert. Da diese superponierte Komponente anderen Erfahrungen zufolge einfacher Art ist und daher der M e n d e l'schen Regel folgt, so gilt dies wenigstens bei Hühnern und Schweinen, auch für die Längsspaltung überhaupt.

Die beiden phänogenetischen Haupttypen, die ausgesprochen einfache und die entschieden komplexe Verursachung, sind aber nicht bloß verschiedenen Modis der Vererbung zugeordnet, sondern sie decken sich auch im großen Ganzen mit einigen anderen, der Rassen- und Vererbungsforschung geläufigen Begriffspaaren. Speziell für die einfach-verursachten Merkmale kann jedenfalls gesagt werden,[6] daß es sich zum großen Teile um ausgeprägte R a s s e n m e r k m a l e handelt, die durch weite Verbreitung (Ubiquität i. w. S.), durch mutativen Ursprung und dadurch, daß sie keine Bedeutung für die Lebensfähigkeit des Individuums oder einen mehr oder weniger degenerativen Charakter haben, gekennzeichnet sind (z. B. totaler Albinismus) und im Gegensatz stehen zu den eigentlichen A r t m e r k m a l e n, welche eine artlich begrenzte Verbreitung, eine mehr kontinuierliche Entstehungsweise und einen adaptativen Charakter besitzen (z. B. Schmuckfärbungen und komplizierte Federzeichnungen). Zwischen beiden Gruppen stehen die „s p e z i e s b i l d e n d e n" Merkmale (z. B. die einzelnen Typen des partiellen Albinismus). Auch ein gewisses Maß von Reversibilität ist mit der einfachen Verursachung verbunden, d. h. es kann u. U. eine Mutation wieder in den Typus der Stammform, von dem sie ausgegangen war, zurückschlagen.[7] Auf diesem Gebiet liegen die Ausnahmen vom D o l l o'schen Gesetz von der Nichtumkehrbarkeit der Entwicklung.[8]

Der leicht degenerative Charakter, welcher zahlreichen mutativ auftretenden Rassenmerkmalen anhaftet, hängt noch mit einem anderen Verhältnis zusammen: wie wohl die meisten Forscher annehmen, sind fast alle rassenmäßig auftretenden sprungweisen Abänderungen V e r l u s t - oder D e f e k t m u t a t i o n e n. Es ist eine der Hauptaufgaben der Phänogenetik, zu untersuchen, inwieweit diese Auffassung zutrifft. Damit berührt sich sehr nahe die Frage nach der Natur und Wirkungsweise der aus kreuzungsanalytischen Ergebnissen erschlossenen H e m m u n g s - oder L e t h a l f a k t o r e n. Es handelt sich hier um begriffliche Gebilde, die zum großen Teil noch ganz nebelhafter Natur sind, und es ist daher zu versuchen, von allgemein physiologischen Gesichtspunkten aus einen Weg für die phänogenetische Erforschung ausfindig zu machen und so auch auf diesem Gebiet die Mendel-Philosophie in eine Mendel-Physiologie zurückzuverwandeln.[9]

Wie alle vorhin genannten Verknüpfungen und Unterscheidungen nur relative Gültigkeit haben, so kann es speziell auch vorkommen, daß e i n f a c h – verursachte,

6   [83/2] Üb. weit. Zus., S. 157ff.; Üb. umkehrb. Proz., S. 21ff.: Allg. Vererbungsl., 3. Aufl., S. 311ff.
7   [84/1] Üb. umkehrb. Proz., S. 34.
8   [84/2] Ähnliches nimmt die moderne Atomlehre an. Die im Innern des Atoms stattfindenden e l e m e n t a r e n Vorgänge und die durch solche bedingten äußeren Erscheinungen sind durchwegs umkehrbar. Nichtumkehrbarkeit kommt durch Komplikationen, durch Zusammenwirkung mehrerer Atome zustande.
9   [84/3] Vererb. Einzelfr., Z. ind. Abst., 32, 1923.

mutativ entstandene Merkmale, die bei einer Anzahl von Arten als R a s s e n m e r k m a l e ohne biologische Bedeutung da und dort in Erscheinung treten, an verschiedenen Orten des Stammbaumes als konstante „nützliche" A r t - c h a r a k t e r e fixiert wurden. Hat eine solche Fixierung schon in sehr frühen Phasen der Phylogenese zu wiederholten Malen stattgefunden, so konnten solche als P a r a l l e l b i l d u n g e n aufgetretenen Eigenschaften zu dauernden Attributen mehrerer in der Gegenwart scharf getrennter Familien, Ordnungen oder gar Klassen werden, also ohne daß die betreffenden Entwicklungspotenzen bereits bei gemeinsamen Vorfahren manifest geworden waren. In der Tat weisen, wie ich an anderer Stelle[10] gezeigt habe, alle Familien-, Ordnungs- oder Klassencharaktere, für die ein solches selbständiges Auftreten an verschiedenen Stellen des Stammbaumes wahrscheinlich gemacht werden kann, oder bei welchen der Verdacht eines solchen besteht, eine v e r h ä l t n i s m ä ß i g   e i n f a c h e   e n t w i c k l u n g s g e s c h i c h t - l i c h e   V e r u r s a c h u n g auf, „es liegen ihnen nämlich entweder A e n d e r - u n g e n   d e r   W a c h s t u m s o r d n u n g flächenhafter oder zylindrischer Organe und damit im Zusammenhang stehende Erscheinungen, wie Faltenbildungen, Ausstülpungen, sprungweise Vermehrung oder Verminderung metamerer Bildungen usw. zu Grunde, oder es spielen, wie dies bei rassenmäßigen Parallelvariationen die Regel ist, retrogressive Vorgänge, durch den Ausfall einzelner Entwicklungsprozesse bedingte Hemmungs- oder Defektbildungen eine Rolle". Ersteres dürfte z. B. für die Schwanzbildungen bei verschiedenen Schmetterlingsfamilien (Papilioniden, Uraniiden) gelten und ebenso für manche bei niederen Fischen auftretenden Organisationsverhältnisse (Exversion des Vorderhirns, vor- und rückseitige Ausbildung der Valvula cerebelli, wechselnde Zahl der Kiemenspalten), die wegen ihres Vorkommens in verschiedenen Gruppen und in verschiedenen Kombinationen für die Stammbaumforschung von Interesse sind, und die, wenn die entwicklungsgeschichtlichen Verhältnisse die Möglichkeit eines polyphyletischen Ursprungs nahelegen, natürlich für die Phylogenetik in ganz anderem Lichte dastehen, als wenn die Entwicklungsgeschichte eine solche Annahme ausschließt. Hier kann die entwicklungsgeschichtliche Forschung noch manche Dienste leisten, wie überhaupt die kennzeichnenden Merkmale der systematischen Gruppen höherer Ordnung noch ein dankbares Arbeitsfeld für die phänogenetische Untersuchung bilden.

Wir kehren zurück zu dem hauptsächlichsten Objekt der Mendelforschung, zu den Rassenmerkmalen. Alle rassenmäßigen Variationen haben ihre letzte entwicklungsgeschichtliche Grundlage in der P l u r i p o t e n z der Organismen, bezw. soweit sie als Parallelvariationen vorkommen, in der P a r i p o t e n z der zu einem Verwandtschaftskreis gehörigen Arten. Die Pluripotenz bezw. Paripotenz äußert sich in zwei Richtungen: einmal im Auftreten von Keimesvariationen, die bedingt sind durch die Fähigkeit des Keimplasmas, „aus einem erblich fixierten, verhältnismäßig stabilen, insbesondere auch aus dem „typischen" Gleichgewichtszustand unter besonderen Bedingungen in andere, nur in wenigen Punkten verschiedene, zum Teil weniger stabile Gleichgewichtszustände überzuspringen oder überzuleiten", andererseits in der Fähigkeit embryonal gebliebener Zellen (Urzellen), unter der Wirkung äußerer

---

10 [85/1] Festschr. f. R. Wiedersheim, 1923.

Reize dieselben Entwicklungspotenzen in nicht-erblicher Form zur Entfaltung zu bringen, welche bei Abänderung des Keimplasmas als erbliche Variationen manifest werden können. T h e o r e t i s c h sind dabei a l l e Ü b e r g ä n g e m ö g l i c h zwischen wirklichen Keimesvariationen und nicht-erblichen Somavariationen, soweit es sich um die oben gekennzeichneten euryëdrischen Eigenschaften handelt. So könnte die Verdoppelung der Chromosomenzahl, die mutmaßliche Ursache bestimmter Riesenwuchsformen, schon in den Gameten gegeben sein, sie könnte aber ebensogut durch irdendwelche Reize erst im befruchteten Keim, bei einer der Furchungsteilungen oder auch in embryonal gebliebenen Zellen späterer Entwicklungsperioden hervorgerufen werden, und das Gleiche könnte für die Abänderungen des Zellchemismus gelten, durch welche Stoffwechselanomalien allgemeiner Natur bedingt sind. Solange überhaupt noch nicht-differenziertes Zellmaterial vorhanden ist, wird in solchen Fällen eine Umstellung des Keimplasmas, eine Weckung latenter Potenzen möglich sein, und so weit dabei Keimbahnzellen betroffen werden, werden die manifestierten Eigenschaften auch einen erblichen Charakter haben können. Im allgemeinen wird allerdings, soweit unsere Erfahrungen reichen, für jede Reizsorte und für jede Abänderung eine „s e n s i b l e P e r i o d e" anzu-nehmen sein.

Auf dem Gebiete der Pluri- und Paripotenz berühren sich nun offenbar die e n t w i c k l u n g s m e c h a n i s c h e und die p h ä n o g e n e t i s c h e Forschung aufs Engste mit ihren Aufgaben: Erstere ermittelt auf experimentellem Wege die Reaktionen, welche das pluripotente Keimplasma auf bestimmten Entwicklungsstadien bei der Wirkung bestimmter Reize zeigt, und kann dabei den Schatz an virtuellen Potenzen für die einzelnen Spezies feststellen, letztere untersucht auf deskriptivem oder experimentellem Wege die Entwicklung der natürlich vorkommenden und experimentell erzeugten Varianten und sucht die Divergenz der Entwicklungslinien auf rassenmäßige Verschiedenheiten des Keimplasmas zurückzuführen. Namentlich die mehrfach genannten euryëdrischen Eigenschaften gewähren den beiden Forschungsrichtungen die Möglichkeit, in konzentrischem Vorgehen die besondere Frage nach dem Zusammenhang zwischen erblich bedingten und den ihnen äußerlich gleichartigen, aber experimentell hervorgerufenen Bildungen[11] zu untersuchen und damit auch zur weiteren Klärung des Problems der V e r e r b u n g e r w o r b e n e r E i g e n s c h a f t e n beizutragen.

Es ist bekannt, daß die einzelnen Variationen nicht bei allen Arten eines Verwandtschaftskreises gleich häufig beobachtet werden. Das kann natürlich mit der absoluten Individuenzahl der betreffenden Spezies oder mit Schwierigkeiten der Materialbeschaffung zusammenhängen, andererseits kann aber auch nicht bezweifelt werden, daß tatsächlich Unterschiede in der relativen Häufigkeit vorkommen. Daß z. B. die einzelnen Typen der Scheckzeichnung bei den verschiedenen Haussäugern verschieden häufig auftreten, ist wohl ohne weiteres zuzugeben, und das Gleiche dürfte für den totalen und partiellen Albinismus der wildlebenden Vögel gelten. Inwieweit auch die auf Pluripotenz beruhenden S o m a v a r i a t i o n e n bei den einzelnen Arten eines Verwandtschaftskreises leichter oder schwerer durch künstliche Reize hervorgerufen werden können, darüber liegen anscheinend noch wenig Anga-

11 [87/1] Vgl. auch H. Krieg, Naturw. Woch., Bd. 21, 1922, S. 220.

ben vor. Doch deuten einige Ergebnisse der S t a n d f u ß'schen[12]) Vanessa-Versuche derartiges an. Es ist eine der Aufgaben der Phänogenetik, auch in dieses Gebiet tiefer einzudringen und u. a. zu untersuchen, inwieweit etwa einzelne ausgeprägt spezifische Charaktere epigenetisch, sei es hemmend oder fördernd, die Entfaltung bestimmter virtueller Potenzen beeinflußen.

Damit berühren wir bereits das Hauptarbeitsgebiet der Phänogenetik, die gleich im Eingang erwähnten verwickelteren Zusammenhänge, die zwischen Erbeinheiten und äußeren Eigenschaften bestehen.[13] Was zunächst die Frage der multiplen A l l e - l o m o r p h e n anbelangt, so hat bezüglich der Farbenrasse der Vögel schon die phänanalytische Untersuchung zu einigen Ergebnissen geführt, die, obgleich noch keine abgeschlossenen entwicklungsgeschichtlichen Untersuchungen vorliegen, deutlich zeigen, daß die auch in der Praxis übliche Dreigliederung schwarz-rot-gelb zunächst nichts mehr als ein vorläufiges Schema darstellt. So ergab sich z. B., daß beim Bankiva-Huhn und bei den ähnlich gefärbten rebhuhnfarbigen Italienern zwischen den beiden Hauptformen der Melanine, den dunkelfarbigen „Eumelaninen" und den rostfarbigen und rötlichgelben „Phäomelaninen", in der Größe und Form der Pigmentkörner und im Verhalten gegenüber Lösungsmitteln keine scharfen Grenzen bestehen, daß aber bei hochgezüchteten Farbenrassen, ähnlich wie bei den Tauben, eine scharfe Teilung auftritt (L a d e b e c k). Jedenfalls scheinen bei den Vögeln mindestens zwei verschiedene Melaninbildungsschemismen mit- und gegeneinander zu wirken, und diese Auffassung wird dadurch bestätigt, daß, wie eingehende Untersuchungen der geographischen Unterarten verschiedener Vogelspezies zeigen, die Eumelanine durch Wüsten- und Steppenklima, speziell durch die geringe relative Luftfeuchtigkeit, die Phäomelanine durch kaltes Klima in anscheinend kontinuierlich-idiokinetischer Weise beeinflußt werden (G ö r n i t z). Auch hier stoßen wir auf die oben berührte Frage nach dem Verhältnis zwischen Rassen- und Artmerkmalen.

Bei Säugern ist besonders die Frage von phänogenetischem Interesse, inwieweit die gelbe Stufe eine gewisse chemisch-physiologische Selbständigkeit besitzt gegenüber den dunklen Stufen, und wieweit sie als Manifestation einer ausgesprochen pleiotropen Erbeinheit, somit als Einzelsymptom eines bestimmten Habitus (Flavismus, Isabellismus) anzusehen ist (s. u.).

Daß das Gebiet der z u s a m m e n g e s e t z t e n C h a r a k t e r e ein weites Arbeitsfeld für die Phänogenetik bildet, braucht kaum hervorgehoben zu werden. Manche neuartige, nicht ganz dem Schema folgende Verhältnisse treten dabei zu Tage. So ergab die Untersuchung der Rassenunterschiede der schwarzen und albinoiden Axolotl, daß bei der Entstehung der schwarzen Farbe sowohl die korialen als die epidermalen Pigmentzellen je mit einem eigenartigen Vermehrungsmechanismus beteiligt sind, und daß normalerweise beide Prozesse korrelativ verbunden sind, weshalb in der Regel in F_2 vollkommen klare Spaltungsverhältnisse zutage treten, daß aber doch, wie aus den histogenetischen Befunden zu entnehmen ist, bei Heterozygoten die Kor-

---

12 [87/2] Denkschr. Schweiz. Ges. Naturw. 1898, S. 10.
13 [88/1] Ich beziehe mich hier großenteils auf die Arbeiten meiner Schüler P e r n i t z s c h (A. m. A. 82), S c h n a k e n b e c k (Z. i. A. 27), K e i t e l (Z. ges. An. I, 67), S p ö t t e l (Z. Jb. 38), L a d e b e c k (Z. i. A. 30), G ö r n i t z (Berajah), D y c k e r h o f f (Z. i. A).

relation eine deutliche Lockerung aufweisen kann (S c h n a k e n b e c k). Vermutlich hängen damit die Unregelmäßigkeiten in der Vererbung irgendwie zusammen, welche bei Rückkreuzungen auftreten.

Eine den zusammengesetzten Charakteren nahe verwandte Gruppe bilden die polymer b e d i n g t e n Eigenschaften, die auf das Zusammentreffen gleichsinnig wirkender Faktoren zurückgeführt werden. In der Regel pflegt man heute noch nicht zu unterscheiden zwischen gleichsinnig, gleichartig und gleich intensiv wirkenden (h o m o p o l y m e r e n) und gleichsinnigen, aber in Bezug auf ihre qualitativen und quantitativen Wirkungen ungleichwertigen (h e t e r o p o l y m e r e n) Faktoren. Hier kann die phänogenetische Methode eine genaue Unterscheidung der beiden Fälle ermöglichen, wenn auch allerdings vielleicht schon aus der Beschaffenheit (Ein- oder Mehrgipfligkeit) der Variationskurve gewisse Rückschlüsse gezogen werden können. Wenn die mathematisch-statistischen Untersuchungen der Ergebnisse von N i l s s o n - E h l e und G. H. S h u l l nicht in allen Fällen eine Übereinstimmung mit der Theorie ergeben haben,[14] so mag dies vielleicht daran liegen, daß bald homo-, bald heteropolymere Faktoren im Spiele sind.

P l e i o t r o p e o d e r p o l y p h ä n e Erbeinheiten sind solche, die gleichzeitig mehrere Eigenschaften beeinflußen. Aufgabe der Phänogenetik ist es, festzustellen, inwieweit Eigenschaften, die bei der Vererbung regelmäßig verbunden erscheinen, tatsächlich s e l b s t ä n d i g e A u s s t r a h l u n g e n (R a d i a t i o n e n) einer und derselben Erbeinheit bilden, bezw., wie man zu sagen pflegt, durch festgekoppelte Gene bedingt sind, oder inwieweit einzelne von ihnen e p i g e n e t i s c h, auf Grund einer echten Korrelation, durch die Entwicklung einer anderen direkt genbedingten Eigenschaft beeinflußt sind. Nun hat sich aber bei der phänogenetischen Untersuchung in zunehmendem Maße herausgestellt, daß auch solche Eigenschaftsabänderungen, die auf den ersten Anblick scheinbar ganz einfacher und einheitlicher Natur sind, fast immer begleitet sind von weniger auffälligen, erst bei genauer Untersuchung hervortretenden histologischen und physiologischen Abänderungen. So kann bei melanistischen Schmetterlingen die abnorme Pigmentierung mit Abänderungen im morphologischen Bau der Schuppen Hand in Hand gehen (D y c k e r h o f f). Der totale Albinismus der Nager und Vögel ist in mehr oder weniger ausgeprägter Weise mit anderen Eigenschaften, so mit einer allgemeinen Lebensschwäche, geringer Widerstandskraft gegen äußere Reize und besonders gegen Infektionen, nicht selten auch mit Defekten morphologischer Art verknüpft. Ähnliches gilt für den Flavismus der Mäuse, den Isabellismus der Pferde, die Rothaarigkeit des Menschen. Beim albinoiden Axolotl ist die bei der normalen dunkeln Rasse bestehende Korrelation zwischen den epithelialen und bindegewebigen Teilen des Auges aufgehoben (K e i t e l). Da auch die Lebenskraft der hellen Rasse wenigstens in frühen Larvenstadien abgeschwächt ist, so kann man hier bereits von einem Status oder Habitus albinoidicus reden.

Damit kommen wir zu einem weiteren, außerordentlich dankbaren Arbeitsgebiet der Phänogenetik. Speziell für den Albinismus des Menschen ist bekannt,[15]) daß er in

---

14 [89/1] B e r n s t e i n und F a u s t, Zeitschr. Ind. Abst. 28, 1922. S. 295–323.
15 [90/1] Einf.-mend. Merkmale, S. 202ff.

einzelnen Familien phänotypisch scharf vom Normalzustand unterschieden und. abgesehen von Nystagmus, mit keinerlei anderen Anomalien verbunden ist, und daß er dann offenbar als rezessives Merkmal der Spaltungsregel folgt. Diesen Fällen eines autonomen Albinismus stehen andere gegenüber, in denen der Albinismus als eine korrelativ gebundene, auf allgemein degenerativer Grundlage herausgewachsene Abweichung auftritt, und in welchen also von einem Habitus albinoticus (Raynaud) gesprochen werden kann. Es ist zu vermuten, daß sich bei genauer Untersuchung solcher Fälle keine klaren Spaltungen, sondern unregelmäßige Erblichkeitsverhältnisse herausstellen werden. Ähnliche Gegensätze zwischen dem autonomen, durch regelmäßige Spaltungen gekennzeichneten Auftreten und dem korrelativ gebundenenen, habitusartigen und mit undurchsichtigen Erblichkeitsverhältnissen verbundenen Vorkommen scheinen auch für die menschliche Polydaktylie und einige andere Anomalien zu gelten. Durch enge Verknüpfung genealogischer und kreuzungsanalytischer Untersuchungen mit entwicklungsgeschichtlicher Forschung wird festzustellen sein, ob auf dem Gebiet der menschlichen und tierischen Anomalien derartige Gegensätze auch sonst bestehen und inwieweit zwischen autonomen, rein spaltenden Fällen und habitusähnlichem Vorkommen kontinuierliche oder auch abgestufte Übergänge die Brücke bilden. Auch wird weiterhin zu prüfen sein, inwieweit bei habitusartigem Auftreten Polyhybridismus eine Rolle spielen kann, oder ob nicht die verschiedenen Erscheinungsformen eines Habitus oder Status allein schon dadurch erklärt werden, daß eine und dieselbe pleiotrope Erbeinheit in schwächeren und stärkeren Wirkungsstufen auftreten und dementsprechend, gewissermaßen stoß- oder quantenweise, in der Ontogenese bald nur eine, bald eine verschieden große Zahl von Entwicklungslinien oder Zellgebieten beeinflussen kann, womit Anklänge an die Vorstellungen über die Wirkung multipler Allelomorphe und an Goldschmidt's Valenzhypothese gegeben wären.

Damit berühren wir bereits ein Gebiet intra- und interkeimplasmatischer Beziehungen, das erst dann aufgehellt werden kann, wenn es der phänogenetischen Untersuchung gelingt, tatsächlich bis zu den Keimzellen selber vorzudringen. Daß aber schon auf dem Wege dahin eine Menge von Problemen liegen, die mit Aussicht auf Erfolg entwicklungsgeschichtlich in Angriff genommen werden können und deren Behandlung für die Vererbungsforschung von größtem Interesse sein muß, hoffe ich im Vorhergehenden gezeigt zu haben.

Eines dürfen wir gewiß jetzt schon sagen: Die Mendel'sche Entdeckung hat nicht bloß auf Mendel's ureigenstem Feld, in der Vererbungslehre, und ebenso in den nächstverwandten Gebieten der Geschlechtsbestimmungs-, Variations- und Artbildungslehre umwälzend gewirkt, ihre ungeheure wissenschaftliche Tragweite zeigt sich gerade darin, daß sie auch auf scheinbar weit entfernt gelegene Wissenschaften, wie die Entwicklungsgeschichte, einen befruchtenden Einfluß ausgeübt und sie auf neue Bahnen hingewiesen hat.

MENDELISMUS UND PHÄNOGENETIK[1]

(Mendelism and Phenogenetics)

Heinrich P r e l l

Die Gesetzmäßigkeiten, nach welchen eine Merkmalswiederkehr auf idionomer Grundlage zu erwarten ist, sind im Grunde genommen sehr klar. Man könnte daher leicht zu der Annahme verleitet werden, daß es bei jedem Erbgange auch sehr einfach sein müsse, ohne weiteres den Gang dieser Gesetzmäßigkeiten zu erkennen und ihren Charakter abzuleiten. Daß dem nicht so ist, bedarf vielleicht einer kurzen Begründung.

Für die statistische Ableitung des Phänotypenverhältnisses bei den typischen Erbgängen war es möglich, auf Grund experimenteller Erfahrungen d e d u k t i v vorzugehen. Eine solche deduktive Ableitung ist aber stets in der Lage, mancherlei Störungen im voraus Rücksicht zu nehmen, um die Klarheit der Argumentation zu wahren. In diesem Sinne waren auch eine ganze Reihe von Voraussetzungen zu machen gewesen, deren Gültigkeit dann das einfache statistische Resultat ermöglichte.

Um aber erst einmal die Gesetzmäßigkeiten der Merkmalswiederkehr zu ermitteln, ist es nötig, i n d u k t i v vorzugehen. In Wirklichkeit sind es ja die Phänotypenverhältnisse, welche vom Experimente gegeben sind, und die Aufgabe der Analyse besteht darin, daß sie feststellt, warum gerade dieses und kein anderes Resultat auftrat.

Der induktiven Analyse eines Erbganges stellen sich Schwierigkeiten von sehr verschiedener Natur entgegen, welche gemeinschaftlich oder auch schon einzeln es unter Umständen nahezu unmöglich machen, die gesetzmäßigen Zusammenhänge zu überblicken. Erst längere oder kürzere Reihen von Ergänzungsversuchen geben dann eine Möglichkeit, in die Verknüpfung der Verhältnisse einzudringen und die Bedingtheit des Resultates abzuleiten.

Die Erschwerungen, welche die induktive Analyse erleiden kann, sind in doppelter Richtung zu suchen. Es handelt sich dabei einerseits um K o m p l i k a t i o n e n a u f s t a t i s t i s c h e r B a s i s und andererseits um K o m p l i k a t i o n e n a u f p h ä n o t y p i s c h e r B a s i s.

---

1 This paper is the last chapter of Heinrich Prell's, *Der Mendelismus als Lehre von der idionomen Merkmalswiederkehr*, in: Studia Mendeliana ad centesimum diem natalem Gregorii Mendelii a grata patria celebrandum, Brünn-Leipzig: Verlag Karl Max Poppe 1923, pp. 360–363.

Eine der zu berücksichtigenden Schwierigkeiten besteht darin, daß das gleiche Verhalten der Phänotypen auf verschiedenem Wege zu Stande kommen kann. Da es sich hierbei um Besonderheiten handelt, welche ganz im Rahmen der statistischen Probleme liegen, bedarf es wohl keines genaueren Eingehens darauf. Erwähnt wurde ja schon, daß die M e n d e l'schen Zahlenverhältnisse auch bei Austausch entstehen können, und analoger Beispiele gibt es eine ganze Reihe.

Eine weitere Komplikation besteht darin, daß es nicht selten, wie etwa schon bei partieller Koppelung zwischen mehr als zwei Faktoren, fast unmöglich wird, statistisch den Gesetzmäßigkeiten in der Form nachzugehen, wie es die angewandten Beispiele zeigen. Nur eine ganz andere Richtung der Fragestellung vermag unter Umständen, wie gerade bei komplizierteren Fällen der Kroßvererbung, noch ein klares Resultat zu erbringen. Nicht die Fortzüchtung der ersten Bastardgeneration, sondern die Rückkreuzung der Bastarde mit dem rezessiven Elter oder einer anderweit vorhandenen rezessiven Form führte zu den Feststellungen, auf welchen M o r g a n seine Chromosomentopographie aufbaute. Und noch weiter erstrecken sich naturgemäß die Verwickelungen, wenn noch wechselnde Syndese hinzutritt.

So ist es verständlich, daß die Analyse von Erbgängen vielfach schon ohne weiteres an den Schwierigkeiten der statistischen Fragen scheitert. Dabei darf man aber nicht außer Acht lassen, daß unter solchen Umständen die Unmöglichkeit einer induktiven Analyse nur die Kompliziertheit des Falles, nicht aber die Unzulänglichkeit der anderwärts ermittelten statistischen Prinzipien und Regeln darlegt.

Die übrigen Komplikationen beruhen darauf, daß Besonderheiten in der Phänogenese mitspielen. Diese Möglichkeit war es vor allem, welche ein ausführlicheres Eingehen auf die Bedingtheit der Phänogenese verlangte. Manche dieser Erschwerungen der Analyse von Erbgängen können rein i d i o t y p i s c h bedingt sein, andere dagegen, und diese bieten die größten Schwierigkeiten, sind p l a s t o t y p i s c h bedingt.

Ein Erbgang verliert einen guten Teil seiner Übersichtlichkeit, wenn keine ausgeprägte Diversivalenz innerhalb der einzelnen Anlagenpaare besteht, und somit kein dezidiertes Aussehen der Heterozygoten zu Stande kommt; denn wenn Äquivalenz der Anlagen und damit intermediäres Aussehen der Heterozygoten vorliegt, so wird der Formenreichtum einer Bastardgeneration nicht unerheblich vermehrt.

Weiter verringert sich die Übersichtlichkeit sehr, wenn die untersuchten Anlagen sich nicht unabhängig von einander auswirken, sondern sich gegenseitig beeinflussen. Die Erscheinungen der Polymerie in ihren überaus mannigfachen Formen, um welche es sich hierbei handelt, können im Rahmen einer kurzen Erörterung naturgemäß nur genannt, nicht aber einzeln behandelt werden.

Das Entscheidende für die Unübersichtlichkeit vieler Erbgänge aber ist es schließlich, daß die beteiligten Faktoren sich bei den einzelnen Individuen nicht gleichartig auswirken. Unter dem Namen der „unvollständigen Dominanz" und der „wechselnden Dominanz" verbirgt sich eine Fülle von Möglichkeiten, bei welchen weder klare dezidierte, noch klare intermediäre Merkmale bei den Heterozygoten in Erscheinung treten, sondern Reihen von Heterozygoten entstehen, welche transgenierend vom intermediären Typus zu dem einen oder beiden Typen der Homozygoten vermitteln.

Diese Reihenbildung aber kommt dadurch zu Stande, daß äußere Faktoren, sei es peritypischer, sei es paratypischer Natur, die Merkmalsentfaltung beeinflussen.

Was hier für die Heterodynamie innerhalb einzelner Faktorenpaare gesagt wurde, gilt naturgemäß auch für die Heterostasie zwichen verschieden Faktorenpaaren. Auch sie kann unter dem Einflusse des Plastotypus wechseln oder schwanken, und daß in solchen Fällen es unmöglich wird, einen Erbgang zu überblicken, liegt auf der Hand.

Diesen letzgenannten Erscheinungen kann man dadurch Rechnung tragen, daß man sie als Einschränkungen in die Vererbungsregeln aufnimmt, wie das von H a e c k e r getan wurde. Ob das für den praktischen Gebrauch von Wert ist, läßt sich nicht ohne weiteres entscheiden. Jedenfalls kann durch die Aufnahme zahlreicher Voraussetzungen in die Formulierung deren Umfang sehr vergrößert werden.

Für das theoretische Eindringen in das Wesen der Merkmalswiederkehr und für den logischen Ausbau unserer Vorstellungen darüber ist es aber unerläßlich, hier mit aller Schärfe eine Grenze zu ziehen.

Die Lehre von der Merkmalswiederkehr oder allgemeiner die Erblichkeitslehre als Lehre von den Beziehungen zwischen den Merkmalen bei Vorfahren und Nach-kommen – und damit kehren wir zu Ueberlegungen zurück, welche sich schon früher in der Erörterung aufdrängten – muß gleichzeitig mit zweierlei Vorgängen arbeiten, nämlich mit der Wiedergabe von Erbanlagen und mit der Entfaltung von Merkmalen auf Grund der vorhandenen Erbanlagen. Beide Vorgänge sind stets eng mit einander verknüpft, aber das darf über ihre verschiedene Natur nicht hinweggetäuschen.

V e r e r b u n g u n d P h ä n o g e n e s e s i n d g r u n d-v e r s c h i e d e n e V o r g ä n g e . M e n d e l i s m u s u n d P h ä n o-g e n e t i k s i n d v ö l l i g u n a b h ä n g i g e F o r s c h u n g s g e b i e t e .

Nur durch sorgfältige Sonderung beider Gebiete und durch eine getrennte Bear-beitung ihrer Probleme kann es gelingen, ihre Gesetzmäßigkeiten aufzuklären. Nur dann wird es möglich sein, volle Klarheit über die Vorgänge zu gewinnen, bei wel-chen sie eng miteinander verbunden in Erscheinung treten. Die bewußte Scheidung von Anlage und Merkmal war es, welche M e n d e l zu seinen Entdeckungen führte und welche den gewaltigen Bau des Mendelismus erstehen ließ. Sie muß auch künftig die Grundlage systematischer Erblichkeitsforschung bleiben.

GREGOR MENDEL ZUM GEDÄCHTNIS[1]

(Commemorating Gregor Mendel)

Armin von Tschermak–Seysenegg

GREGOR MENDELS LEBEN UND WERK

Ein seltener Fall von Nachruhm, ein einzigartiger Fall posthumer Fruchtbarkeit ist es, der heute Naturforscher und Ärzte zu dieser Gedenkfeier vereinigt. Sechzehn Jahre nach seinem am 6. Juni 1884 erfolgten Tode ward Mann und Werk völlig gleichzeitig und unabhängig voneinander durch drei Botaniker: C. C o r r e n s, E. T s c h e r m a k, H. d e V r i e s wiederentdeckt. Eine ganze neue Forschungsrichtung, Mendelismus genannt, entstand wie der Phönix aus der Asche – von weitestgehender Bedeutung und Fruchtbarkeit für die theoretische wie praktische Vererbungslehre, Züchtung und Eugenik. Wir dürfen Gregor Mendel geradezu den Hauptbegründer der neueren Vererbungslehre überhaupt, besonders ihrer exakt mathematisch-kombinatorischen Fassung nennen.

G r e g o r   M e n d e l war zweifellos eine ungemein interessante Persönlichkeit, von der das napoleonische Wort gilt: voilá un homme! Als Sproß einer erbgesessenen sudetendeutschen Familie, als Sohn eines Landwirtes in Heinzendorf bei Odrau im Kuhländchen, damals Österreichisch-Schlesien, geboren am 22. Juli 1828, war er frühzeitig gärtnerisch interessiert und beschäftigt – von einer geistig hochstehenden Mutter (geborene Schwirtlich) geistig gefördert und zum geistlichen Berufe angeregt. Nach Gymnasialstudien in Leipnik, Troppau und Olmütz trat Johann Mendel 1843 in das Brünner Augustinerstift, wobei er den Namen Gregor annahm. Nach Universitätsstudien in Wien (1851–1853) begann in Mendels Leben die Lehr- und Forschungsepoche (1853–1871), während welcher er zugleich als Professor an der Brünner Realschule wirkte (1853–1868). Durch seine spätere Stellung als Abt seit 1868 erwuchs ihm sodann die schwere Aufgabe, sein Kloster gegen die geradezu ruinösen und kulturwidrigen, das Brünner Stift besonders herausgreifenden Steuerverfügungen der damaligen Regierung und deren schikanöse Durchführung zu verteidigen. Die Jahre 1872–1884 bilden die Epoche seines Kampfes gegen die Bürokratie, welche erst der

1 Armin von Tschermak-Seysenegg, *Gregor Mendel zum Gedächtnis*, in: Lotos 71, 1923, pp. 29–44. This paper was based on two speeches hold on November 21st and Dezember 1st, 1922 at the Meeting of Lotos-Society in Prague.
   [29/1] Zwei Vorträge gehalten anläßlich der 100. Wiederkehr von Gregor Mendels Geburtstag im Lotos am 21. November und 1. Dezember 1922.

tote Cid besiegte – mit der Zurückziehung der Steuerausnahmegesetze 1886. Doch auch Positives hat der von Drohungen und Besitzbeschlagnahme Verfolgte in dieser Zeit geschaffen, den ersten Schritt zur organisierten Selbsthilfe – die Gründung der mährischen Hypothekenbank, zu deren erstem Präsidenten Mendel gewählt wurde.

Ewigkeitswert hat Gregor Mendels wissenschaftliche Arbeit, die er im idyllischen Garten und in der stillen Zelle des Altbrünner Klosters geleistet. Mit klarer Absicht schuf er durch planmäßige, künstliche Verbindung v e r s c h i e d e n g e a r t e t e r Elternformen die experimentellen Grundlagen für eine moderne Lehre von der Entstehung neuer Former und für eine exakte Vererbungskunde. Er trat dadurch sowohl der hyperspekulativen Richtung des Darwinismus, welcher die wesentlich sprunghafte Verschiedenheit der organischen Formen verkannte, entgegen wie dem Lamarckismus, welcher die für das Individuum unleugbar hohe Bedeutung äußerer Einflüße unberechtigt auf die Stammesgeschichte ausdehnte. Überaus feinsinnig und glücklich war es, daß Mendel gerade selbstbefruchtende Pflanzen, bei denen stammlich „reine Linien" sofort gegeben sind, wählte, das Prinzip der Individualzucht auch bei der Verfolgung der weiteren Nachkommenschaft streng befolgte und auch bei Tieren sofort auf die Bienen griff mit ihren Befruchtungs- und Nichtbefruchtungsnachkommen, mit der diplontischen Königin and Arbeiterin und der haplontischen Drohne. Seine überaus exakt ausgeführten und zweifellos sorgfälltigst gebuchten Bastardierungsversuche – leider sind alle Aufschreibungen Mendels verlorengegangen – hatten einen sehr großen Umfang, wie wir dies speziell aus seinen mit dem genialen Münchner Botaniker C a r l v o n N ä g e l i, der aber doch Mendels Genie und Werk nicht erfaßte, gewechselten Briefen erschliessen können. Nur die Beobachtungen an Erbsen, Bohnen und Habichtskräutern haben literarischen Niederschlag gefunden, and zwar in zwei Vorträgen oder Abhandlungen von klassischer Prägnanz und Kürze in den Sitzungsberichten des Brünner naturwissenschaftlichen Vereins (1866 und 1869), die leider nur geringe Verbreitung hatten. Doch damit war das Tätigkeistbereich des trotz Kränklichkeit Unermüdlichen nicht erschöpft: seit 1862 liefen meteorologische Beobachtungen und Grundwassermessungen sowie Sonnenfleckenstudien; noch 1870 veröffentlichte M e n d e l eine Zyklonstudie.

Die weitgehende Bedeutung der gefundenen Vererbungsgesetze hat G r e g o r M e n d e l sehr wool erfasst. Bis auf ihn war die Bastardkreuzung nur ein Beweismittel für die Geschlechtlichkeit der Pflanzen gewesen – man denke an K ö l r e u t e r s „Mauleselnelke". Dem bereits reichen Gelegenheitsmaterial an Hybriden fehlte die experimentelle Exaktheit und die planmäßige Weiterverfolgung. Denn bereits reichen Gelegenheitsmaterial an Hybriden fehlte die experimentelle Exaktheit und die planmässige Weiterverfolgung. Zwar hatte bereits N a u d i n (1865) das Aufspalten der Bastardnachkommen gegenüber der von G o d r o n (1864) zu sehr betonten äußerlichen Mischung der Elterncharaktere bemerkt, doch erscheint auch bei C h a r l e s D a r w i n, der sich überhaupt schwer in fremde Gedankenwelten hineinzufinden vermochte, die Bastardierung mehr weniger als eine Quelle angeblich richtungsloser Variation ohne Regularität.

Eine biologische Gesetzmäßigkeit der Bastardierung und – durch dieses sinnfällige Mittel gesehen – der Vererbung überhaupt hat erst G r e g o r M e n d e l klar erkannt und sicher erwiesen. Aber nur die leitenden Gesichtspunkte seiner Gedankenwelt seien hier herausgehoben. Zunächst liegt dieser – wenn auch nicht ausgesprochen – die Voraussetzung zugrunde, daß die Vererbung, d. h. die Übereinstimmung innerhalb der Deszendentenreihe, nicht auf einer Verursachung der kindlichen Eigenschaften durch die elterlichen, nicht auf einer Übertragung, Abbildung oder Prägung beruhe, sondern daß sie eine bloß zeitlich aufeinanderfolgende Äußerung stammeselterlicher Anlagen bedeutete. Gerade an Bastarden wird ja die Scheidung von Personalwert oder „Phänotypus" und von Erbwert oder „Genotypus" unmittelbar sinnfällig; zeigen doch die Hybriddeszendenten z. T. wenigstens ein ganz anderes Aussehen als die Eltern. Dadurch mußte die Unabhängigkeit der Veranlagung der Geschlechtszellen von der äußeren Erscheinung der Eltern förmlich zu einer unbewußten Voraussetzung werden!

Als ersten Grundsatz proklamierte M e n d e l die Zusammensetzung der Gesamtanlage des Organismus aus einzelnen Erbeinheiten und deren gegenseitige Unabhängigkeit, Trennbarkeit and Neukombinierbarkeit. Er bezog die Vererbung nicht auf den Gesamteindruck oder Habitus, sondern auf Einzelmerkmale, die er durch die möglichst breite Deszendentenreihe in ihrer numerischen Vertretung verfolgte. Den heute als „Faktoren" oder „Gene" bezeichneten Erbeinheiten schrieb er volle Selbständigkeit zu, da die tatsächlich erhaltenen Kombinationszahlen der Zufallsregel entsprachen. Nach M e n d e l s Vorstellung sind eben die Erbeinheiten frei kombinierbar und umgruppierbar und bedeutet eine Mischung elterlicher Eigenschaften nur einen äußeren phänotypischen Schein, welcher die wesentliche Selbständigkeit und Trennbarkeit der Faktoren nicht aufhebt. Nur der Körper des Bastardes – und ähnlich jedes durch Befruchtung erzeugten Organismus – besitzt Doppelschichtigkeit oder Doppelnatur seiner einzelnen somatischen oder vegetativen Zellen. Bei der Bildung der Fortpflanzungszellen hingegen resultieren schließlich nur rein einschichtige Produkte, reine Geschlechtszellen von Einfachnatur: es erfolgt dabei sowohl im weiblichen wie im männlichen Körper gewissermaßen eine Spaltung der stammelterlichen Anlagenmosaik. Aus dem bereits erwähnten tatsächlichen Zutreffen der Zufallsregel in seinen Versuchen an Erbsen, Bohnen, Levkojen u. a. schloß M e n d e l darauf, daß bei der Bildung der Fortpflanzungszellen oder Gameten, welche sich bei der Zeugung paarweise zu Zygoten vereinigen, alle möglichen Faktorenkombinationen in ursprünglich gleicher Zahl produziert werden – beispielsweise aus den Stammeltern Ab $\times$ aB der Bastard AaBb und von diesem die vier Gametenarten AB : Ab : aB : ab=I : I : I : I.

Der zweite Grundsatz von M e n d e l s Lehre sei dahin formuliert, daß die korrespondierenden, paarweise gegenübergestellten Einzelanlagen – beispielsweise Blütenfärbung oder Pigmentbesitz und Farblosigkeit oder Pigmentmangel –, welche bildlich gesprochen konkurrieren, an den doppeltveranlagten Bastarden oder Bastardnachkommen ein charakteristisches gegenseitiges Verhalten, eine charakteristische Wertigkeit erkennen lassen. Als häufigen Grenzfall beobachtete M e n d e l selbst ein gleichmäßiges, reinliches Vorwiegen der einen „dominierenden" oder überwertigen, eine Verhüllung der anderen, „rezessiven" oder unterwertigen Veranlagung. In diesem als Erbsentypus bezeichneten Falle gleicht die erste Hybridengeneration (F_1=Filli primi ordinis) bezüglich des verfolgten Merkmales äußerlich vollkommen der einen Elternform; in F_2 ist teilweises Wiederauftreten des rezessiven Merkmales bzw. Spaltung im Verhältnisse 3 : 1 zu beobachten, doch sind die dominantmerkmaligen Deszendenten – im Gegensatze zu den völlig konstantbleibenden rezessivmerkmaligen – ungleich im Erbwerte, ein Drittel konstant, zwei Drittel Spalter. In dem anderen als „Mais- oder Wunderblumentypus" (erst von C o r r e n s aufgestellt) bezeichneten Falle besteht Gleichwertigkeit der beiden stammelterlichen Veranlagungen, so daß F_1 Zwischenstellung zeigt und F_2 in eine Halbzahl von rein elterngleichen, konstantbleibenden Individuen und in eine andere Halbzahl von Zwischenformen gespalten erscheint, also im Verhältnisse 1 : 2 : 1, wobei die Zwischenformen eine kontinuierliche Stufenreihe darstellen können, von welcher jedoch kein Glied als solches konstant wird; auch kommt all diesen Zwischengliedern gleicher Erbwert zu (wieder mit der Spaltungsrelation 1 : 2 : 1).

Faßt man nun einen einmerkmaligen Unterschied ins Auge, so erscheint das sog. Mendeln oder gesetzmäßige Aufspalten bloß als geordneter Rückschlag mit ständig wachsender Zahl zugleich elterngleicher und konstanter Nachkommen. Bei mehrfachem Unterschied tritt die produktive Seite hervor, indem gesetzmäßig neue, ganz oder teilweise konstante Kombinationen der stammelterlichen Erbeinheiten – neben den gerade von den Elternformen selbst repräsentierten Spezialkombinationen – auftreten. Sehr wohl können dabei in einem bestimmten Kreuzungsfalle die einen Unterschiede dem Erbsentypus, die anderen dem Maistypus folgen. Schon die von M e n d e l gewonnene Erkenntnis, daß auch bei vielfältigem Unterschied und scheinbarer Vermischung der stammelterlichen Charaktere die reinen Elternmerkmale, ja die reinen stammelterlicher Kombinationsformen in gesetzmäßiger Weise wiederkehren, bedeutete einen eminenten Fortschritt gegenüber der älteren Annahme einer allgemein und ständig nach dauernden „Verunreinigung" als Folge von Bastardierung. (Es sei hier darauf verzichtet, Einzelbeispiele vorzuführen, vielmehr seien nur die leitenden Gedanken wiedergegeben.) So wurde in M e n d e l s Händen die Vererbungslehre zur angewandten Kombinationslehre, welche dem Züchter die planmäßige Erzeugung gewünschter Verbindungen bestimmter, wertvoller Eigenschaften gestattet. Nach Ausarbeitung der erforderlichen Wertigkeitstabellen ist derselbe sozusagen imstande, auf der gewonnenen Merkmalsklaviatur frei gewählte Akkorde zu realisieren. M e n d e l selbst war sich der praktischen Tragweite seiner Lehre für die Tier- und Pflanzenzüchtung, besonders für die Gärtnerei, sehr wohl bewußt. Ebenso erschloß er bereits eine maßgebende Bedeutung der spontanen Bastardierung für die Bildung neuer organischer Formen, für die Entstehung der „Arten" oder besser konstanter Neukombinationen.

So steht M e n d e l s Werk in klassischer Einfachheit und Geschlossenheit wie aus einem Gusse vor uns. Gewiß lag schon in M e n d e l s eigenem Beobachtungsmaterial, speziell an Bohnen – wie an Habichtskräutern, manche Komplikation eingeschlossen, und in noch weit höherem Maße hat die Weiterarbeit der Mendelisten den Bau kompliziert – wie ja im Gegensatze zum landläufigen Sprichwort durchaus nicht die Einfachheit das Zeichen biologischer Wahrheit bildet! Über diese Fortentwicklung in staunenswerter Fruchtbarkeit und den gegenwärtigen Stand des Mendelismus sei an anderer Stelle gehandelt. Unverändert aber bleibt für unser bewunderndes Gedenken das Bild des einzigartigen Mannes, dem wir heute in Dankbarkeit huldigen – mit G r i l l p a r z e r sprechend: „Glücklich der Mensch, der fremde Größe fühlt und sie durch Liebe macht zu seiner eignen".

DER GEGENWÄRTIGE STAND DES MENDELISMUS

I

Nicht ohne Verbitterung, aber doch im festen Glauben an die Unsterblichkeit seines Lebenswerkes hatte G r e g o r M e n d e l das klassische Wort gesprochen: Meine Zeit wird erst kommen! Erst 16 Jahre nach dem Tode des 62 jährigen begann das von ihm ausgestreute Samenkorn zu keimen, doch hat es seit 1900 den heute weitverzweigten, stolzen Baum des Mendelismus hervorsprießen lassen.

Bereits unabhängig von dieser Entwicklung hatte die Voraussetzung von M e n d e l s Lehre, die Parallelitätsidee der Vererbung, der Gedanke einer Unabhängigkeit der Veranlagung der Geschlechtszellen von der äußeren Erscheinung der Eltern mehr und mehr an Boden gewonnen. Doch lieferte erst das Mendeln den überzeugendsten Beweis für die Auffassung der Deszendentenreihe als einer zeitlich verschiedenen und genealogisch zusammenhängenden, doch wesentlich parallelen Manifestation des spezifischen Stammplasmas (G o e t t e , W e i s m a n n, A. T s c h e r m a k) nicht als Kausalserie, in welcher das eine Glied das, andere erst verursacht oder durch Selbstabbildung prägt. Bedeutet doch die Mendelsche Spaltung eine Inkongruenz von individuellem Gepräge, Personalwert oder Phänotypus und wirklicher Veranlagung oder Genotypus. Trotz dieser klaren Konsequenz hat sich der Mendelismus gegenüber dem immer wiederholten Versuche, neuerlich eine „somatische Induktion" als Normalform der Vererbung aufzustellen (S e m o n, K a m m e r e r), noch nicht völlig ausgewirkt. Es fehlt vielfach noch an der klaren Einsicht, daß im Sinne M e n d e l s die Vererbung nichts anderes darstellt als ein Parallelentwicklungs- und Neukombinationsphänomen ohne spezifischen Einfluß der Elternorganismen als solcher.

Als obersten Grundsatz der M e n d e l schen Lehre haben wir bezeichnet die analytische Auflösung des Gesamthabitus der Elternformen in Einzelmerkmale und deren Zurückführung auf Einheiten (Faktoren, Gene) von selbständiger Vererbungsweise, vollständiger Trennbarkeit, freier Umgruppierbarkeit und Kombinierbarkeit. Dadurch erscheint einerseits die konsequente, praktische Scheidung von äußerlich phänotypischer und innerlich genotypischer Vererbungsweise (E. T s c h e r m a k) angebahnt, andererseits die Vererbung als angewandte Kombinatorik gekennzeichnet. Auch der methodische Grundsatz mendelistischer Forschung: Anstellung systematischer Kreuzungsversuche an möglichst reinen Ausgangsformen von einheitlicher Veranlagung (Homozygoten), womöglich an Selbstbefruchtern, und strenge Individualzucht (Mendel-Vilmorinsches oder Svalöfer Pedigreeverfahren) wurde bereits erwähnt.

Neben dem Spaltungs- und Kombinationsprinzip hatte M e n d e l eine charakteristische Wertigkeit im gegenseitigen Verhalten der korrespondierenden oder „konkurrierenden" Einzelanlagen bzw. ihrer phänotypischen Äußerungen an den doppeltveranlagten, heterozygotischen Bastarden und Bastardnachkommen erschlossen und in die sog. Dominanzregel – neben der Kombinations- und Spaltungsregel – gekleidet. Es wurde bereits angedeutet, daß mit dem sog. Erbsentypus nur der häufige Grenzfall einer reinlichen und gleichmäßigen Äußerung der einen dominanten Veranlagung und einer vollständig Verhüllung der anderen (rezessiven) Veranlagung erfaßt ist, und daß der als Maistypus (C o r r e n s) bezeichnete Mittelfall von mehr oder weniger vollkommener Gleichwertigkeit beider Veranlagungen nicht geringer zu bewerten ist. Er gilt vielfach gerade für physiologische Merkmale, wobei nicht selten in F_1 eine kontinuierliche Stufenreihe oder mehrere Scheintypen (einfache Pleiotypie) resultieren, jedoch ohne Verschiedenheit im Erbwerte der einzelnen Glieder und ohne Konstantwerden von Intermediären.

II

D e r   e r s t e   n e u a r t i g e   A u s b a u   v o n   M e n d e l s   L e h r e – von der sehr wichtigen und wertvollen Materialvermehrung und bloßen Bestätigung, auch der Anwendung   auf   den   Menschen,   abgesehen   –   erfolgte   bezüglich   der L e h r e   v o m   g e g e n s e i t i g e n   V e r h a l t e n   d e r   e i n z e l n e n n i c h t   k o r r e s p o n d i e r e n d e n, nebeneinander, nicht gegeneinander stehenden E r b e i n h e i t e n. Speziell aus dem Auftreten neuer Blüten- oder Haarfarben nach Bastardierung geeigneter Former – wie Reinviolett (ABC) F_1, aus Rosa (AbC) ✕ Weiß (aBc) bzw. Reinviolett : Aschviolett : Rosa : Aschrosa : Weiß = 27 : 9 : 9 : 3 : 16 bei der Levkoje; rote F_1 (AB) aus Rosa (Aa) ✕ Weiß (aB) bzw. in F_2 Rot : Rosa : Weiß = 9 : 3 : 4 bei der Erbse (E. T s c h e r m a k); schwarze F_1 aus Grau ✕ Weiß bzw. in F_2 Schwarz : Grau : Weiß = 9 : 3 : 4 bei der Maus (C u é n o t) – ließ sich ein synthetisches Zusammenwirken bisher getrennt gewesener Einheiten, eine Bildung von Faktorenkomplexen mit spezifischem Effekt erschließen (C o r r e n s, C u é n o t, B a t e s o n). Als Grenzfall ergab sich die Produktion mendelnder Farbneuheiten aus Verbindung bestimmter farbloser Elternformen und damit der Schluß auf den nichtsinnfälligen Besitz reaktionsfähiger Faktoren (Kryptomerie nach E. T s c h e r m a k). Neben Fällen von produktiver Synthese wurden solche von kompensativer oder Hemmungssynthese erkannt. Unbeeinflußt durch das synthetische Zusammenwirken bewahren die Einzelfaktoren ihre Selbständigkeit, Trennbarkeit, Neukombinierbarkeit. – Als sehr fruchtbar erwies sich sodann die Vorstellung der Möglichkeit einer Verdrängung oder Wirkungsbehinderung einer Anlage durch eine danebenstehende andere Anlage (Heterostasie bzw. Epi- und Hypostasie), und zwar bereits in der homozygotischen Stammform, beispielsweise die Latenz des Gelbfaktors in gewissen schwarzen Haferrassen, welche dementsprechend bei Kreuzung mit Weiß in F_2 Schwarz : Gelb (als Neuheit) : Weiß = 9 : 3 : 4 lieferten. Natürlich ergibt sich dabei ein fließender Übergang zu dem Falle bloß äußerlicher Verdeckung des einen Merkmales durch das andere bei tatsächlicher Ausprägung beider. – Ebenso wie eine Synthese ist in anderen Fällen eine Faktorenanalyse, d. h. die Auflösung eines Faktorenkomplexes in gesonderte, mendelnde Einheiten möglich – speziell kann aus der Kreuzung Farbig ✕ Andersfarbig als Isolierungseffekt in F_2 Weiß nach 9 : 3 : 4 hervorgehen, z. B. aus Schwarz (AB) ✕ Gelb (Ab) in F_2 Weiß (aB oder ab), aber auch aus Rot

(AB) x besonderem Weiß (ab) in F_2 neben Rot and Weiß Rosa (Aa). – Der Hetero-
stasiebegriff (B a t e s o n, S h u l l) hat übrigens solche scheinbar einfache Mendel-
fälle aufgeklärt, in denen nicht Besitz und Mangel, sondern anscheinend zwei positive
Merkmale einander gegenüberstehen, z. B. gelbe (AB mit Epistasie von A, Hypostasie von B) und grüne (aB) Samenfarbe bei der Erbse, und doch kein Novum (etwa
Farblösigkeit) auftritt, vielmehr ein Verhalten wie bei einfachem Unterschied mit
Spaltung 3 : 1 besteht. – Die systematische, experimentelle Faktorenanalyse hat in
manchen Fällen, beispielsweise bei Levkoje und Löwenmaul, eine weitgehende Zusammensetzung gerade der. Blütenfarben aus reinlich mendelnden Komponenten,
eine staunenswerte Plurifaktorialität aufgedeckt.

Wie bereits angedeutet, mußte auch erst Klarheit über die N a t u r d e r
K o r r e s p o n d e n z o d e r K o n k u r r e n z d e r U n t e r -
s c h e i d u n g s m e r k m a l e bastardierter Formen geschaffen werden. Von der
anfänglichen einfachen Gegenüberstellung zweier positiver Merkmale ebensogut wie
einer positiven und einer negativen Eigenschaft ist man vielfach abgegangen und zur
bloßen Gegenüberstellung von Vorhandensein und Fehlen desselben Faktors gelangt
(Presence-Absence-Hypothese von B a t e s o n und P u n n e t t). Der Anschein eines
einfachen Mendelschen Verhaltens auch bei Differenz in zwei positiven Merkmalen
wird dabei, wie erwähnt, unter Zuhilfenahme der Heterostasievorstellung erklärt. Jedenfalls besitzt diese Hypothese den Vorzug von Anschaulichkeit und bequemer Fassung in Buchstabenformeln, wobei A, B, C den Faktorenbesitz, a, b, c den Mangel
bezeichnen. Allerdings ist grundsätzlich auch die Vorstellung von Aktivitat und Latenz desselben Gens (d e V r i e s , M o r g a n) sowie die Voraussetzung einfacher,
gewissermaßen unifaktorieller Verschiedenheit zwischen Besitz des unveränderten
Gens und Besitz des modifizierten Gens (J o h a n n s e n) sehr wohl möglich. – Von
hoher Fruchtbarkeit – speziell zur Erklärung gewisser Spätfolgen von Bastardierung –
erscheint die Aufstellung eines Unterschiedes in Form von Zusammenwirken oder
Assoziation und Nichtzusammenwirken oder Dissoziation beiderseits vorhandener
Faktoren, z. B. A B C gegenüber A B C oder A B C oder A C B oder A B C (E.
T s c h e r m a k). Es ist dabei eine große Manigfaltigkeit möglich bei wenigen Ele-
menten. Auch dürfen wir den Begriff Faktor oder Gen nicht einfach als „Anlage" einer bestimmten Eigenschaft, sondern im allgemeinen als spezifisch wirksame
Ursache oder Bedingung für eine solche fassen (B a u r).

In logischem Zusammenhang mit der oben erwähnten Lehre von der synthetischen Komplexbildung und der analytischen Isolierung von Einzelfaktoren wurde die
Vorstellung einer Begründung von Formenunterschieden durch eine Mehrzahl oder
P o l y m e r i e v o n F a k t o r e n g l e i c h s i n n i g e r
W i r k s a m k e i t (N i l s s o n – E h l e) o d e r v o n H a u p t f a k t o r e n
m i t s e l b s t ä n d i g e n , r e i n k a t a l y t i s c h w i r k s a m e n N e b e n -
f a k t o r e n (E. T s c h e r m a k) erschlossen. Zu diesen sehr bedeutsamen und
fruchtbaren Vorstellungen mußte schon das von M e n d e l selbst beobachtete Vorkommen einer gewissen, regulären, erblichen Abstufung innerhalb der scheinbar einfachen Hauptgruppen, die Möglichkeit einer „Nebenspaltung" neben der „Hauptspaltung" (N i l s s o n - E h l e) anregen. Speziell aber führte zur Annahme einer Mehrzahl selbständiger Faktoren gleichsinniger Wirksamkeit (A, B, C, D) die in bestimm-

ten Fällen beobachtete Bildung weiter Spaltungsverhältnisse, welche sich aber doch von der Mendelschen Relation 3 : 1 ableiten lassen – nämlich rot (Ab oder AB oder ABC oder ABCD): weiß beim Weizen oder schwarz : weiß beim Hafer wie 15 : 1, 63 : 1, 255 : 1. Dazu kam die Produktion einer Stufenreihe in F_2, welche unter Umständen noch über den einen Elterntypus oder gar über beide hinausführt (Transgressionen); zudem können die einzelnen Stufen verschiedenen Erbwert besitzen, Intermediäre konstant werden und bei relativ zu geringem Beobachtungsumfang stammelterngleiche Individuen fehlen (N i l s s o n - E h l e). Andererseits ließ sich die „Nebenspaltung" bei einer Hauptspaltung nach dem Verhältnisse 3 : 1 auf das Vorhandensein katalytischer Nebenfaktoren bzw. auf das Verhältnis 12 : 4, 48 : 12, 192 : 64 zurückführen; so daß die Feststellung der Relation 3 : 1 noch nicht einfach beweisend ist für einen unifaktoriellen Unterschied der beiden Stammeltern (E. T s c h e r m a k). – Trotz der scheinbaren, phänotypischen Kontinuität besteht zwischen den erbungleichen Gliedern einer Stufenreihe wahre, genotypische Diskontinuität; der äußerlichen Stetigkeit liegt eine sprunghafte Verschiedenheit im Faktorengehalte zugrunde. Durch die Polymerielehre wird das früher viel zu wenig beachtete Prinzip einer wesentlich diskontinuierlichen, qualitativen Verschiedenheit der organischen Formen auf das Gebiet scheinbar rein quantitativer, kontinuierlicher Abstufung ausgedehnt. Bei der Serienspaltung kombiniert sich und überdeckt sich gegenseitig die fluktuierende Variation des Einzeltypus und die dadurch stetig erscheinende Vielfältigkeit an Typen. In Analogie dazu ist die Variabilität an Zufallsbeständen oder Populationen von Pflanzen vielfach nicht als Oszillieren eines einheitlichen Typus, sondern als Folge einer mendelnden Aufspaltung nach polymeren, zugleich einzeln für sich oszillierenden Differenzpunkten anzusehen: in praxi verrät die sog. Variation eben vielfach Kollektivcharakter (N i l s s o n - E h l e). Es würde hier zu weit führen, im Anschlusse daran den modernen Stand der Variationscharakteristik einer organischen Form durch Mittelwert und Standardabweichung, welche dem sog. mittleren Fehler, d. h. der Wendepunktsabszisse der äquivalenten Binomialkurve entspricht,
genauer zu behandeln. Es genüge zu betonen, daß die dadurch bestimmte Spezialform der Variationskurve für die einzelne Rasse völlig typisch ist und ebenso zum Rassen-

$$\left(\sigma = x_W = \pm \sqrt{\frac{\sum y x^2}{n}}\right)$$

oder Artcharakter gehört wie der Besitz bestimmter Qualitätsmerkmale (J o h a n n s e n). Allerdings stellen die tatsächlich beobachteten Variationskurven keine mathematisch korrekten Binomialkurven dar;

$$\left(\gamma = \gamma_G \cdot e^{-\frac{x^2}{2 x^2 w}}, \quad \gamma_G = \frac{1}{x_W \sqrt{2\pi}}\right)$$

sie sind vielmehr, allgemein gesprochen, dank einer gleichfalls charakteristischen Dämpfung mit konsekutiver Überholung der Gipfelregion entstellt. Die nach dem empirisch gefundenen Wert für x_w konstruierte Kurve ist nur als „Äquivalenzkurve" zur Kurve der beobachteten Variantenschar anzusprechen (A. T s c h e r m a k).

Als ein weiteres, neuerschlossenes Spezialproblem des Mendelismus sei die Frage nach dem anscheinenden N i c h t - S p a l t e n o d e r N i c h t - M e n d e l n g e w i s s e r B a s t a r d e oder wenigstens gewisser Merkmale (M c F a r l a n e, G i a r d, G o s s, C a s t l e) nach einer sog. intermediären Vererbungsweise bezeichnet, wie sie mehrfach speziell für Artbastarde angegeben worden ist. Hier haben in den letzten Jahren Studien über das Verhalten reziproker Bastardierung bei Hühnern zu einer neuen Auffassung geführt, für welche sich auch auf botanischem Gebiete die Beispiele mehren (A. T s c h e r m a k). Es zeigte sich, daß solche Kreuzungen nicht bloß Produkte von verschiedenem Erscheinungswert (wie Maultier-Maulesel), sondern auch von verschiedenem Erbwert liefern können – welch letzterer sich in einer Tendenz zur Umkehr plurifaktorieller Spaltungsverhältnisse 15 :1 in 12 : 4, 9 : 7, 7 : 9, 4 : 12, 1 : 15), ja im Grenzfalle in einem scheinbaren Verschwinden des einen Elternmerkmales (o : n) in der einen der beiden Verbindungsweisen äußert. In späteren Generationen können andeutungsweise Atavismen vorkommen. Als sehr brauchbares Erklärungsprinzip hat sich die Vorstellung bewährt, daß bloß einseitig (haplogametisch) beigebrachte Faktoren in der bastardierten, heterozygotischen Eizelle enter Umständen eine nachhaltige Schwächung ihrer Wirksamkeit erfahren können – etwa in der Weise, daß im väterlichen Spermakern gegebene Gene auf das relativ fremdartige Eiplasma nicht in typischer Weise und Starke zu wirken vermögen (T h e o r i e d e r h y b r i d o g e n e n G e n a s t h e n i e n a c h A. T s c h e r m a k). Diese Vorstellung knüpft nebenbei bemerkt zugleich an die These an, daß die Befruchtung nicht eine Verschmelzung, sondern eine bloße Paarung der dauernd getrennt bleibenden väterlichen und mütterlichen Faktoren bedeute, gleichgültig ob diese homolog oder disparat sind (C. v. N ä g e l i , H. d e V r i e s, O. H e r t w i g, H a e c k e r). Die Folge einer solchen Valenzverminderung ist eine Abnahme an äußerlich kenntlichen Trägern des einen elterlichen Merkmales, z. B. eine Einschränkung auf Homozygoten, ja schließllich der äußeren Anschein einer völligen Fehlens der Spaltung, obzwar der genotypischen Veranlagung nach eine teilweise' oder ganz unmerkliche, doch reine Mendelsche Spaltung in allen möglichen Kombinationen erfolgt.

Die hybridogene Genasthenie erscheint sonach als eine Einrichtung zu der (zunächst) äußerlichen Beseitigung einseitig beigebrachter Besonderheiten – etwa Krankheitsanlagen, als ein Mittel zur „Erhaltung der Arten", ebenso wie die rassereine Befruchtung die Bedeutung besitzt, die Rassenanlagen in typischer Stärke zu erhalten (A. T s c h e r m a k). Nach dieser Auffassung stellt somit die sog. intermediäre Vererbungsweise – zum mindesten in bestimmten Fällen – nicht eine wahre Ausnahme von den Mendelschen Spaltungsregeln dar, sondern erweckt nur einen solchen phänotypischen Eindruck.

III

Bisher hatte der Ausbau der Mendelschen Vererbungslehre angesichts mannigfacher phänotypischer Komplikationen den Fundamentalsatz von der vollen Selbständigkeit, freien Trennbarkeit und Kombinierbarkeit der Erbeinheiten unberührt gelassen, ja es war dessen essentieller Geltungsbereich durch die Theorie der hybridogenen Genasthenie sogar auf die Fälle „nichtspaltender" Bastarde ausgedehnt worden. Auch hatte sich die Vorstellung einer synthetischen Wechselwirkung, ferner die Annahme einer Assoziation bzw. Dissoziation beiderseits vorhandener Faktoren, ebenso die Idee der Polymerie ohne Schwierigkeiten zum Satze von der streng einsinnigen Veranlagung oder Reinheit der Gameten gefügt, ja dessen Aufrechterhaltung ermöglicht.

Eine wahre Verletzung oder Einschränkung des Prinzips der Faktorenselbständigkeit oder der Spaltungsfreiheit bedeutet erst die moderne Lehre von der Koppelung oder Abstoßung gewisser Erbeinheiten, die T h e o r i e d e r G e n e n k o r r e l a t i o n (B a t e s o n u n d P u n n e t t, M o r g a n). Dieselbe fußt auf der Beobachtung, daß bestimmte Bastardierungen – im Gegensatze zu dem so vielfach konstatierten, regulären Verhalten, also entgegen der zu hegenden Erwartung – in F_2 wesentliche Abweichungen in der zahlenmäßigen Vertretung der einzelnen Kombinationen hervortreten lassen. Die Verteilung der Einzelfaktoren auf die verschiedenen Gameten erfolgt offenbar nicht frei, sondern erscheint eingeschränkt durch eine gewisse Beziehung bestimmter Erbeinheiten, so daß nicht mehr alle überhaupt möglichen Kombinationen in gleicher Anzahl gebildet werden oder erhalten bleiben, sondern einzelne seltener auftreten als andere, u. zw. in einem bestimmten Inäquivalenzverhältnis – beispielsweise AB : Ab : aB : ab nicht wie I : I : I : I (Mendeln ohne Korrelation), sondern wie I : II : II : I (Spaltung mit Korrelation). Im Grenzfalle fehlen bestimmte Kombinationen überhaupt vollständig – so in F_2 der Bastardierung weiße glatte Falme („Emily Henderson") X weiße gerollte Fahne („Blanche Purpee") der Duftwicke die Verbindung rote gerollte Fahne, obwohl F_1 purpurn, glatt blüht, während F_2 purpurn glatt wie gerollt, weiß glatt und gerollt, rot glatt umfaßt.

Die Koppelung wie die Repulsion kann sehr verschiedene Grade zeigen, von voller Freiheit durch alle Stufen von Relativität oder Beschränkung bis zu absoluter Bindung oder Ausschließung gehen. Eine analoge, abgestufte Verschiedenheit ergibt sich schon bei spontaner Variation für das gegenseitige Verhalten gewisser Eigenschaften, z. B. Korngröße und Stickstoffgehalt der Gerste, wenn man der Reihe nach einzelne Elementarformen oder Linien untersucht. Neben solchen mit strenger Korrelation der geprüften Eigenschaften finden sich solche mit bloß relativer, zudem abgestufter Korrelation, endlich auch einzelne Korrelationsbrecher (J o h a n n s e n). Ganz Analoges ergibt sich für die Faktorenverknüpfung bei Vererbung bzw. Spaltung. Dieser Umstand erschwert allerdings – von anderen analog wirkenden Momenten abgesehen – die zuverlässige Aufstellung von Korrelationen sehr; für die nach dem Verhalten bei Spontanvariation erschlossene Korrelationsaufstellung bildet die planmäßige Bastardierung ein wichtiges Prüfmittel. Hier genüge es, auf dieses in neuester Zeit viel, aber nicht immer mit der gebotenen Kritik behandelte Arbeitsgebiet hinzuweisen. – Nur ein Spezialproblem sei noch anhangsweise erwähnt – die Frage, warum in dem einen Falle ein direkter, korrespondierender Einfluß des Pollens auf Farbe, Größe oder Form des Samens (sog. Samenxeniodochie) zu erkennen ist, in dem anderen jedoch vermißt wird, und das väterliche Merkmal erst in der F_1- oder gar erst in der F_2-

Generation hervortritt. Erwähnt sei nur die Gelbfärbung der Bastardierungsprodukte an einer grünsamigen Erbsenrasse nach Bestäubung mit einer gelbsamigen (M e n d e l) sowie die Vergrößerung der Bohnen an einer schnürhülsigen, kleinsamigen Rasse nach Bestäubung mit einer großsamigen, gefolgt von Aufspaltung nach einzelnen Samen an einer und derselben F_1-Pflanze, also Polymorphie der zweiten Samengeneration. Hier besteht selbständige Vererbungsweise des betreffenden Samenmerkmales. Für den entgegengesetzten Fall von abhängiger Vererbungsweise unter Ausschluß von sog. Samenxenien ist sine Einflußnahme bestimmter somatischer Zellen der Mutterpflanze auf die Eizellen bzw. Samenknospen durch innere Sekretion oder endokrine Chemorelation zu vermuten (E. T s c h e r m a k).

IV

Eine spezielle Bearbeitung und Förderung hat endlich die Z y t o l o g i e d e r V e r e r b u n g in Parallele zu den Tatsachen und Theorien des Mendelismus, zumal zu der früher behandelten Korrelationslehre, erfahren. Es würde zu weit führen, hier das vielbehandelte Problem näher zu erörtern, ob ein bestimmter Teil des zellularen Lebenssystems als eigentliche Vererbungssubstanz (Idioplasma), d. h. als Träger der primären Differenzierungsursachen auf dessen Teilungsschleifen (Chromosomen) beschränkt. Speziell für die mendelnden Eigenschaften wird dies mehrfach angenommen (so von E. B a u r), wobei jedoch zu berücksichtigen ist, daß, wie oben erwähnt, das Nicht-Mendeln ein bloß äußerliches, phänotypisches sein kann (A. T s c h e r m a k).

Sehr verbreitet und gewiß durch die M e n d e lsche Selbständigkeit der Faktoren nahegelegt (wenn auch nicht erzwungen!) ist ferner die Vorstellung, daß den erschlossenen, einzelnen Genen gesonderte Korpuskeln im Kern bzw. in den Chromosomen entsprechen, welche man etwa mit deren färbbaren, granulären Formbestandteilen, den Chromiolen, identifizieren könnte. Es darf nicht verschwiegen werden, daß eine solche Gleichsetzung von Gen und Korpuskel bzw. Chromiol vom Standpunkte der Physiologie relativ roh und funktionell wenig erschöpfend zu nennen ist, zumal da sie zu einer vorschnellen Verknüpfung von zytologischen Befunden und Vererbungserscheinungen und zur Befriedigung an einem bloßen genentopographischen Registraturschema verleitet. Schon für die Voraussetzung einer genotypischen Ungleichwertigkeit der einzelnen Kernschleifen einer Gamete (speziell der Autochromosomen weniger allerdings der Heterochromosomen), ebenso für deren Individualität und Persistenz fehlen m. E. noch strenge Beweise. Ebenso ist (mit T i s c h l e r) davor zu warnen, die in gewissen Fällen beobachtete, in anderen aber sicher fehlende Überkreuzung der Kernschleifen, die sog. Chromosomenkonjugation oder Chiasmatypie, einfach als Ausdruck und Erklärung der Neukombinierung, des sog. crossing over der einzelnen Gene zu betrachten. Auch besteht keine Berechtigung, den Zeitpunkt der Mendelschen Spaltung, d. h. der inäqualen Sonderung der Faktorenkombinationen in einer heterozygotischen Gametenstammzelle unbedingt mit der Reduktionsteilung zusammenfallen zu lassen (wie dies M o r g a n tat, dem B a t e s o n und

H a e c k e r widersprachen). Gewiß gestattet eine solche Annahme die Aufstellung sehr anschaulicher, bestrickender Schemata (beispielsweise durch E. B a u r).

Zu besonders weitgehenden P a r a l l e l s c h l ü s s e n   z w i s c h e n   V e r - e r b u n g s w e i s e   u n d   K e r n s t r u k t u r haben die K o r r e l a t i o n s - s t u d i e n geführt. So wurde die Hypothese aufgestellt (M o r g a n), daß absolut gekoppelte Faktoren im selben Kernschleifenabschnitt, hingegen abnehmend relativ gekoppelte zwar im gleichen Chromosom, jedoch in verschiedenen Kernabschnitten und zwar in wachsendem Abstand lokalisiert seien, während völlig selbständige Gene verschiedenen Kernschleifen angehören sollten. Die als Chromo- oder Karyomere bezeichneten Kernschleifenabschnitte sollen unteilbare Genenkomplexe, wahre Einheiten repräsentieren und nur im ganzen ausgetauscht werden können. Nach diesem System ließen sich t o p o g r a p h i s c h e   K a r t e n der vier Gameten-Chromosomen der Taufliege (Drosophila melagonaster – M o r g a n und seine Schüler), ähnlich der 8 Haploidkernschleifen des Löwenmaules (B a u r) konstruieren, wobei als Maßeinheit für die Distanzen der Gene im Chromosom jener Abstand angenommen wird, welcher gerade 1% Austausch liefert. Allerdings stößt die Deduktion eines solchen linearen Registraturschemas (im Sinne M o r g a n s) alsbald auf gewisse Schwierigkeiten. Als erste Folge der oben formulierten Hypothese ergibt sich, daß die Zahl der reinlich mendelnden, d. h. voneinander vollkommen unabhängigen genotypiscben Differenzpunkte zweier bastardierter Formen, also die Zahl der Koppelungsgruppen, der haploiden Kernschleifenzahl entsprechen muß. Demgegenüber ist es jedoch wahrscheinlich, daß bei vielen Formen, besonders bei solchen mit niedriger Chromosomenzahl, die erstere Zahl erheblich größer sein dürfte als die letztere, was beispielsweise für die Erbse mit 7 Kernschleifen bereits sichergestellt ist (Ch. E. A l l e n). Des weiteren ergaben sich zwischen den einzelnen Individuen erhebliche Unterschiede bezüglich des Umfanges des Überkrezungsaustausches, so daß der Austausch nicht einfach proportional gesetzt werden kann dem Genenabstand (D e t l e f s e n). Für die einzelnen Linien von stufenweise verschiedener Korrelation würde sich eine ganz verschiedene Chromosomentopographie ergeben.

Bei diesem Stande der Kenntnisse können wir in der Annahme einer rein chromosomalen Lokalisation und einer charakteristischen Topographie substantiierter Erbeinheiten nur ein Als-Ob-Schema erblicken, welches für anschauliche Darstellung sowie in heuristischer Beziehung unleugbare Vorzüge besitzt, jedoch zugleich zahlreiche unerwiesene Voraussetzungen erfordert und manche bedenkliche Folgen mit sich bringt. Der Wahrheitsgehalt der genotopischen Hypothese muß, zunächst wenigstens, als sehr problematisch bezeichnet werden.

Am annehmbarsten ist die Verknüpfung solcher Faktoren, welche gewissen Eigenschaften von g e s c h l e c h t s b e s c h r ä n k t e r   V e r e r b u n g s - w e i s e zugrunde liegen, mit dem Besitz sog. Heterochromosomen (H e n k i n g, M o n t g o m e r y u. a.), d. h. Kernschleifen, welche nur einem Teil der Geschlechtszellen zukommen bzw. einem anderen derselben fehlen (Digamese) und deren doppelte Einbringung in die Zeugungszelle über das „Geschlecht" des Produktes entscheidet (C h r o m o s o m e n t h e o r i e   d e r   G e s c h l e c h t s - b e s t i m m u n g nach E. B. W i l s o n). Die geschlechtsbeschränkten Eigenschaften werden auf Gene im X-Chromosom zurück geführt, doch entbehrt auch ein bei der X-freien Halbzahl der einen Geschlechtszellart eventuell. vorkommendes Y-Chromosom nicht jedes Faktorengehaltes (F e d e r l e y, G o l d s c h m i d t). Es genüge, hier einerseits an den häufigen Begonia- oder Drosophilatypus zu erinnern, bei welchem das Weibchen aus Verschmelzung gleichveranlagter Gameten hervorgeht, also 2 X-Chromosomen trägt, also diesbezüglich homozygotisch ist und nur einerlei Eizellen liefert, hingegen das Männchen nur ein X-Chromosom trägt, also diesbezüglich heterozygotisch ist und zweierlei Arten von Spermien produziert – eine „gynephore" mit dem X-Chromosom und eine „androphore" ohne X-Chromosom, ev. mit einem Y-Chromosorn als Ersatz dafür. Diesem für sehr viele Insektenklassen (außer den Schmetterlingen) sowie für Nematoden sicher nachgewiesenen Typus scheint auch der Mensch anzugehören. Auf der anderen Seite steht der Abraxastypus mit weiblicher Digamese bzw. Heterozygotie der Weibchen bei Homozygotie der Männchen; er gilt für die Seeigel (B a l t z e r) und Schmetterlinge (S e i l e r), vielleicht auch für Vögel. Bei beiden Typen bestehen je nach Einfachheit oder Multiplizität des X-Chromosoms, Vorkommen oder Fehlen sines Y-Chromosoms mehrere Untertypen oder Klassen. Aber auch auf diesem Gebiete bleiben noch viele Lücken durch mühevolle Experimente auszufüllen. Doppelt schädlich wäre es darum, das Gebäude der Spekulation vorschnell fertig zu machen oder auch nur als fertig erscheinen zu lassen! Auf jeden Fall aber hat das Korrelationsproblem, obwohl es eine wesentliche Einschränkung der ursprünglichen Lehre Mendels mit sick brachte, ein neues, fruchtbares Arbeitsgebiet für den Mendelismus eröffnet. Die Beobachtungstatsachen behalten ihren Dauerwert, mag auch ihre theoretische Fassung und Deutung naturnotwendig wechseln. Die Idee der Erbeinheiten und der Spaltung ist und bleibt Mendels Großtat, sein Lebenswerk überhaupt ein monumentum aere perennius!

Nur in Parenthese sei es gestattet, auf die von mir anderweitig veröffentlichten Darstellungen und Untersuchungen auf dem Gebiete des Mendelismus bzw. der Bastardierung zu verweisen:

1. Die neueren Anschauungen über die Entstehung der Arten. (Vortrag im Verein der Ärzte in Halle a. S. Münch. Med. Wochenschrift 1904. Nr. 8.
2. Über den Einfluß der Bastardierung auf Form, Farbe und Zeichnung von Kanarieneiern. Biol. Zentralblatt 30, Nr. 19, S. 641–646, 1910.
3. Gleicher Titel. Umschau 14. Jg., Nr. 39, S. 764–766, 1910.
4. Über Abänderung an Kanarieneiern durch Bastardierung. Urania (Wien) 5. Jg. Nr. I, S. 2–4. 1910.
5. Über die Entwicklung des Artbegriffes. Tierärztl. Zentralbl. Wien. 34 Jg., Heft 23, S. 4–8, 1910.
6. Über Veränderung der Form, Farbe und Zeichnung von Kanarieneiern durch Bastardierung. Pflügers Arch. Bd. 148, S. 367–395, 1913 (ausführliche Publikation).
7. Die führenden Ideen in der Physiologie der Gegenwart. Münch. med. Wochenschr., 1913, Nr. 42.
8. Über die Verfärbung von Hühnereiern durch Bastardierung und über Nachdauer dieser Farbenänderung (Farbxenien und Farbentelegonie). Biol. Zentralblatt Bd. 35, S. 41–73, 1915

9. Über die Wirkung der Bastardierung auf die Vogeleischale. Prager med. Wochenschr., Bd. 40, Nr. 22, 1915.

10. Gibt es eine Nachwirkung hybrider Befruchtung (sogenannte Telegonie)? Deutsche Landw. Presse, Jg. 1915, Nr. 54.

11. Über das verschiedene Ergebnis reziproker Kreuzung von Hühnerrassen und über deren Bedeutung für die Vererbungslehre (Theorie der Anlagenschwächung oder Genasthenie). Biolog. Zentralblatt Bd. 37, S. 217–277. 1917.

12. Der gegenwärtige Stand des Mendelismus und die Lehre von der Schwächung der Erbanlagen durch Bastardierung. Potonié-Miehes Naturwissenschaftliche Wochenschrift N. F. Bd. 17, Nr. 34, 1918.

13. Über den Einfluß von Bastardierung auf die Entfaltungsstärke gewisser Erbanlagen. Dexlers Tierarztl. Arch. Bd. 1, Nr. 1, 1912.

14. Über die Erhaltung der Arten. Biol. Zentralblatt, Bd. 41, Nr. 7, S. 304–329, 1921.

15. Allgemeine Physiologie. 1. Band, 2. Teil, speziell Kap. V, 2. Abschnitt V: Bedeutung des Zellkerns für die Vererbung. S. 682–696. Berlin, Springer 1923.

MENDELISMUS[1]

(Mendelism)

Hugo I l t i s

AUFERSTEHUNG

Im März des Jahres 1900 erschienen zwei Abhandlungen von HUGO DE VRIES: Die eine „Sur la loi de disjonction des hybrides" in den Comptes rendus der Pariser Akademie der Wissenschaften trotz der späteren Datierung (26. März) etwas früher als die zweite „Das Spaltungsgesetz der Bastarde", die am 24. März der Deutschen Botanischen Gesellschaft vorgelegt und im 3. Heft des Jahrganges 1900 dieser Gesellschaft publiziert wurde.

In der kurzen französischen Veröffentlichung faßt DE VRIES das Resultat seiner Kreuzungsversuche zusammen: „L'hybride montre toujours le caractère d'un des deux parents … Ordinairement c'est – le caractère le plus ancien qui l'emporte sur le plus jeune. – Les caractères antagonistes restent ordinairement combués pendant toute la vie vegetative … Mais dans la période génératve ils sont disjoints. – Pour les monohybrids, on a donc la thèse que leur pollen et leurs ovules ne sont plus hybrides, qu'ils ont le caractère de l'un des parents."

Die Versuchspflanzen, die DE VRIES anführt, sind Agrostemma, Chelidonium, Coreopsis, Datura, Hyosciamus, Lychnis, Oenothera, Solanum, Trifolium und Veronica. Die zahlenmäßige Darlegung der Spaltungsverhältnisse zeigt völlige Übereinstimmung mit den Zahlenverhältnissen der Mendelversuche, die Ausdrücke dominant und rezessiv werden gebraucht, aber Name MENDELS kommt merkwürdigerweise in dieser ersten Abhandlung nicht vor.

Die etwas ausführlichere deutsche Publikation (8 Seiten) beginnt mit der Darlegung der theoretischen Prinzipien der Bastardlehre: „Nach der Pangenesis ist der ganze Charakter einer Pflanze aus bestimmten Einheiten aufgebaut… Jedem Einzelcharakter entspricht eine besondere Form stofflicher Träger. Übergänge zwischen diesen Elementen gibt es ebensowenig wie zwischen den Molekülen der Chemie. Dieses Prinzip bildet für mich seit vielen Jahre den Ausgangspunkt meiner Untersuchungen…" Auf dem Gebiet der Bastardlehre forderte diese Erkenntnis eine vollständige

---

1   Hugo Iltis, *Gregor Johann Mendel. Leben, Werk und Wirkung*, Berlin: Springer Verlag 1924, pp. 218–227 (part of the 2nd chapter). Also published in English as Life of Mendel (transl. E. and C. Paul, New York: W. W. Norton & Co., 1932).

Umwandlung der Ansichten. Sie verlangt, daß „das Bild der Art gegenüber seiner Zusammensetzung aus selbständigen Faktoren in den Hintergrund trete…" „… Die Einheiten der Artmerkmale sind … als scharf getrennte Größen zu betrachten…"

> „… Meine Versuche haben mich zu den beiden folgenden Sätzen geleitet:

> Von den beiden antagonistischen Eigenschaften trägt der Bastard stets nur die eine, und zwar in voller Ausbildung.

> Bei der Bildung der Pollen- und der Eizellen trennen sich die beiden antagonistischen Eigenschaften."

„Diese beiden Sätze sind in den wesentlichsten Punkten bereits vor langer Zeit von Mendel für einen speziellen Fall (Erbse) aufgestellt worden. Sie sind aber wieder in Vergessenheit geraten und verkannt. Sie besitzen nach meinen Versuchen für die echten Bastarde allgemeine Gültigkeit." Zum Zitat der Abhandlung Mendels bemerkt DE VRIES: „Diese wichtige Abhandlung wird so selten zitiert, daß ich selbst sie erst kennen lernte, nachdem ich die Mehrzahl meiner Versuche abgeschlossen und die im Text mitgeteilten Sätze daraus abgeleitet hatte."

Aus der zweiten Abhandlung ist ersichtlich, daß DE VRIES mit einem großen und verschiedenartigen Material gearbeitet hat. Außer den bereits in der französischen Abhandlung angeführten Pflanzen verweist er noch auf Experimente mit Antirrhinum, Aster, Chrysanthemum, Papaver, Polemonium, Viola und Zea. Ein Teil der Versuchspflanzen wurde künstlich gekreuzt, ein Teil freier Kreuzungen überlassen. Die Versuche umfaßten gewöhnlich einige hundert, bisweilen etwa 1000 Exemplare.

Auch in der deutschen Abhandlung betont DE VRIES die Allgemeingültigkeit der Dominanzerscheinung und spricht die Vermutung aus, daß die phylogenetisch ältere (höhere) Eigenschaft die dominierende sei. Er nimmt auch die Rückkreuzung des Bastardes mit den Eltern vor und untersucht die Aufspaltung der Dihybriden bei der Kreuzung Datura Tatula (blaublühend, glattfrüchtig) + Datura Stramonium (weißblühend, stachelfrüchtig). Weiter erwähnt er folgende Beobachtung: „Es gelingt häufig durch die Spaltungsversuche, einfache Eigenschaften in mehrere Faktoren zu zerlegen. So ist z. B. die Farbe der Blüten häufig zusammengesetzt… Ich habe solche Zerlegungen mit Antirrhinum majus. Silene Armeria und Brunella vulgaris ausgeführt…" Mit dieser Beobachtung weist DE VRIES also bereits auf die Erscheinung der polygenen Merkmale bzw. der Polymerie hin.

Einen Monat später (24. April 1900) veröffentlichte im 4. Heft der Deutschen Botanischen Gesellschaft CARL CORRENS, damals in Tübingen, eine 11 Druckseiten umfassende Abhandlung „Gregor Mendels Regel über das Verhalten der Rassenbastarde". CORRENS hatte bei Abfassung dieser Abhandlung vorerst nur die französische Arbeit von DE VRIES in Händen. Er schreibt:

> „Die neueste Veröffentlichung Hugo de Vries ‚Sur la loi de disjonction des hybrides', in deren Besitz ich gestern durch die Liebenswürdigkeit des Verfassers gelangt bin, veranlaßt mich zu folgender Mitteilung.

> Auch ich war bei meinen Bastardierungsversuchen mit Mais- und Erbsenrassen zu demselben Resultat gelangt wie DE VRIES… Als ich das gesetzmäßige Verhalten und die

Erklärung dafür gefunden hatte, ist es mir gegangen, wie es DE VRIES offenbar jetzt geht[2]:
ich habe alles für etwas Neues gehalten. Dann habe ich mich aber überzeugen müssen, daß
der Abt Gregor Mendel in Brünn in den 60er Jahren durch langjährige und sehr ausgedehnte
Versuche mit Erbsen nicht nur zu demselben Resultat gekommen ist wie de Vries und ich,
sondern daß er auch ganz dieselbe Erklärung gegeben hat, soweit das 1866 nur irgend
möglich war. Man braucht heutzutage nur ‚Keimzelle', ‚Keimbläschen' durch Eizelle oder
Eizellkern, ‚Pollenzelle' eventuell durch generativen Kern zu ersetzen.

> Diese Arbeit Mendels, die in Fockes Pflanzenmischlingen zwar erwähnt, aber nicht
> gebührend gewürdigt ist und die sonst kaum Beachtung gefunden hat, gehört zu dem Besten,
> was jemals über Hybriden geschrieben wurde…"

Dann weist CORRENS auf den Ursprung seiner Versuche hin. „Ich kam durch meine
Versuche über die Bildung von Xenien – die hier nur negative Resultate ergaben –
auf dieses Objekt und verfolgte die Beobachtungen weiter, als ich fand, daß hier die
Gesetzmäßigkeit viel durchsichtiger ist als beim Mais, wo sie mir zuerst aufgefallen
war." Obwohl CORRENS über die Dauer der Versuche nichts Ausdrückliches sagt,
ergibt sich aus den Protokollen seiner Erbsenkreuzungen, daß sie wenigstens 4 Jahre
vor der Publikation begonnen wurden. Bei der Besprechung der Dominanzregel wendet sich CORRENS gegen die DE VRIESsche Behauptung, daß ihr allgemeine Gültigkeit zukomme und verweist auf die Färbung der Samenschale der Erbse, die bei
Kreuzungen in F_1 eine mittlere Ausbildung des Merkmales ergibt. Er hebt zum
Schlusse noch ausdrücklicher hervor, „… daß bei sehr vielen Merkmalspaaren nicht
das eine der Merkmale dominiert."

Bei der Diskussion der Anlagenspaltung schreibt er: „Das Zahlenverhältnis 1:1
spricht sehr dafür, daß die Trennung bei einer K e r n t e i l u n g erfolgt, d e r
R e d u k t i o n s t e i l u n g WEISMANNS…" Bei Behandlung der Unabhängigkeit
im Verhalten der einzelnen Merkmalspaare weist er in einer Anmerkung darauf hin,
daß auch diese Regel keine allgemeine Gültigkeit habe, da es auch
g e k o p p e l t e M e r k m a l e gebe.

Das Wesentliche der neuen Erkenntnis faßt CORRENS in den Sätzen zusammen:
„Der Bastard bildet Sexualkerne, die in allen möglichen Kombinationen die Anlagen
für die einzelnen Merkmale der Eltern vereinigen, nur die desselben Merkmalspaares
nicht. Jede Kombination kommt annähernd gleich oft vor …" …Dies nenne ich die
Mendelsche Regel; sie umfaßt auch DE VRIES „loi de disjonction…"

„Die Regel läßt sich aber", so schreibt CORRENS am Schlusse seiner Abhandlung, „… nur auf eine gewisse Anzahl von Fällen, einstweilen nur auf solche, wo ein
Paarling des Merkmalspaares dominiert, und zumeist nur auf Rassebastarde anwen-
den…"

So war also Mendels Werk wiedererstanden. In den DE VRIESschen Abhandlungen, die durch ihr gewaltiges Material, das Resultat langjähriger, zielbewußter Arbeit,
imponieren, war die prinzipielle Bedeutung der Entdeckung für die Vererbungs- und
Abstammungslehre vollständig klargelegt. Hat die spätere Entwicklung DE VRIES in
bezug auf die weite Geltung der Regel recht gegeben, die CORRENS nur auf Rassen-

---

2 [220/1] In einer Nachschrift nimmt CORRENS dann auf die inzwischen erschienene deutsche
   Arbeit von de VRIES Bezug, in der Mendels Arbeit bereits zitiert wurde.

bastarde beschränken wollte, so hat andererseits CORRENS bereits erkannt, daß es neben der Erscheinung der Dominanz auch eine intermediäre Vererbung und neben unabhängigen auch gekoppelte Merkmalspaare gibt: auf diese letztere Erkenntnis baut ja der „höhere" Mendelismus auf. Ebenso hat CORRENS durch die Verlegung der Anlagespaltung in das Stadium der Reduktionsteilung der Entwicklung der mendelistischen Kernforschung den Weg gewiesen. Und endlich hat CORRENS als erster dem Andenken Mendels den schuldigen Tribut gezollt, indem er die vereinigte Spaltungs- und Unabhängigkeitsregel als „Mendelsche Regel" bezeichnete.

Im Juni desselben Jahres sandte als dritter der Wiener ERICH TSCHERMAK gleichfalls an die Deutsche Botanische Gesellschaft eine Mitteilung „Über die künstliche Kreuzung von Pisum sativum", in welcher er im wesentlichen zu den gleichen Ergebnissen gelangte wie CORRENS. TSCHERMAK gibt einleitend die Veranlassung zu seinen Versuchen an: „Angeregt durch die Versuche Darwins über die Wirkungen der Kreuz- und Selbstbefruchtung im Pflanzenreich begann ich im Jahre 1898 an Pisum sativum Kreuzungsversuche anzustellen, weil mich besonders die Ausnahmsfälle von dem allgemein ausgesprochenen Satze über den Nutzeffekt der Kreuzung verschiedener Individuen und verschiedener Varietäten gegenüber der Selbstbefruchtung interessierten, eine Gruppe, in welche auch Pisum gehört …" „Auch führte ich", so schreibt er weiter, „künstliche Kreuzungen zwischen v e r s c h i e d e n e n Varietäten von Pisum sativum aus, welche den Zweck hatten, den unmittelbaren Einfluß des fremden Pollens auf die Beschaffenheit (Form und Farbe) des durch ihn erzeugten Samens zu studieren, sowie die Vererbung constant differierender Merkmale der beiden zur Kreuzung benutzten Elternsorten in der nächsten Generation der Mischlinge zu verfolgen[3]." Der Autor konstatiert des weiteren, daß seine Resultate die angeführten Versuche DARWINS bestätigen. Er fährt dann fort[4]: „Meine Versuche ergaben, daß sich die angeführten Verschiedenheiten desselben Gebildes, also die charakteristischen ‚Merkmale' der einzelnen Varietäten in Bezug auf ihre Vererbung als nicht gleichwertig erwiesen. Regelmäßig kommt ausschließlich das eine bezügliche Merkmal der Vater- oder Mutterpflanze zur Ausbildung (dominierendes Merkmal nach Mendel) im Gegensatz zu dem rezessiven Merkmale der anderen Stammpflanze, welches jedoch in dem Samen der Mischlingspflanze zum Theil wieder zu Tage treten pflegt …" Ferner: „Der von dem genannten Forscher begründete Satz von der gesetzmäßigen Ungleichwertigkeit der Merkmale für die Vererbung erfährt durch meine Versuche … volle Bestätigung und erweist sich als höchst bedeutsam für die Vererbungslehre überhaupt." Die Dominanzregel ist also das einzige Resultat Mendels, das TSCHERMAK als „höchst bedeutsam" hervorhebt. Er konstatiert dann noch das Spaltungsverhältnis 3:1 in der zweiten Bastardgeneration und berichtet über Resultate reziproker Kreuzungen, die ihn zu dem Schlusse bringen, daß die Eizelle eine wirksamere Überträgerin des dominierenden Farbenmerkmales ist als die Pollenzelle. Ferner schreibt er: „Die Kombination zweier dominierender oder rezessiver Merkmale in der Elternform bringt dasselbe Verhalten

3   [222/1] TSCHERMAK, E.: Über die künstliche Kreuzung bei Pisum sativum. Ber. d. Dtsch. bot. Ges. Bd. 18, 1900. S. 232.
4   [222/2] l. c. S. 235.

in der Samenproduktion der Mischlinge mit sich, wie es die bezüglichen Merkmale
isoliert thun[5]." Auch seiner Mitteilung ist eine „Nachschrift" angefügt: „Die soeben
veröffentlichten Versuche von Correns … bestätigen ebenso wie die meinigen die
Mendelsche Lehre. Die gleichzeitige Entdeckung Mendels durch Correns, de Vries
und mich erscheint mir besonders erfreulich. Auch ich dachte noch im zweiten Ver-
suchsjahre, etwas ganz Neues gefunden zu haben." In einer ausführlichen Arbeit
„Über künstliche Kreuzung bei Pisum sativum", die kurz nachher in der Zeitschrift
für landwirtschaftliches Versuchswesen in Österreich (5. Heft, 1900) erschien, bringt
TSCHERMAK die genauen Protokolle der im botanischen Garten in Gent begonne-
nen und in Esslingen (Niederösterreich) fortgesetzten Versuche. Auch in dieser Arbeit weist er auf die Dominanz als auf die bedeutsamste Entdeckung Mendels hin.
Dagegen sind in der etwas umständlichen Darstellung einer in derselben Zeitschrift
im folgenden Jahre erschienenen Abhandlung[6] die Grundlagen der Mendelslehre
schon etwas breiter dargestellt. TSCHERMAK schreibt auf S. 7 dieser Arbeit: „…
Die drei Sätze, nämlich der Satz von der gesetzmäßigen Maaßwerthigkeit der Merkmale, der Satz von der gesetzmäßigen Mengenwerthigkeit der Merkmale, der Satz
von der gesetzmäßigen Vererbungswerthigkeit oder Spaltung der Merkmale bilden
den Kern der ‚Mendelschen Lehre von der gesetzmäßigen Verschiedenwerthigkeit der
Merkmale für die Vererbung' (E. TSCHERMAK)." In dieser zweiten ausführlichen
Abhandlung berichtet TSCHERMAK auch über die Resultate seiner Bohnenkreuzun-
gen und weist – als erster – auf die klassische Stelle in Mendels Abhandlung hin, in
welcher dieser zur Erklärung der zahlreichen Übergänge der Bastardblütenfarben in
F_2 das Zusammenwirken mehrerer gleichsinniger Merkmalseinheiten heranzieht.
Noch andere Stellen dieser Arbeit sind interessant, so (S. 85): „Auch geschieht die
Spaltung nicht immer nach den einzelnen Merkmalen, sondern des öfteren nach
Merkmalsgruppen…" oder dort, wo vom Auftreten neuer Merkmale bei der Kreuzung gesprochen und zur Erklärung dieser Erscheinung angeführt wird (S. 94): „…
Es läßt also die Kreuzung unter Umständen eine bei den Elternformen in potentia
latent gegebene Gestaltungsweise in Erscheinung treten."
    Die fast gleichzeitige Wiederentdeckung der Arbeit Gregor Mendels durch drei
voneinander unabhängig arbeitende Forscher schien auffällig genug, um mit einem
Male die Aufmerksamkeit der biologischen Wissenschaft des In- und Auslandes zu
erregen. Nun war wirklich die Zeit für Mendels Werk gekommen, mehr als er selbst
es je hatte ahnen können. Für den Nachruhm seiner Entdeckung war ihr langes Pup-
penstadium nur ein Glück gewesen und als glänzender, von der staunenden Welt be-
wunderter Schmetterling flog sie jetzt über Länder und Meere, überallhin, wo Menschen dachten und forschten. Aus der kleinen, auf wenige Objekte beschränkten Ein-
zeluntersuchung erwuchs in wenigen Jahren eine gewaltige Literatur, ein mächtiges
Lehrgebäude. Das kleine Heftchen in den Brünner Verhandlungen hat allen Teilen
der Biologie Anregung und Förderung gegeben, hat es bewirkt, daß die Vererbungs-

---

5   [222/3] l. c. S. 236.
6   [223/1] TSCHERMAK, E.: Weitere Beiträge über Verschiedenwertigkeit der Merkmale bei
    Kreuzung von Erbsen und Bohnen. Zeitschr. f. d. landwirtschaftl. Versuchswesen in Österreich
    1901.

forschung zu einem Zentralgebiet der Naturwissenschaften wurde. Schon im Jahre 1901 wurde von GOEBEL die klassische Abhandlung im 89. Bande der „Flora" abgedruckt und im selben Jahre wurden die „Versuche über Pflanzenhybriden" und die Hieracienabhandlung von TSCHERMAK in den Klassikern der exakten Wissenschaften[7] herausgegeben. Seit dieser Zeit ist nicht nur diese Ausgabe in 4. Auflage erschienen, es ist auch in dem anläßlich der Enthüllung des Mendeldenkmals herausgegebenen Mendelfestband[8] und auch in einer von JUNK herausgegebenen Ausgabe (1917) die klassische Arbeit im Faksimile, in genau derselben Ausstattung wie im Original, erschienen. Seit der ersten englischen Übersetzung in BATESONS grundlegendem Werk sind die „Versuche über Pflanzenhybriden" in zahlreiche fremde Sprachen übertragen worden. Es sei hier nur auf die italienische Ausgabe hingewiesen, die im Jahre 1914 in Mailand von PANTELLANI[9] ediert worden ist. – Die dankbare Forschung aber hat dem Namen Mendel ein Denkmal gesetzt, dauernder und ragender als alle Monumente aus Stein und Erz, indem sie nicht nur die ganze neue Forschungsrichtung als „Mendelismus" bezeichnete, sondern auch für das Verhalten aller Lebewesen, welche bei der Vererbung ihrer Eigenschaften den Mendelschen Gesetzen folgen, das Zeitwort „mendeln" prägte. In diesen Worten wird Mendels Name weiterleben, solange es eine Wissenschaft gibt.

Aber auch die Heimat war bemüht, das Andenken ihres großen Sohnes zu ehren. Mendels Werk war schon in aller Welt bekannt. Aber in Brünn, der Stätte seines Wirkens, hatten die meisten Alten seinen Namen vergessen und die wenigsten Jungen ihn wieder gehört. Viele öffentliche Vorträge, kürzere und längere Aufsätze in den heimischen Zeitungen und Zeitschriften waren nötig, um bei der „breiten" Öffentlichkeit Brünns das Verständnis der dem Laien ja nicht so unmittelbar einleuchtenden Prinzipien des Mendelismus anzubahnen. Daß dieses Verständnis lange Zeit nicht in hervorragendem Maße vorhanden war, davon zeugt manche heitere Episode aus den ersten Zeiten der Propaganda für die Errichtung eines Gregor-Mendel-Denkmals in Brünn. So stand der Autor einmal mit zwei biederen Altbrünner Bürgern vor einem großen Bilde Mendels, das in dem Schaufenster einer Buchhandlung ausgestellt war. „Wer ist denn das, der Mendel?" fragte der eine in dem etwas breiten Brünner Dialekt. „Das weißt du nicht? Von dem hat ja die Stadt Brünn eine Vererbung gemacht!" antwortete der Gefragte, der sich mit „gesundem Menschenverstand" den ihm mehr oder minder fremden Begriff der „Vererbung" in den gewohnteren der „Erbschaft" umgesetzt hatte.

Begreiflicherweise war es nicht ganz leicht, diesem „gesunden Menschenverstand" das Verständnis für Mendels Bedeutung zu erschließen und es kam auch des öfteren zu Konflikten mit seinen Vertretern. So als sich einige einflußreiche Altbrünner „Droogstoppels" gegen die Errichtung des Mendeldenkmals auf dem Klosterplatze wehrten, weil dadurch die Schaubuden und Karussels unmöglich würden, durch

7   [224/1] MENDEL, G.: Versuche über Pflanzenhybriden. OSTWALDS Klassiker der examen Wissenschaften. Herausgegeben von E. TSCHERMAK. I. Aufl. Leipzig 1901, 4. Aufl. Leipzig 1923.
8   [224/2] Verh. d. nat. Ver. Bd. 49. Brünn 1911.
9   [224/3] Zitiert nach R. ZAUNICK.

die angeblich Geld in die Bevölkerung gebracht werde; oder als andere gegen die Errichtung eines Denkmals für einen „Pfaffen" protestierten.

Immerhin gelang es in einigen Jahren, die heimische Bevölkerung für die Errichtung eines Gregor-Mendel-Denkmals zu gewinnen. Ein großes internationales Komitee, dem mehr als 150 Forscher aus allen Teilen der Welt angehörten, brachte einen Teil der Geldmittel auf, der größte wurde im Lande gesammelt. Von den Künstlern, die sich an der ausgeschriebenen Konkurrenz beteiligten, ging der Wiener THEODOR CHARLEMONT als Sieger hervor. CHARLEMONT läßt den jungen Priester im einfachen Ordenshabit aufrecht sich an eine Hecke stilisierter Erbsen und Bohnen, seiner klassischen Objekte, lehnen und mit den seitwärts ausgestreckten Händen nach Blüten und Blättern greifen. Das edle, durchgeistigte Antlitz blickt sinnend in die Ferne. Für den Kopf des Forschers standen CHARLEMONT nur Photographien zur Verfügung; trotzdem gelang es ihm, mit edelstem Ausdruck eine große Lebendigkeit und Natürlichkeit im Gesicht des Dargestellten zu vereinen[10]. An dem Sockel sind zu beiden Seiten des Schildes, welches die Aufschrift trägt, in leichtem Relief, kniend und nackt, ein Jüngling und ein Mädchen gebildet. Sie reichen einander zu Füßen Mendels die rechten Hände. Dieser Schmuck des Sockels deutet in zarter Allegorie die große allgemeine, auch auf das menschliche Leben sich erstreckende Bedeutung der Mendelschen Vererbungsgesetze aus. Das Denkmal ist ein Werk edelster Bildhauerkunst von wahrhaft griechisch-heiterer Harmonie.

Die unscheinbaren Gassen Altbrünns erfüllte am 2. Oktober des Jahres 1910 eine festliche Menge[11]. Der alte verwitterte Klosterplatz, der zu Ehren des Forschers „Mendelplatz" umgetauft worden war, prangte in Fahnen und frischem Grün, und er, der sonst nur durch verschiedene wandernde Theater und Schaubuden auf die rauf- und lärmlustige Gassenjugend eine Attraktion auszuüben vermocht hatte, war für diesen Tag zum Sammelpunkt der internationalen Forschung und der Brünner „Gesellschaft" geworden. An der Stelle, wo sonst die Zaubertheater gestanden waren, leuchtete im hellen Sonnenlicht die Gestalt eines Priesters, von Künstlerhand aus weißem Marmor geformt, glänzten in goldenen Lettern die Worte: „Dem Naturforscher P. Gregor Mendel im Jahre 1910 gewidmet von Freunden der Wissenschaft."

In Worten und Tönen, mit Fahnen und Kränzen wurde das Andenken des stillen Mannes gefeiert, der in dem kleinen Gärtchen gegenüber mit seinen Blumen und Bienen glücklich gewesen war. Die unbeholfenen Verszeilen, die er als junger Schüler dem Andenken GUTENBERGS gewidmet hatte, sie galten jetzt für ihn:

> „… Der Erdenfreude größte Wonne,
>
> Der Erdenwonne höchstes Ziel,
>
> Verliehe mir des Schicksals Macht,

---

10 [225/1] Auch eine Plakette hat CHARLEMONT geschaffen (siehe Titelbild), von welcher kleine Bronzeabgüsse bei der Denkmalsenthüllung verkauft wurden. Eine Bronzemedaille wurde auch anläßlich des Pariser Genetikerkongresses von BERNARD geschaffen. Ein weniger gelungenes Relief auf einem Gedenkstein im Versuchsgarten hat ŠAFF verfertigt.

11 [225/2] ILTIS, H.: Vom Mendeldenkmal und von seiner Enthüllung. Verh. d. Nat. Verein 49. Bd. Brünn 1911.

Wenn ich, den Hallen meines Grabes

Entstiegen, meiner Kunst Gedeihen

In Enkels Mitte freudig sähe!"

– Und wieder waren Jahre verflossen. Damals, im Jahre 1910, hatte der Sprecher und Vorkämpfer der englischen Mendelisten, WILLIAM BATESON in einer Rede die völkerverbindende Kraft der Wissenschaft gefeiert und seine begeisterte Rede mit den Worten SCHILLERS geschlossen: „… Alle Menschen werden Brüder …"

In den Jahren, die folgten, haben die Menschen das Brüdersein vergessen. Die wahnsinnigen Zeiten der Barbarei, die wir erlebten und noch erleben, haben eine k l e i n e Wissenschaft gesehen. Forscher und Gelehrte hatten überall, bei allen Völkern, den traurigen Mut, zum Haß und zur Vernichtung aufzurufen. Das Band war zerrissen, das „feindliche" und „freundliche" Forschung verknüpft hatte. Langsam nur kam das Besinnen zurück. Im Jahre 1922 waren 100 Jahre verflossen, seit in dem kleinen schlesischen Dorfe Gregor Mendel das Licht der Welt erblickt hatte. Zu seiner Ehre erschienen in allen Ländern Festnummern wissenschaftlicher Zeitschriften, Gedenkartikel in den Zeitungen, Festsitzungen wurden veranstaltet und Gedenkreden gehalten. Auch die Heimat gab zur Erinnerung an den hundertsten Geburtstag[12], wie seinerzeit anläßlich der Denkmalsenthüllung[13] einen Festband heraus, an dem Forscher aller Nationen mitarbeiteten. Und in Brünn[14] fanden sich zu seiner Ehre zum ersten Male seit 8 Jahren wieder Forscher aller Nationen in Freundschaft zusammen. Sub specie aeternitatis, unter dem Hauch des ewigen Genius, verstummte der zeitliche Streit. Vor dem Denkmal wurden deutsche und tschechische, englische und französische Reden gehalten. Die beiden Völker, die Mendels Heimatland bewohnen, huldigten durch Aufführung ihrer größten Kunstwerke dem Andenken, des toten Forschers und reichten einander, wenn auch für Stunden erst, die Bruderhände. Gregor Mendels Werk hatte auch hier ein Wunder vollbracht.

DIE AUSGESTALTUNG DES MENDELISMUS

Ein neuer Kontinent war für die Forschung entdeckt worden; jetzt galt es, ihn ganz zu erschließen und die weiten Flächen urbar zu machen. Im Anfang hatten die Pioniere des Mendelismus vielfach mit Widerständen zu kämpfen. Man suchte die Tragweite der Entdeckung zu leugnen oder doch zu verkleinern. Die Forscher, die durch jahrelange mühselige Kreuzungsexperimente die weite Gültigkeit der Mendelregel erwiesen, begegneten einer bisweilen sogar spöttischen Kritik. In England traten dem Führer der dortigen Mendelisten WILLIAM BATESON und seinen Mitarbeitern die

12 [226/1] STUDIA MENDELIANA. Ad centesimo diem natalem G r e g o r i i M e n d e l i i a grata patria celebrandum adiuvante ministerio Pragensi edita. Brunae 1923
13 [226/2] Mendelfestband der Verh. des. Nat. Vereins in Brünn Bd. 49. 1911.
14 [226/3] ILTIS, H.: Die Mendeljahrhundertfeier in Brünn (22.–24. September 1922). Studia Mendeliana, Brünn 1923.

Biometriker – so nannten sich die Anhänger der GALTON-PEARSONschen statistischen Schule, mit ihrer Lehre von der Regression und vom Ahnenerbe – entgegen.
BATESON, der früher selbst Biometriker war, JOHANNSEN u. a. gelang es, in diesem zähen Kampfe in wenigen Jahren den Sieg zu erringen und den Nachweis zu
erbringen, daß nach der Entdeckung der Spaltung alle Methoden, die der individuellen Analyse des Materials entbehren, nicht geeignet erscheinen, praktische, auch auf
den Einzelfall anzuwendende Resultate zu geben. In Schweden bekämpften den Führer der praktischen Mendelisten NILSSON-EHLE die alten „Hochzüchter", anfangs
zielbewußt und überlegen, bis sie allmählich unter der Wucht des sich häufenden
Tatsachenmaterials unterlagen. In Deutschland waren es damals in den ersten Jahren
des neuerweckten Mendelismus neben CORRENS und TSCHERMAK vor allem
BAUR, HAECKER, LANG, PLATE, GOLDSCHMIDT u. a., in England neben BA-
TESON und seinen Mitarbeitern (SAUNDERS, PUNNETT, DONCASTER, DUR-
HAM, WHEALDALE, MARRYAT) noch BIFFEN, DARBISHIRE, HURST u. a., in
Amerika DAVENPORT, CASTLE, SHULL, MORGAN u. a., in Frankreich CUÉ-
NOT, de VILMORINS u. a., in Holland DE VRIES, LOTSY, HAGEDOORN u. a.,
die als Vorkämpfer für die neue Idee eintraten und durch experimentelle Arbeit für
ihre Ausgestaltung wirkten. Einige der Untersuchungen aus diesen ersten Jahren, auf
welche die weitere Arbeit aufbaute, sollen im folgenden genannt werden. Von den 3
Wiederentdeckern hat de VRIES sein Material in dem umfassenden zweibändigen
Werk: „Die Mutationstheorie", Leipzig, 1901 bis 1903, zusammengefaßt. CORRENS
hat außer der besprochenen ersten Abhandlung eine große Zahl von Untersuchungen
veröffentlicht, so „Gregor Mendels Versuche über Pflanzenhybriden usw." (Bot.
Zeitg. Bd. 38. 1900), „Über Levkoienbastarde" (Bot. Zentralbl. Bd. 84. 1900), „Ba-
starde zwischen Maisrassen mit besonderer Berücksichtigung der Xenien" (Bibl. bot.
H. 53. 1901), „Über Bastardierungsversuche mit Mirabilissippen I. Mitt." (Ber. d. bot.
Ges. 1902), „Über den Modus und den Zeitpunkt der Spaltung der Anlagen bei den
Bastarden vom Erbsentypus" (Bot. Zeitg. 1902), „Über die dominierenden Merkmale
der Bastarde" (Ber. d. bot. Ges. 1903), „Weitere Beiträge zur Kenntnis der dominie-
renden Merkmale und der Mosaikbildung der Bastarde" (Ber. d. bot. Ges. 1903),
„Neue Untersuchungen auf dem Gebiete der Bastardierungslehre" (Bot. Zeitg. 1903),
in späteren Jahren dann u. a. zahlreiche Arbeiten über das Geschlechtsproblem im
Pflanzenreich. Von E. TSCHERMAK seien außer den bereits zitierten 3 Abhandlungen erwähnt: „Der gegenwärtige Stand der Mendelschen Lehre und die Arbeiten von
W. Bateson" (Zeitschr. f. d. landw. Versuchsw. in Österr. 1902), „Über die gesetzmäßige Gestaltungsweise der Mischlinge" (ebenda 1902), „Weitere Kreuzungsstudien an
Erbsen, Levkoien und Bohnen" (ebenda 1904) und „Die Theorie der Kryptomerie" (Beih. z. Bot. Zentralbl. Bd. 16. 1903). – In England hatte, wie erwähnt, BATE-
SON in den ersten Jahren die Mendelsche Lehre gegen die Angriffe der Biometriker[15],
welche die Allgemeingültigkeit der Mendelregeln bestritten, zu verteidigen. Die 1902

---

15 [228/1] Siehe u. a. WELDON, F. R.: Mendels Laws of alternative inheritance in peas. Biometrica
     1902. – PEARSON, Ch.: Mathematical Contribution of the Theory of Evolution XII. On a
     generalised Theory of alternative Inheritance with special reference to Mendels Law. Proc. Roy.
     Soc. 1904.

in Cambridge erschienene erste Auflage seines grundlegenden Werkes ist auch „Mendels Principles of Heredity. A defence" betitelt. Die genauen Resultate der umfassenden, von ihm und seinen Mitarbeitern (s. o.) durchgeführten Kreuzungsversuche sind zum großen Teil in den „Reports of the Evolution Committee oft he Royal Society" (London vol. I. 1902; vol. 2. 1905; vol. 3. 1906; vol. 4. 1908; vol. 5. 1909) erschienen. In Amerika ist in der unter DAVENPORTS Leitung stehenden Experimentalstation auf Long Island das erste große Mendelinstitut entstanden und in den „Reports on the work oft he Station for Exp. Evol. Cold Spring Harbor", von denen der erste 1905 erschienen ist, wurden in der Folge zahlreiche wichtige Kreuzungsuntersuchungen veröffentlicht. Die Abhandlungen von L. CUÉNOT: „La loi de Mendel et l'hérédité de la pigmentation chez les souris" (Arch. zool. exp. et gen. 1. −5. Note 1902–1905) sind für die Entwicklung der Faktorentheorie und der Erbanalyse grundlegend gewesen.

Das Werk von BATESON: „Mendels Principles of Heredity", das in den späteren Auflagen wesentlich ausgestaltet wurde, war das erste „Lehrbuch" des Mendelismus. Heute könnten allein die zusammenfassenden Schriften, die in den verschiedensten Sprachen das Tatsachenmaterial des Mendelismus in wissenschaftlicher oder populärer Form vermitteln, eine kleine Bibliothek füllen. In deutscher Sprache sind außer dem leider unvollendeten Handbuch von LANG[16] die Lehrbücher von BAUR[17], GOLDSCHMIDT[18], HAECKER[19], PLATE[20] und ZIEGLER[21], die elementaren Darstellungen von CORRENS[22] und GOLDSCHMIDT[23] und die Übersetzungen der Bücher von BATESON[24] und MORGAN[25] sowie des Büchleins von PUNNETT[26] erschienen, in englischer Sprache die werke von BABCOCK und CLAUSSEN[27], BATESON[28], CASTLE[29], DARBISHIRE[30], MORGAN[31] und PUNNETT[32], in holländischer das Buch von SIRKS[33], in schwedi-

16 [229/1] LANG, A.: Die experimentelle Vererbungslehre in der Zoologie seit 1900. Jena 1914.
17 [229/2] BAUR, E.: Einführung in die experimentelle Vererbungslehre. 5. u. 6. Aufl. Berlin 1922.
18 [229/3] GOLDSCHMIDT, R.: Einführung in die Vererbungswissenschaft. 3. Aufl. Leipzig 1920.
19 [229/4] HAECKER, V.: Allgemeine Vererbungslehre. 3. Aufl. Braunschweig 1921.
20 [229/5] PLATE, L.: Vererbungslehre. Leipzig 1913.
21 [229/6] ZIEGLER, H.: Die Vererbungslehre in der Biologie und in der Soziologie. Jena 1918.
22 [229/7] CORRENS, C.: Die neuen Vererbungsgesetze. Berlin 1913.
23 [229/8] GOLDSCHMIDT, R.: Mendelismus. Berlin 1920.
24 [229/9] BATESON, W.: Mendels Vererbungstheorien. Deutsch von A. WINKLER, Leipzig und Berlin 1914.
25 [229/10] MORGAN, TH. H.: Die stoffliche Grundlage der Vererbung. Deutsch von NACHTSHEIM. Berlin 1914.
26 [229/11] PUNNETT, R. C.: Mendelismus. Deutsch von PROSKOWETZ. Brünn 1910.
27 [229/12] BABCOCK, E. B. und R. E. CLAUSSEN, Geneticics in relation to Agriculture and Breeding. New York 1918.
28 [229/13] BATESON, W.: Mendels Principles of Heredity. Cambridge 1913.
29 [229/14] CASTLE, W. E.: Heredity. New York und London 1911.
30 [229/15] DARBISHIRE, A. D.: Breeding and the Mendelian Discovery. London 1911.
31 [229/16] MORGAN, TH. H.: The physical basis of heredity. New York 1919.
32 [229/17] PUNNETT, R. C.: Mendelism. Sixt Edition. London 1922.
33 [229/18] SIRKS, M. J.: Handboeck der allgemeene Erfelijkheidsleer. s'Gravenhage 1921.

scher das von HOFSTEN[34] usw. Dazu kommen noch die später zitierten Darstellungen, die spezielle, züchterische, medizinische bzw. eugenetische Ziele verfolgen. Die verschiedenen Fachzeitschriften für Vererbungslehre enthalten zum großen Teile mendelistische Abhandlungen. In Deutschland ist es die „Zeitschrift für induktive Abstammungs- und Vererbungslehre" (Berlin), in England „The Journal of Genetics" (Cambridge), in Amerika „Journal of Heredity" (Washington) und „Genetics" (Princeton, U. S. A.), in Holland „Genetica" (s'Gravenhage) und in Schweden „Hereditas" (Lund).

34 [229/19] HOFSTEN, N.: Ärftlighetslära. 1921.

BEDEUTUNG DES ZELLKERNS FÜR DIE VERERBUNG[1]

(The Importance of the Cell Nucleus in Heredity)

Armin von Tschermak–Seysenegg

IDIOPLASMATHEORIE DES KERNS

Einer gesonderten, ausführlicheren Betrachtung bedarf noch die Rolle des Kerns bei den Vorgängen der Vererbung. Die überaus interessanten und sinnfälligen Veränderungen des Zellkernes bei der Reifung der Fortpflanzungszellen, bei der Befruchtung und der anschließenden Entwicklung, ebenso die hochgradige Reduktion des Zytoplasmas in den Spermatozyten der Wirbeltiere (nicht so bei Wirbellosen, speziell bei Spongien, Daphnien, Nematoden) und die konsekutive Massenverschiedenheit des Plasmas von Ei- und Samenzelle bei angenäherter „Äquivalenz[2]" ihrer Kerne hat bei den Morphologen naturgemäß zu einer vorzugsweisen oder gar ausschließlichen Bewertung des Karyoplasmas als Vererbungsträger, d. h. als primäre, spezifische Gestaltungsursache, als sog. Idioplasma (v. N ä g e l i , S t r a s b u r g e r , O. H e r t w i g , K ö l l i k e r , W e i s m a n n[3]) geführt.

---

1 Armin von Tschermak-Seysenegg, *Allgemeine Physiologie. Eine systematische Darstellung der Grundlagen sowie der allgemeinen Ergebnisse und Probleme der Lehre vom tierischen und pflanzlichen Leben*, Berlin: Verlag von Julius Springer 1924, pp. 682–696.

2 [682/2] Vgl. das oben S. 309 kritisch Bemerkte. O. H e r t w i g (Allg. Biologie. 5. Aufl. S. 342ff., 412ff. Jena 1920) stützt diese These einerseits auf die Größen- bzw. Volumdifferenz des Zytoplasmas bei Ordnungsgleichheit der Kerngröße von Eizelle und Spermatide, sodann auf die gleichmäßige Verteilung der „Erbmasse" auf die Furchungszellen, ferner auf die Verhütung der Summierung der „Erbmasse" durch Hälftung der Chromosomenzahl, andererseits auf den reinen (?) Wanderkernaustausch bei der Kopulation der Infusorien. S. auch dessen Ausführungen über eventuelle Disharmonie von mütterlicher und väterlicher Kernsubstanz, a a O. S. 391. Ferner sei auf die Deduktion von C. H e r b s t (Arch. f. Entwickelungsmech. d. Organismen) 34. 1. 1912; 39. 617. 1914; Sitzungsber. d. Heidelberg. Akad. d. Wiss, math.-naturw. Kl. Abt. B. 1913. 8. Abh.) und Th. H i n d e r e r (Arch. f. Entwickelungsmech. d. Organismen 38. 187. 1914) verwiesen, daß bei zunächst parthenogenetisch angeregten, nachträglich bastardierten Seeigeleiern, welche triploide Kernkonstitution zeigen, die größere Quantität an mütterlicher Kernsubstanz die Vererbungsrichtung nach der mütterlichen Seite hin verschiebt. Betr. triploider Formen vgl. H. W i n k l e r , Über Parthenogenesis und Apogamie im Pflanzenreiche. Progr. rei botan. 2. 1908. 294 – auch sep. Jena 1908; Verbreitung und Ursache der Parthenogenesis im Pflanzen- und Tierreich. Jena 1920, spez. S. 149ff., 159ff.

3 [682/3] C. v. N ä g e l i , Mechanisch-physiologische Theorie der Abstammungslehre. München und Leipzig 1884, spez. S. 388; E. S t r a s b u r g e r , Neue Untersuchungen über den Befruchtungsvorgang bei den Phanerogamen als Grundlage für eine Theorie der Zeugung. Jena

Eine solche Extremauffassung muß allerdings von vorneherein bedenklich stimmen: erinnert doch die Vorstellung, daß das Plasma gewissermaßen erst durch den Kern seine spezifische Prägung erfahre, gar sehr an die entschieden abzulehnende Vorstellung, daß die Fortpflanzungszellen bzw. der Germinalteil erst eine spezifische Prägung seitens der Körperzellen des elterlichen Organismus erfahren sollte. Das Zytoplasma sollte zwar die Differenzierungsleistungen ausführen, der Kern jedoch der ausschließliche Träger der primären spezifischen Ursachen und Bedingungsfaktoren dafür sein und auf Grund seines Gehaltes an „Erbsubstanzen" die spezifische Morphogenese bestimmen und durch Vermittlung des Plasmas durchführen.

In einer bereits oben[4] mehrfach kritisierten Auffassungsweise wurde die Bewertung überdies auf die vorzugsweise basisch färbbaren Formbestandteile des Kerns[5] bzw. auf die bei der Teilung hervortretenden Chromosomen, ja noch detaillierter auf deren chromatische Bauelemente, die anscheinend selbständig teilungsfähigen[6] granularen Chromiolen, eingeengt, wobei die achromatischen Bestandteile des Kerns, speziell die sog. Lininfäden des Kerngerüstes und der Chromosomen, trotz zweifelloser Beteiligung an der Mitose[7], als ebenso unwesentlich betrachtet werden wie das Zytoplasma. Ein solches Vorurteil zugunsten der dichteren, abgegliederten, färbbaren Formbestandteiles des Kerns erscheint allerdings zunächst nur durch die Sinnfälligkeit der Umlagerung und Teilung sowie durch die Individualisierung der letzteren gestützt. Dasselbe muß jedoch gerade den Physiologen ebenso bedenklich stimmen, wie die früher erwähnte und zurückgewiesene Alleinbewertung der dichteren, zer-

1884; Die stofflichen Grundlagen der Vererbung im organischen Reich. Jena 1905; O. H e r t w i g, Das Problem der Befruchtung und der Isotropie des Eies. Jena 1885; Der Kampf um Kernfragen der Entwicklungs- und Vererbungslehre. Jena 1909; Allg. Biologie. 5. Aufl., spez S. 408ff. Jena 1920; A. K ö l l i k e r, Die Bedeutung der Zellkerne für die Vorgänge der Vererbung. Zeitschr. f. wiss. Zool. 42. 1. 1885 – s. auch 44. 228. 1886; A. W e i s m a n n, Die Kontinuität des Keimplasmas als Grundlage einer Theorie der Vererbung. Jena 1885; Amphimixis oder die Vermischung der Individuen. Jena 1891; Das Keimplasma, eine Theorie der Vererbung. Jena 1892. Vgl. speziell die Darstellungen bei V. H a e c k e r, Ergebn. d. Fortschr. d. Zool. 1. 1907; Allg. Vererbungslehre. 2. Aufl. S. 134ff. Braunschweig 1912; Entwicklungsgeschichtliche Eigenschftsanalyse (Phänogenetik). Jena 1918; A. P r e n a n t, Journ. de l'anat. et de la physiol. 47. 1. 1911; Th. M o r g a n, Die stofflichen Grundlagen der Vererbung. Philadelphia-London 1919 – Dtsch. Übers. Berlin 1921; R. G o l d s c h m i d t, Einführung in die Vererbungswissenschaft. 3. Aufl., Leipzig 1919/20; Die quantitativen Grundlagen der Vererbung und Artbildung. Leipzig 1920.

4   [683/1] So wurde bereits S. 177 der problematische Charakter des Massenbegriffes bzw. der Massenverschiedenheit für das so wasserreiche Plasma hervorgehoben. Analoges wurde S. 117, 309 zur Ableitung von „Äquivalenz" der Gametenkerne aus ihrer angenäherten Volumgleichheit kritisch bemerkt.

5   [683/2] Bezüglich der Kernfärbung sei nachgetragen: S. B e c k e r, Untersuchungen über die Echtfärbung der Zellkerne mit künstlichen Beizenfarbstoffen. Berlin 1921.

6   [683/3] Vgl. S. 461, sowie speziell M. H e i d e n h a i n, Pl. u. Z. S. 164, 474, 475. Jena 1907.

7   [683/4] Vgl. oben. S. 470, 670, sowie M. H e i d e n h a i n, a.a.O. S. 496. S. auch H. L u n d e g å r d h (Svenska botan. Tidskr. 4. 1910; Jahrb. f. wiss. Botan. 48. 1910; Arch. f. mikroskop. Anat. 80, 223. 1912), dessen Begriff Karyotin ebenso wie die oben gebrauchte Bezeichnung „Karyoplasma" die chromatischen und die achromatischen Anteile des Kerns zusammenfaßt.

gliederten, färbbaren Formbestandteile des Plasmas in Gestalt der wiederholt und verschiedenartig formulierten Bioblastenhypothese, die wir heute als überwunden bezeichnen können (vgl. S. 382). Es sei deshalb gegenüber der populären Chromatinhypothese auf die neuere Achromatinhypothese (H a e c k e r[8]) hingewiesen, welche den Schwerpunkt von der färbungsanalytisch oder mikrochemisch nicht immer scharf faßbaren Chromatinsubstanz auf das Grundplasma des Kerns verlegt.

Als ein spezielles Argument zugunsten der genotypischen Alleinbewertung des Kerns wurde das Hervorgehen rein vatergleicher Nachkommen aus „kernlosen" Schüttelfragmenten von Seeigeleiern nach Befruchtung mit fremdartigen Spermien (Merogonie nach B o v e r i) angeführt. Doch hat sich ergeben, daß – wie bereits oben (S. 675, Anm. 3) erwähnt – bei der Zerschüttelung jugendlicher Eier eine Auflösung des Kerns erfolgt und sich vielfach funktionsfähige Reste bzw. isolierte Chromiolen auf die Eifragmente verteilen, und daß nur solche, welche noch mütterliches Karyoplasma enthalten, über das Gastrulastadium hinausgelangen, während echt merogene Keime mit kleinen, haploiden Kernen noch vor der Skelettbildung zugrunde gehen[9]. Die Patroklinie der Bastarde bezüglich der Form des Pluteusskeletts ist daher entweder auf Dominanz der beobachteten väterlichen Charaktere (in F_1, d. h. der ersten Bastardgeneration) oder auf nachwirkende Schwächung (Genasthenie[10]) der mütterlichen Merkmale zu beziehen. Es ist daher (nach B ü t s c h l i) nur der Schluß möglich, daß das Spermachromatin zwei aufeinanderfolgende Funktionen im Ei hat: zunächst die Ermöglichung der Furchung bis zur Gastrula – ein Vorgang, der ohne Rücksicht auf die Artverwandschaft zum Ooplasma erfolgt, dann erst die Vererbungsfunktion, wobei das Spermachromatin für sich allein – ohne Verschmelzung mit dem

---

8   [683/5] V. H a e c k e r, Jena. Zeitschr. f. Naturwissensch. 37. 1902; Zool. Jahrb. Suppl. 7. 1904; Ergebn. u. Fortschr. d. Zool. 1. 1907; Vererbungslehre 2. Aufl. S. 46. Leipzig 1912; V. G r e g o i r e und A. W y g a e r t s, La cellule 21. 1903; Th. S t o m p s, Biol. Zentralbl. 31. 257. 1911.

9   [683/6] Th. B o v e r i, Sitzungsber. d. Ges. f. Morphol. u. Physiol., München. 5. 1889; Arch. f. Entwickelungsmech. d. Organismen 2. 394. 1895 (- vgl. auch Anat. Anz. 19. 156.1901); O. S e e l i g e r (Ebenda 1. 204. 1894) und G o d l e w s k i jun. (Ebenda 20. 597. 1906), die sich in gleichem Sinne aussprachen; hingegen Th. B o v e r i selbst, Arch. f. Entwickelungsmech. d. Organismen 44. 417. 1918. Letzterer erhielt bei der merogenen Bastardierung von Sphaerechinus granularis ♀ x Echinus microtuberculatus ♂ in einzelnen Fällen (sog. Doppelspindeltypus) Teilung des Spermakerns und Verschmelzung nur des einen Tochterkerns mit dem Eikernrest bei fortgesetzter Teilungsmehrung des anderen: es resultierten Larven mit teils diploiden, teils haploiden Zellen, die sich bei der Skelettbildung vermischten, während die haploiden allein zur Skelletbildung unfähig waren. Wahre Merogenie bis zur Pluteusbildung ist nur an den sehr nahe verwandten Arten Parechinus microtuberculatus ♀ x Paracentrotus lividus ♂ gelungen. S. auch die Beobachtungen von O. u. R. H e r t w i g, Über den Befruchtungs- und Teilungsvorgang des tierischen Eies unter dem Einfluß äußerer Agenzien. Jena 1887; Y. D e l a g e, Arch. de zool. exp. et gén. sér. 3. 7. 1889; Sér. 3. 9. 1901; Th. M o r g a n, Arch. f. Entwickelungsmech. d. Organismen 2. 65, 257. 268. 1895; H. E. Z i e g l e r, Arch. f. Entwickelungsmech. d. Organismen 6. 249. 1898; Die Vererbungslehre in der Biologie und der Soziologie. Jena 1918; H. W i n k l e r, Nachr. v. d. Kgl. Ges. d. Wiss. Göttingen, Math.-phys. Klasse 1900; Jahrb. f. wiss. Botan. 36. 753. 1901. Vgl. dazu auch A. P e n n e r s, Naturwissenschaften. 10. 727 u. 761. 1922.

10   [684/1] A. v. T s c h e r m a k, Theorie der hybridogenen Genasthenie. Biol. Zentralbl. 37. 217. 1917; Die Erhaltung der Arten. Ebenda. 41. 304. 1921. – Vgl. unten S. 688, Anm. 3.

Eichromatin – nur in artgleichem oder wenigstens sehr nahe verwandtem Ooplasma fortzuleben und fortzuwirken vermag.

Auch die gegensätzliche Abhängigkeit, welche bei gewissen Pflanzen (Konjugaten, Pinus) Assimilation und Zellteilung vom Lichte erkennen lassen[11], ist – ähnlich wie die vielfach bestehende Gegensätzlichkeit von Wachstum und Fortpflanzung[12] – nicht einfach auf einen Schichtwechsel von Zytoplasma und Kern zu beziehen, sondern auf eine andersartige Eigentätigkeit und Zusammenarbeit beider.

---

11 [684/2] Bezüglich dieses „S a c h sches Gesetz" bezeichneten Verhaltens s. speziell G. K a r s t e n, Zeitschr. f. Botan. 10. 1. 1918.
12 [684/3] G. K l e b s, Über einige Probleme der Physiologie der Fortpflanzung. Jena 1895.

GRUNDZÜGE DER ALLGEMEINEN KORPUSKULAR– UND CHROMOSOMENTHEORIE[13] DER VERERBUNG BZW. DER ERBEINHEITEN

Bei obigen kritischen Einschränkungen sei keineswegs verkannt, daß das M e n d e lsche Prinzip seiner Begründung der Unterschiedlichkeitsmerkmale organischer Formen durch selbtständige, voneinander trennbare und miteinander in alle mögliche Kombinationen tretende Erbeinheiten (Gene, Faktoren) die Gleichsetzung dieser mit selbständigen, trennbaren und frei kombinierbaren Formbestandteilen ge-

---

13 [684/4] Die C h r o m o s o m e n wurden von Th. B o v e r i (Sitzungsber. d. Ges. f. Morphol. u. Physiol. München 5. 1899; Zellenstudien H. 6. 1907; Ergebnisse über die Konstitution der chromatischen Substanz des Zellkerns. Jena 1904), E. S t r a s b u r g e r (Jahrb. f. wiss. Botan. 45. 479. 1908), F. B a l t z e r (Arch. f. Zellforsch. 4. 497. 1910), C. H e r b s t (Arch. f. Entwickelungsmech. d. Organismen 21. 173. 1906; 24. 185. 1907; 27. 266. 1909; 32. 1. 1912; 34. 1. 1912; 39. 617. 1914), C. C o r r e n s (Zeitschr. f. indukt. Abstammungs- u. Vererbungsl. 5. 2. 1909), R. D e m o l l (Zool. Jahrb. Abt. f. Zool. u. Physiol. 30. 133. 1910), Th. H. M o r g a n (Proc. Americ. philos. soc. 54. 143. 1915; Proc. of the nat. acad. of sciences (U.S.A.) 1. 420. 1915), W. B a l l y (Ber. d. Dtsch. Botan. Ges. 30. 163. 1912; Zeitschr. f. indukt. Abstammungs- u. Vererbungsl. 20. 177. 1919), A. P a s c h e r (Ber. d. Dtsch. Bot. Ges. 34. 228. 1916), Th. R o e m e r (an der Biene – [mit A r m b r u s t e r und N a c h t s h e i m], Zeitschr. f. indukt. Abstammungs- u. Vererbungsl. 17. 1917; Jahrb. f. wiss. u. prakt. Tierzucht 14. 138. 1921) sowie speziell von M. H a r t m a n n auf Grund seiner Bastardanalyse der Haplonten von Chlamydomonas, Phycomyces und Apis mellifica (Zool. Jahrb., Abt. f. Zool. u Physiol. Suppl. 15. 3. 1912; Verhandl. d. dtsch. zool. Ges. 1914; Zeitschr. f. indukt. Abstammungs- u. Vererbungsl. 20. 1. 1918) a l s d i e T r ä g e r, d. h. die primären, spezifischen Verursacher d e r e r b l i c h e n, b e s o n d e r s d e r m e n d e l n d e n E i g e n s c h a f t e n proklamiert. Ohne den Wert dieser Aufstellung zu verkennen, muß es doch auch als spezielles Verdienst von W. J o h a n n s e n (Elemente der exakten Erblichkeitslehre. 2. Aufl. Spez. S. 600, 605. Jena 1913) einerseits und von V. H a e c k e r (Ergebn. u. Fortschr. d. Zool. 1. 1. 1907; Allg. Vererbungslehre. 2. Aufl. 1, spez. S. 318ff. u. 372ff. Braunschweig 1912) andererseits bezeichnet werden, ihr gegenüber die notwendige Kritik geübt zu haben. S. auch W. P f e f f e r, Pflanzenphysiologie. 2. Aufl. 1, spez. S. 48. Leipzig 1897; E. B. W i l s o n, Journ. of exp. Zool. 2–9. 1905–1910; Journ. of morphol. 22. 1911; Arch. f. mikroskop. Anat. 77. 249. 1911; R. F i c k, Arch. f. Anat. (u. Physiol.) Suppl. 1905. S. 179; Anat. Hefte 16. 1. 1907; C. R a b l, Über organbildende Substanzen und ihre Bedeutung für die Vererbung. Leipzig 1906; C. H e i d e r, Vererbung und Chromosomen. Jena 1906; J. R e i n k e, Kritik der Abstammungslehre. Leipzig 1920; G. T i s c h l e r, Chromosomenzahl, -form und –individualität im Pflanzenreiche. Progr. rei botan. 5. 1915; Biol. Zentralbl. 40. 15. 1920; Allg. Pflanzenkaryologie. Berlin 1921; M. J. S i r k s, Handboek der algemeene Erfelijkheidsleer. s'Gravenhage 1920. Auch M. H e i d e n h a n (Pl. u. Z. S. 1093. 1911) bezeichnet es als richtig dem Prozesse der Vererbung eine Masse als sog. Erbmasse zu hypostasieren und sie bestimmt zu lokalisieren, sei es im Kern, sei es im Zytoplasma – denn bei den histogenetischen Prozessen komme die gesamte lebende Substanz der Zelle in Frage.

wiß nahegelgt, allerdings nicht einfach dazu nötigt[14]. Auch hat eine solche Auffassung den verständnismäßigen und didaktischen Vorzug hoher Anschaulichkeit. Ja, eine Darstellung dieser Art hat sich unstreitig als ein fruchtbares Als-Ob-Schema bewährt. Jedoch nur unter ständiger Betonung der kurz angedeuteten Vorbehalte und Einschränkungen können Kern bzw. Chromosomen, Chromomeren, Chromiolen, so behandelt werden, als ob sie die (hauptsächlichsten) Vererbungsträger – speziell für die „mendelnden" Eigenschaften – wären. Ein solche heuristische Einstellung darf uns keineswegs blind machen gegen die Schwächen und bedenklichen Konsequenzen jeder Korpuskulartheorie der Vererbung. Gewiß hat die alte korpuskulare Übertragungstheorie der Vererbung, z.B. die Annahme einer Abgabe von spezifischen Keimchen (Gemmulae nach Ch. D a r w i n, Pangene nach H. d e V r i e s) seitens der übergeordneten Körperzellen des entwickelten Elternindividuums und ihres Transportes nach den Fortpflanzungszellen, wo sie die potentielle Anlage des Tochterindividuums konstituieren sollten, heute wohl keinen Anhänger mehr. (Einer chemorelativen oder dynamischen Abbildungstheorie vermag ich – zumindest für die normale Vererbung – ebensowenig beizupflichten; doch wird darüber später eingehend zu handeln sein!). Auch ist die Vorstellung korpuskularer „Anlagen" einzelner Organe oder Systemglieder, welche sich während der Ontogenese fortschreitend voneinander sondern sollten (Ideenlehre W e i s m a n n s), heute sehr zurückgetreten zugunsten einer Korpuskular- oder Lokalisationstheorie der Erbeinheiten oder Gene. An die Stelle der Hypothese eines organotopischen Aufbaues des Zellkerns bzw. seiner Chromosomen erscheint die Hypothese einer genotypischen Gliederung gesetzt. Zwar nicht einfach den Anlagen einzelner Merkmale, wie sie die Analyse der äußeren Erscheinungsweise, des Phänotypus einer Tier- oder Pflanzenform als Beschreibungseinheiten heraushebt, wohl aber den einzelnen primär verursachenden, bedingenden Faktoren oder genotypischen Erbeinheiten sollen bestimmte korpuskulare Elemente des Kerns bzw. der Kernschleifen – am ehesten einzelne Chromiolen[15] – entsprechen; wenigstens sollen die einzelnen Erbeinheiten an verschiedene Anteile der Kernschleifen geknüpft oder in diesen lokalisiert sein. In diesem Sinne wurde bereits die Reduktionsteilung des Kerns verwertet bzw. ausgedeutet, wobei – nach dem üblichen, keineswegs unbestrittenen[16] Schema der zweiten Reifeteilung – im Gegensatze zur sonstigen Längshälftung und gleichmäßigen Verteilung der Sekundärchromosomen auf die Tochterzellen, der sog. Äquationsteilung, eine Aufteilung der primären Chromo-

---

14   [685/5] Vgl. S. 397, Anm. 1, S. 695, Anm. 1, sowie die Vorstellungen von P. L o t s y, Genetica 1. 1919.

15   [685/2] An sich ist an einem filogranularen bzw. chromiolaren Aufbau des Kerngerüstes nach M. H e i d e n h a i n nicht zu zweifeln (s. oben S. 461). Bezüglich der Angaben und Hypothesen einer Perlstruktur der Chromosomen beachte man jedoch auch die Kritik von V. G r é g o i r e, Anm. de la soc. zool. de Belgique 42. 1907, sowie von G. T i s c h l e r, Biol. Zentralbl. 40. 15. 1920.

16   [685/3] Vgl. die Darstellung bei R. F i c k, Anat. Hefte 16. 1 1907; O. H e r t w i g, Allg. Biologie 5. Aufl. S. 307ff. Jena 1920. Speziell verweist V. H a e c k e r (Vererbungslehre 2. Aufl. S. 329ff., 375ff. 1912) darauf, daß in Wirklichkeit die Reifungsteilung der Metazoen und Phanerogamen vielfach heterotypisch verläuft und keineswegs jene isolierte Stellung einnimmt, die ihr anfangs zugeschrieben wurde, daß vielmehr ihre besonderen Züge auch bei anderen generativen und embryonalen Mitosen weit verbreitet sind.

somen selbst an die Tochterzellen erfolgt. Sind die einzelnen Kernschleifen an Erbwert, also genotypisch, ungleichwertig, so resultieren bereits hiebei verschiedene Faktorenkombinationen, erfolgt also eine sog. Spaltung im Sinne M e n d e l s. Die exakt-
experimentelle Grundlage für jedwede Vererbungstheorie liefert, wie noch später
ausführlicher auseinanderzusetzen sein wird (in Bd. II dieses Werkes), erst die planmäßige Erzeugung und Verfolgung von Kreuzungsprodukten typisch (d. h. lineal,
rassial, spezifisch) verschiedener Eltern. Setzen wir gleich eine Bastardnatur tragende,
von beiden Elternformen her verschieden veranlagte oder heterozygotische Game-
tenmutterzelle voraus. Eine solche diploide Zelle weist nach obiger Vorstellung[17]
zwei verschiedenwertige stammütterliche und zwei verschiedenwertige stammväterli-
che, also vier Kernschleifen (A, a, B, b) auf; sie liefert zunächst durch Äquationsteilung zwei ebenso diploide und heterozygotische, gleichwertige Gameten-
Tochterzellen mit je 4 Kernschleifen (A, a, B, b) auf; sie liefert zunächst durch Äquationsteilung zwei ebenso diploide und heterozygotische, gleichwertige Gameten-
Tochterzellen mit je 4 Kernschleifen (2 AaBb). Sodann resultieren durch Reduktionsteilung 4 haploide, ungleichwertige Gametten-Enkelzellen oder reife Gameten mit 2
ungleichwertigen Chromosomen (AB, Ab, aB, ab). Bei Voraussetzung von 2 drei-
gliedrigen Sätzen von Kernschleifen (Aa, Bb, Cc) müssen wir 2 Gameten-
Mutterzellen betrachten, welche durch Äquationsteilung 4 Tochterzellen liefern, aus
denen durch Reduktionsteilung 8 verschiedene Arten von haploiden Enkelzellen mit
je 3 ungleichwertigen Chromosomen hervorgehen (ABC, Abc, AbC, aBC, Abc, aBc,
abc). In diesem Schema werden Unterschiede in reinlich mendelnden Erbfaktoren
gleichgesetzt mit qualitativen Unterschieden unter den Kernschleifen, wird also eine
Verteilung ersterer auf verschiedene Chromosomen angenommen. Andererseits wird
eine Individualität oder Persistenz der Kernschleifen von den Gameten durch das
Zeugungsprodukt und die Kette der Körperzellen hindurch wieder bis zu den Gameten, ein dauerndes Getrenntbleiben von mütterlichen und väterlichen Chromosomen,
sowie eine dauernde Ungleichwertigkeit der Kernschleifen einer Zelle im Sinne rein-
licher alternativer Verschiedenheit im Faktorengehalte vorausgesetzt. Als notwendige
Folgerung ergibt sich, daß die Zahl der reinlich mendelnden Faktorenunterschiede
oder genotypischen Differenzpunkte ebenso groß sei wie die Zahl der bei der Teilung
hervortretenden, jedoch persistierenden Chromosomen.

CHROMOSOMIALE GENENTOPOGRAPHIE AUFGRUND
KOPPELUNGSERSCHEINUNGEN

Für die in einem Chromosom vereinigten Erbeinheiten wird eine ganz bestimmte
Anordnung angenommen, die aus dem Grade der Koppelung[18], also der Abweichung
vom reinlichen Mendeln erschlossen wird, welchen die entsprechenden Merkmale bei

17 [686/1] Vgl. dazu die sehr anschaulichen Diagramme bei E. B a u r, Einführung in die
     experimentelle Vererbungslehre. 5./6. Aufl. spez. S. 174ff. Berlin 1922.
18 [686/2] Vgl. speziell die Darstellung der Faktorenkoppelung und ihrer zytologischen Begründung
     bei E. B a u r, Einführung in die experimentelle Vererbungslehre. 5./6. Aufl. S. 160ff. Berlin 1922.

der Vererbung erkennen lassen. Als „reinliches Mendeln" sei die volle gegenseitige Unabhängigkeit und Selbständigkeit der Erbeinheiten bzw. Einzelmerkmale, ihre unbeschränkte Trennbarkeit und Kombinierbarkeit nach der Zufallsregel bezeichnet. Je höher der Grad von Kohärenz und Korrelation – je mehr also die Verhältniszahlen der Spaltung in der zweiten Bastardgeneration (F_2) von den nach M e n d e l zu erwartenden abweichen, je mehr also statt Gleichhäufigkeit der einzelnen Gametenarten (z. B. AB : Ab : aB : ab = 1 : 1 : 1 : 1) eine Bevorzugung bestimmter Faktorenkombinationen (z. B. AB : Ab : aB : ab: = 1 : n : n : 1 oder n : 1 : 1 : n) zu erschließen ist –, als um so enger wird die Lagebeziehung der betreffenden korpuskulären Einheiten angenommen. Auf Grund experimenteller Studien über korrelative Vererbung ist man in einzelnen Fällen (so speziell für die 4 Haploid-Kernschleifen der Thaufliege Drosophila melanogaster) zur Aufstellung topographischer Chromosomenkarten gelangt – dabei voraussetzend, daß reinlich mendelnde Faktoren auf verschiedene Chromosomen, relativ gekoppelte auf dasselbe Chromosom, jedoch auf verschiede Abschnitte desselben, absolut gekoppelte auf dasselbe Chromomer oder Karyomer desselben Chromosoms verteilt, somit die verschiedenen Gene in einer Linie angeordnet seien (M o r g a n[19]). Im ersten Falle zeigen die Faktoren freie Kombinierbarkeit, lassen also, da den ganz verschiedenen Chromosomen desselben Stammalters angehörig, freien Einzelaustausch (crossing over) zwischen den korrespondierenden, stammelterlichen Chromosomen[20] erschließen – bei …A… …a… …B… …b… , wobei der

19 [687/1] T. H. M o r g a n, Proc. of the Americ. philos. soc. 54. 143. 1915; Proc. of the nat. acad. of sciences (U.S.A.) 1. 420. 1915; 5. 168. 1919 (mit A. H. S t u r t e v a n t, H. J. M u l l e r and C. B. B r i d g e s); The mechanism of Mendelian heredity. New York 1915; Sex-linked Inheritance in Drosophila. Carnegie Inst. Publ. Nr. 237. Washington 1916; Proc. of the soc. f. exp. biol. a. med. 16.96. 1919; Die stofflichen Grundlagen der Vererbung. Philadelphia-London 1919. Dtsch. Übers. Berlin 1921. S. auch A. H. S t u r t e v a n t, Zeitschr. f. indukt. Abstammungs- u. Vererbungsl. 13. 234. 1915; C. W. M e t z, Genetics 3. 107.1918; L. C. S t r o n g, Biol. Bull. of the marine bil. Laborat. 38. 33. 1920. M o r g a n s Theorie der linearen Anordnung der Gene wird speziell von W. E. C a s t l e (Proc. of the nat. acad. of sciences (U. S. A) 5. 25, 32, 501. 1919) bekämpft – vgl. dazu die Antikritik von M o r g a n, S t u r t e v a n t und B r i d g e s, Proc. of the nat. acad. of sciences (U. S. A.) 5. 165. 1919 sowie von H. J. M u l l e r, Americ. Naturalist 50. 193, 284, 350, 421. 1916; 54. 93. 1920. – E. B a u r (Zeitschr. f. indukt. Abstammungs- u. Vererbungsl. 6. 201. 1912; Einführung in die exp. Vererbungslehre 5./6. Aufl., spez. S. 181. 1922) schließt sich M o r g a n an und vermutet für die 8 als ungleichwertig betrachteten Haploidchromosomen von Antirrhinum auf Grund von gruppenweiser Koppelung der verschiedenen mendelnden Erbfaktoren, von denen er rund 150 verfolgt hat, eine analoge Genentopographie wie bei Drosophila. Absolut gekoppelte in ein und dasselbe Chromomer zu verlegende Faktoren bezeichnet er als „unilokal" (S. 186).

20 [687/2] Die Hypothese einer paarweisen Konjugation der elterlichen Chromosomen hat Th. H. M o n t g o m e r y aufgestellt (Transact. of the Americ. philos. soc. 20. 1901). Eine eingehende Kritik desselben gibt V. H a e c k e r, Vererbungslehre. 2. Aufl. 352. 1912. Mit Recht warnt G. T i s c h l e r (Biol. Zentralbl. 40. 15. 1920 – vgl. auch Arch. f. Zellforsch. 1. 123. 1908) davor, „zu optimistisch die von F. A. J a n s s e n, (La cellule 25. 1909) und H. J. M u l l e r (Americ. Nat. 50. 193. 1916) beschriebene Überkreuzung der Chromosomen, sog. Chiasmatypie, während der Diakinese als Ausdruck oder Erklärung der Neukombinierung, also des crossing over anzunehmen", zumal da Umschichtungen nicht auf die Diakinese oder das Strepsitänstadium beschränkt sind, auch öfters dort fehlen (so bei Lathyrus nach O. E. W i n g e und Antirrhinum nach G. T i s c h l e r – vgl. auch T. L a g e r b e r g, Sv. Vet. Akad. Handl. 44. 1909). Dem Autor

Austausch von A und a und der von B und b voneinander völlig unabhängig verlaufen. Im zweiten Falle wird der Einzelaustausch als eingeschränkt oder erschwert erachtet, indem häufiger beide Anteile desselben Chromosoms zugleich ausgetauscht werden oder zurückbleiben als der eine allein – beispielsweise ..A.. ..a.. ..B.. ..b.. , wobei häufiger A B gegen a b als A allein gegen a und B allein gegen b ausgetauscht wird, so daß Träger der Kombination A B oder a b in größerer Zahl resultieren als Träger von A b oder a B. Im dritten Falle werden die beiden im gleichen Chromomer lokalisierten Faktoren als nicht trennbar, also als nicht einzeln austauschbar betrachtet – beispielsweise .... A B .. .... a b .. , wobei nur A B zusammen zum Austausch gegen a b gelangen können, nicht aber A allein gegen a oder B allein gegen b (vgl. das M o r g a nsche Perlschnurschema, dem zufolge die Chromosomen sozusagen nur in gröbere Stücke zerreißen, die dem Austausch unterliegen). Die Chromomeren oder Karyomeren werden als unteilbare, elementare Teile des Chromosoms definiert.

Aus der relativen Häufigkeit des Überkreuzungsaustausches wird sonach eine ganz bestimmte lineare Anordnung der Gene in den einzelnen Chromosomen erschlossen (M o r g a n[21]).

erscheint ein Austausch vorher, etwa in oder kurz nach der Synapsis bzw. im Diplotänstadium oder der parallelen Chromosomenkonjugation eher wahrscheinlich. Er verweist darauf, daß gerade in der heterotypen Prophase vielfach, wenigstens vorübergehend, ein kontinuierliches Spirem tatsächlich ausgebildet ist. Das gleiche nimmt auch P. L o t s y an (Genetica 1. 1916). Ähnlich erörtern R. G o l d s c h m i d t (zit. S. 683 Anm. 2), J. S e i l e r (Ber. d. Dtsch. Ges. f. Vererbungsl. 1. 23. 1921), H. N a c h t s h e i m (Ebenda 1. 21. 1921) die Möglichkeit eines Faktorenaustausches ohne Chiasmatypie – etwa unter vorübergehender Aufsplitterung der Chromosomen bzw. Bildung von Sammelchromosomen. V. H a e c k e r (Pflügers Arch. f. d. ges. Physiol. 181. 149. 1920 – vgl. auch bereits Vererbungslehre 2. Aufl. S. 372ff. 1912) hält sogar einen Faktorenaustausch im ruhenden Kern, zwischen den in gonomerer Trennung nebeneinander liegenden Zeugungskernhälften, jedenfalls zu einer Zeit vor der Synapsis, für wahrscheinlicher. – Den Zeitpunkt der Spaltung, d. h. der inäqualen Sonderung der Faktorenkombinationen in einer heterozygotischen Gametenstammzelle läßt T. H. M o r g a n (Proc. of the nat. acad. of sciences (U.S.A.) 1. 1915; The mechanism of Mendelian heredity. New York 1915 – so auch A. W e i n s t e i n, Genetics 3. 135. 1918) mit der Reduktionsteilung zusammenfallen. Mit Recht erhebt W. B a t e s o n (Mendels principles of Heredity. Cambridge 1909, p. 160, 270, 273; Proc. of the roy. Soc. Ser. B. 91. 358. 1920) gegen eine so allgemeine Fassung Bedenken, da auch während des diploiden Zustandes bzw. bei nichtsexuellen, somatischen Zellteilungen Spaltung möglich ist – wie dies das Vorkommen vegetativer Spaltungen an sog. variegaten Pflanzen dartut (als Ausdruck heterozygotischen Charakters bzw. hybrider Herkunft). Ebenso betont V. H a e c k e r (a. a. O. 1912, spez. S. 380), daß nicht notwendig sämtliche Mendelsche Spaltungen an den n ä m l i c h e n inäqualen Teilungsschritt der Keimbahnstrecke gebunden sein müssen. Betr. Reduktionsteilung und M e n d e lscher Spaltung vgl. auch A. P a s c h e r, Ber. d. Dtsch. Botan. Ges. 36. 163. 1918; O. R e n n e r, ebenda 37. 129. 1919.

21 [688/1] T. H. M o r g a n (mit S t u r t e v a n t, M u l l e r, B r i d g e s), The mechanism of Mendelian heredity. New York 1915; The physical basis of heredity. Philadelphia-London 1919. Dtsch. Übers. Berlin 1921; H. N a c h t s h e i m, Sammelreferat. Zeitschr. f. indukt. Abstammungs- u. Vererbungsl. 20. 118. 1919. S. weitere Literaturzitate S. 687 Anm 1 sowie speziell E. B a u r, Ber. d. Dtsch. Botan. Ges. 36. 107. 1918; Einführung in die experimentelle Vererbungslehre. 5./6. Aufl., S. 130ff. Berlin 1922. Vgl. oben S. 474 Anm. 6.

GRUNDZÜGE DER SPEZIELLEN CHROMOSOMENTHEORIE DER GESCHLECHTSKORRELATEN VERERBUNG

Bei geschlechtskorrelater Vererbung, beispielsweise der Knüpfung von Dreifarbigkeit bei der Hauskatze an weibliches Geschlecht, wird eine Lokalisierung des betreffenden Faktors in einem besonderen Geschlechtschromosom bzw. akzessorischem oder Heterochromosom (X, Y) neben den anderen oder Autochromosomen (n) angenommen, wie es bei Insekten und Nematoden mit voller Sicherheit nachgewiesen ist[22]. (Im obigen Beispiele ist der betreffende Faktor nur wirksam bei beiderseitiger Einbringung in die Zeugungszelle, also bei bezüglicher Homozygotie.) Bezüglich der Verteilung des Geschlechtschromosoms bei der zweiten Reifeteilung der Halbzahl der männlichen oder der weiblichen Gameten zugesellt, resultieren karyologisch zwei Arten solcher (D i g a m e s e[23]).

Beim B r y o n i a - oder D r o s o p h i l a - bzw. H e m i p t e r e n t y p u s sind es zwei Arten von Spermatiden, eine gynephore mit dem Geschlechtschromosom bzw. X-Chromosom, dessen Doppelvorkommen oder dichogametischer Zustand das Zeugungsprodukt genotypisch[24] zu Weiblichkeit bestimmt, un eine androphore ohne Geschlechts- bzw. X-Chromosom, welche mit der Eizelle männliche, das X-

---

22 [688/2] Vgl. oben S. 472 Anm. 3. S. die zusammenfassenden Übersichten bei E. B. W i l s o n, Journ. of exp. Zool. 2. Nr. 3 u. 4. 1905; 3. 1906; 6. 1909; 9. 1910; Progr. Science Nr. 16. 1910; Arch. f. mikroskop. Anat. 77. 249. 1912; V. H a e c k e r, Vererbungslehre. 2. Aufl. Spez. S. 273ff. u. 357ff. 1912; T. H. M o r g a n, Heredity and sex. New York 1913; O. H e r t w i g, Allg. Biol. 5. Aufl. Spez. S. 316ff. Jena 1920.

23 [688/3] Die Bezeichnung „Digamese - Homogamese" bzw. „digametisch - homogametisch" (W i l s o n) besagt Bildung von zweierlei oder einerlei Geschlechtszellen oder Gameten. Hingegen sei der Terminus „dichogametisch - haplogametisch" (A. v. T s c h e r m a k) für den Zustand gebraucht, in welchem sich eine Erbanlage, ein Gen in der Befruchtungszelle oder Zygote nach beiderseitiger bzw. einseitiger Einbringung befindet; die Befruchtungszelle erscheint diesbezüglich „homozygotisch" bzw. „heterozygotisch". Nach A. v. T s c h e r m a k bedeutet der haplogametische Zustand eine Gefährdung der Valenz der betreffenden Gene, der dichogametische Zustand eine Sicherung ihrer Erhaltung in rassetypischer Wirksamkeitsgröße. Die nachdauernde Schwächung gewisser Erbanlagen durch Bastardierung, sog. hybridogene Genasthenie, mag man am ehesten auf eine Wechselwirkung zwischen väterlichen Kerngenen und fremdrassig-mütterlichem Ooplasma beziehen und zwar entweder auf eine bis zu evtl. Zerstörung (Genophthise) führende Beeinträchtigung der ersteren oder auf Disharmonie der „realisierenden" Wirkung derselben auf das diesbezüglich fremdartige Ooplasma (Tierärztl. Arch. f. d. Sudetenländer 1. 1. 1921); Biol. Zentralbl. 37. 217. 1917 u. 41. 304. 1921; Naturwissenschaftl. Wochenschr. N. F. 17. Nr. 43. 1918. S. bereits oben S. 684 Anm. 1.

24 [689/1] Die genotypische Anlage kann durch individuelle Faktoren, speziell durch Inkrete, minderwirksam gemacht, ja vom andersgeschlechtlichen Phänotypus verdeckt werden. Bezüglich innersekretorischer Beeinflussung des „Geschlechtes" des Individuums vgl. speziell E. S t e i n a c h, Pflügers Arch. f. d. ges. Physiol. 144. 71. 1912; Zentralbl. F. physiol. 27. 717. 1913; Verjüngung. Berlin 1920; R. G o l d s c h m i d t, Endocrinology 1. 433. 1917; Journ. of exp. Zool. 22. 593. 1917; Festschr. d. Kaiser-Wilhelm-Ges. 1921. S. 90; (mit C. C o r r e n s), Die Vererbung und Bestimmung des Geschlechts. Berlin 1913; E. T a n d l e r und S. G r o z, Die biologischen Grundlagen der sekundären Geschlechtscharaktere. Berlin 1913; W. H a r m s, Experimentelle Untersuchungen über die innere Sekretion der Keimdrüsen. Jena 1914; J. T. C u n n i n g h a m, Hormones and Heredity. London 1922; vgl. auch S. 472, Anm. 3.

Chromosom nur in Einzahl führende Zygoten erzeugt. Demgemäß zeigen auch die somatischen, diploiden Zellen des „homogametischen" Weibchens (mit 2 X-Chromosomen bzw. 2 n + 2 X-Kernschleifen) um ein einfaches oder zusammengesetztes X-Chromosom mehr als jene des „digametischen" Männchens (2 n + X, d. h. mit 1 X-Chromosom, neben dem allerdings noch ein besonderes Y-Chromosom vorhanden sein kann). Bei diesem Typus ist somit das Weibchen bezüglich des X-Chromosoms bzw. der in ihm lokalisierten Faktoren homozygotisch, das Männchen hingegen heterozygotisch. Dieser Typus ist der weit häufigere[25]; ihm scheint auch der Mensch[26] anzugehören.

Der einfachste Fall dieser Art ist in der Protenorklasse gegeben. Hier kommt allen Eizellen und der einen Hälfte der Spermien ein einfaches X-Chromosom zu, welches der anderen Hälfte fehlt; in der Lygaeusklasse, welcher auch Drosophila zugehört, ist es hier durch ein kleineres Y-Chromosom[27] ersetzt, welches also der einen Halbzahl der Spermien sowie allen Eizellen fehlt. Fälle von Multiplizität des X-Chromosoms neben der ohne Y-Chromosom bedeuten keine wahrhaft neuen Klassen, sondern nur morphologische Komplikationen, soweit sich die Komponenten des X-Chromosoms bei der Reduktionsteilung als Einheit verhalten[28].

In dem anderen, als A b r a x a s t y p u s bezeichneten Falle, welcher bei allen Schmetterlingen, anscheinend auch bei den Echiniden verwirklicht ist[29], resultieren zwei Arten von Eizellen bei Gleichartigkeit der Spermatiden (weibliche Digamese, d. h. Besitz und Mangel des allen Spermatiden zukommenden Heterochromosoms); hier sind also die Weibchen heterozygotisch und die Männchen homozygotisch. Auch bei diesem Typus bestehen mehrere Untertypen oder Klassen: so zeigt bei Pygaera und Lymantria die Halbzahl der Eizellen ebenso wie alle Spermien ein X-Chromosom, die andere Halbzahl ein Y-Chromosom, welches gleichfalls besondere Erbfaktoren trägt[30].

---

25 [689/2] Er ist nicht bloß bei Hemipteren, sondern auch bei zahlreichen Orthopteren, Coleopteren, Dipteren, Odonaten, Myriopoden, Arachnoideen, ebenso bei Nematoden mit Sicherheit nachgewiesen.

26 [689/3] Vgl. das oben S. 472 Anm. 3 Ausgeführte. S. G u t h e r z (Naturwissenschaften H. 45. 1920; Ber. d. Dtsch. Ges. f. Vererbungswiss. 1. 33. 1921) ist es nunmehr gelungen, in den Spermien der Maus verspätet auftretende Heterochromosomen, und zwar anscheinend ein X-Y Paar, aufzufinden; für den Menschen ist ein analoges Verhalten wahrscheinlich.

27 [689/4] Über Erbfaktoren, welche in dem der Halbzahl der Spermien eigentümlichem Y-Chromosom lokalisiert sind, vgl. die Studien von Joh. S c h m i d t (C. R. Laboratoire Carlsberg 14. Nr. 8. 1920) und T. A i d a (Genetics 6. 1921) an Fischen.

28 [689/5] In den Fällen von Syromastes (2 X), Ascaris (5 X), Fitchia und Thyanta (2 X 1 Y), Sinea und Prionidus (3 X 1 Y), Gelastocoris (4 X 1 Y) wurde absolute Koppelung der X-Komponenten gefunden.

29 [690/1] Betr. Schmetterlinge J. S e i l e r, Zeitschr. f. indunkt. Abstammungs- u. Vererbungsl. 18. 368. 1917; betr. Seeigeln F. B a l t z e r, Arch. f. Zellforsch. 2. 1909. Ob bei den Vögeln der Abraxatypus zutrifft, möchte ich dahingestellt sein lassen, da mir das bisher vorliegende.

30 [690/2] So erschließen H. F e d e r l e y an Bastarden von Pygaeraarten (Hereditas 3. 1922) und R. G o l d s c h m i d t (Biol. Zentralbl. 42. 481. 1922 – entgegen seiner früheren Vorstellung von Vererbung im Plasma: Biol. Zentralbl. 39. 498. 1919; Grundlagen von Vererbung und Artbildung. Berlin 1920.) an Lymantria dispar Übertragung des Weiblichkeitsfaktors in dem der Halbzahl der Eier eigentümlichen Y-Chromosom.

Bei gemischtgeschlechtlichen, d. h. zwittrigen oder einhäusigen Pflanzen – beispielsweise beim Vorkeim der Moose – ist allerdings nicht die Bildung verschiedener Arten von Geschlechtszellen, sondern eine zwittrige oder gemischtgeschlechtliche Potenz und Tendenz jeder der beiden Gameten zu erschließen, so daß in beiden der männliche wie der weibliche Anlagenkomplex in gleich entfaltungsfähigem Zustande gegeben ist[31].

KRITISCHES ZUR CHROMOSOMENTHEORIE UND TOPIK DER ERBEINHEITEN

Kritisch zurückblickend auf diese hier nur ganz kurz gekennzeichnete Auffassungsweise können wir nicht verhehlen, daß dem Physiologen eine Gleichsetzung von Erbeinheiten, wie solche der Mendelismus in gewiß staunenswerter Selbständigkeit, Trennbarkeit und Kombinierbarkeit nachweist, mit irgenwelchen korpuskulären Elementen bzw. Kernschleifenteilen nur wenig zusagen kann. Heißt dies doch einer abgegrenzten, lebenden Einheit eine höchst einseitige Funktion: die spezifische, d. h. qualitativ bestimmende Verursachung, Bewirkung oder Bedingung einer einzelnen Differenzierungsleistung, einer einzelnen Eigenschaft – beispielsweise einer lokalen Blütenfärbung – zuschreiben, welche typischerweise evtl. nur an ganz wenigen Körperzellen zur Ausbildung gelangt[32], in anderen – soweit sie zur Regeneration eines vollständigen Individuums befähigt sind – nur potentiell vorgesehen ist. Gewiß ist auch die reservierte These einer bloßen „Lokalisierung" von trennbaren Entwicklunspotenzen ohne korpuskularen Ausdruck möglich und ansprechbar. Doch ist auch mit einer so gefaßten Genentopographie im Sinne von Angriffspunkten, Einflußsphären, Bedingungsstätten nur ein Registraturschema geboten, das rein deskriptiv und bildlich gewiß schätzbar ist, nicht aber irgendein Schritt zum funktionellen Verständis gemacht, wie ihn beispielsweise die Theorien der Assoziation oder Dissoziation von Faktoren (E. T s c h e r m a k[33]), die Kernplasmahypothese der Vererbung

---

31 [690/3] C. C o r r e n s, Zeitschr. f. Botan. 12. 49. 1920; F. v. W e t t s t e i n, Biolog. Zentralbl. 43. 71. 1923. So konnte F. v. W e t t s t e i n (Ber. d. Dtsch. Botan. Ges. 38. 260. 1920) an Entwicklung bringen, wobei Fäden resultieren, deren jeder wiederum sowohl Antheridien als Oogonien hervorbringt. Die Differenzierung in männliche und weibliche Fortpflanzungsorgane ist sonach nur phänotypisch, nicht genotypisch. Die Gleichheit der Produkte männlicher und weiblicher Parthenogenese beweist die volkommene genetische Identität der beiderlei Keimzellen. Vgl. auch S. 471, Anm. 1. Betr. Geschlechtsbestimmung bei Pflanzen überhaupt vgl. C. C o r r e n s (und R. G o l d s c h m i d t), Die Bestimmung und Vererbung des Geschlechtes. Berlin 1913; Sitzungsber. d. kgl. Preuß. Akad. d. Wiss. 1916 u. 1917; Hereditas 2. 1921; Biol. Zentralbl. 42. 405. 1922; H. K n i e p, Verh. Phys. Med. Ges. Würzburg 1922. S. 47.

32 [690/4] G. T i s c h l e r (Biol. Zentralbl. 40. 15. 1620) verweist darauf, daß Einwirkung von Parasiten, beispielsweise bei der Gallenbildung, geradezu neue Eigenschaften erscheinen („Transversionen" nach V. H a e c k e r), bzw. neue Gene in Aktion treten lassen kann.

33 [691/1] E. v. T s c h e r m a k, Zeitschr. f. indukt. Abstammungs- u. Vererbungsl. 7. 81, spez. S. 228. 1912.

(H a e c k e r[34]), die Theorie der hybridogenen Genasthenie (A. T s c h e r-m a k[35]) und andere versuchen.

Um ein vorzeitiges Fertigerscheinen dieses Spekulationsgebäudes zu verhüten, muß vor allem betont werden, daß die tatsächliche Erforschung der korrelativen Vererbung erst im Anfange steht und so manche Beobachtungsergebnisse auch andere Deutungsmöglichkeiten gestatten, daß ferner die Verknüpfung oder Korrelation bestimmter Eigenschaften[36] – wie bereits das allerdings sehr ungleichwertige Material der älteren Korrelationsforschung erschließen läßt und neuere exakte Untersuchungen (J o h a n n s e n[37]) mit Sicherheit gezeigt haben – bei verschiedenen Rassen, Linien, ja vielleicht Individuen derselben Art einen sehr verschiedenen Grad aufweisen kann. Nur für den groben Durchschnitt im Populationsgemische erscheint die Korrelation streng, unter den reinen Linien lassen sich hingegen wahre Korrelationsbrecher oder Korrelationsumgeher isolieren. Einer solchen Abstufung von strenger Verkoppelung bis zu voller Beziehungslosigkeit[38] bestimmter Erbeinheiten sollte eine verschiedene Lagerung oder Lokalisation einmal im gleichen Chromomer, dann nur im gleichen Chromosom, endlich in verschiedenen Kernschleifen entsprechen!

Der Abstand zwischen zwei Genen müßte nach dem oben Ausgeführten proportional sein dem Prozentsatz des Austausches, den diese beiden Faktoren bei der F_2-Spaltung zeigen. Der Abstand, welcher gerade 1% Austausch liefert, müßte geradezu eine Maßeinheit für die Distanzen der Gene im Chromosom liefern. Es ergeben sich jedoch (bei Drosophila melanogaster) erhebliche Unterschiede der einzelnen Individuen bezüglich des Umfanges des Überkreuzungsaustausches, also eine starke exogene wie endogene Variabilität der Maßeinheit bzw. des 1% Austausch liefernden Genenabstandes. Ob nun der letztere konstant oder selbst variabel ist, jedenfalls erscheint der Austausch bzw. die Verkettung nicht einfach proportional dem Genenabstand[39].

34 [691/2] Vgl. S. 696, Anm. 1.

35 [691/3] S. die Zitate S. 688, Anm. 3.

36 [691/4] Vgl. gegenüber der vielfach üblichen schematisierend-dogmatischen Darstellungsweise der Korrelationslehre die exakt-empirische Behandlung bei E. v. T s c h e r m a k, Handbuch der landwirtschaftlichen Pflanzenzüchtung, herausgeg. von C. F r u w i r t h. 4. Aufl., spez. S. 14ff. Berlin 1923.

37 [691/5] W. J o h a n n s e n, Über Erblichkeit in Populationen und in reinen Linien. Jena 1903; Wiener Landw. Kongr. 1907; Elemente der Vererbungslehre. 2. Aufl. 18.–21. Vorl. Jena 1913.

38 [691/6] Diese rassial-lineal-individuelle Abstufung der Korrelation erinnert an jene der tonischen oder Bedingungsabhängigkeit von Absolutheit zu Relativität, beispielsweise der rhytmischen Automatie des Blut- und Lymphherzens gegenüber dem Dauereinfluß des Zentralnervensystems. Vgl. A. von T s c h e r m a k, Pflügers Arch. f. d. ges. Physiol. 119. 165. 1907 und 136. 692. 1910; Folia neurobiol. 1. 30. 1907 und 3. 676. 1909; Sitzungsber. d. Wien. Akad., Mathem.-naturw. Abt. III. 118. 1. 1909; Monatsschr. f. Psychiatr. u. Neurol. 26. 312.1909; Wien. Klin. Wochenschr. 27. Nr. 13. 1914.

39 [691/7] J. D e t l e f s e n, Proc. of the nat. acad. of sciences (U. S. A.) 6. 663. 1920. S. auch W. E. C a s t l e s Hypothese einer abgestuften Attraktion zwischen den Genen (Proc. of the nat. acad. of sciences (U. S. A.) 5. 25, 32, 501. 1919 und H. J. M u l l e r s Stellungnahme dazu (Americ. Nat. 54. 97. 1920). Ebenso betont H. N a c h t s h e i m (Dtsch. Ges. f. Vererbungswissensch. 1. Vers. 1921. S. 21), daß der Austauschprozentsatz nicht notwendig proportional dem Abstande der Gene im Chromosom zu sein braucht, da eine ganze Reihe äußerer Milieueinwirkungen wie innerer,

Man denke ferner an die Schwierigkeiten, welche sich für die Austauschvorstellung bei zwei Elementarformen mit ganz verschiedener Verteilungs- und Anordnungsweise der chromosomialen Gene ergeben. Selbst die Voraussetzung von Persistenz der Kernschleifen im Ruhestande bzw. innerhalb des ganzen Zellenkreises von der einen Befruchtung bis zur nächsten erscheint nicht erwiesen, wenn auch recht wohl unmöglich[40]. Analoges gilt von der Voraussetzung eines dauernden Getrenntbleibens bzw. bloßen Einanderhaftens – behufs Ermöglichung eines Genenaustausches – für die Kernschleifen der beiden elterlichen Zeugungszellen, bzw. von der Voraussetzung der Persistenz gesonderter mütterlicher und väterlicher Kernanteile, der sog. Autonomie des mütterlichen und väterlichen Chromatins, innerhalb des ganzen Zellenkreises.[41] Nach dieser gewiß sehr beachtenswerten Vorstellung würde die Befruchtung nicht „Verschmelzung", sondern „Paarung" teils übereinstimmender, teils differenter mütterlicher und väterlicher Faktoren bedeuten. Nebenbei bemerkt, könnte die Ungleichheit des Chromosomenbestandes (Heterochromosomie) der beiden Spermien- bzw. Eizellarten aber auch ein bloß morphotischer Ausdruck (nicht die Ursache!) einer allgemeinen Verschiedenartigkeit sein. Es fehlt meines Erachtens noch ein vollständig überzeugender Beweis für eine faktorielle Ungleichwertigkeit der einzelnen Kernschleifen, speziell der zur reduktiven Aufteilung auf die verschiedenen Gametenarten gelangenden Chromosomen, aber auch der Chromosomen innerhalb einer haploiden wie einer diploiden Zelle. (Es gilt dies speziell von den Autochromosomen, während für die Heterochromosomen eine spezifische Wertigkeit sehr wahrscheinlich ist[42]). Gerade hierüber könnten Versuche mit künstlicher Verlagerung, bzw. künstlichem Austausch von Kernschleifen (etwa mittels des Mikromanipulators)

---

genetischer Faktoren (als Katalysatoren wie Bradyatoren) – beispielsweise Temperatureinflüsse (Austauschwert der Erbfaktoren schwarz und purpurn bei 9^0 13,5%, bei 17^0 8,3%, bei 22^0 6%, bei 32^0 15,7%) – den Austausch beeinflußt, ja durch Selektion Rassen isoliert werden können, bei denen der Austausch zwischen gewissen Faktoren überhaupt unterbleibt.

40 [692/1] Vgl. das oben S. 474 über die Individualitätshypothese (C. R a b l , E. v a n B e n e d e n , Th. B o v e r i , u. a.) Ausgeführte. An Literatur sei dazu neben den S. 474 Anm. 2 angeführten Quellen speziell V. H a e c k e r , Vererbungslehre 2. Aufl. S. 318ff. 1912 zitiert.

41 [692/2] Vgl. speziell die Darstellung von O. H e r t w i g , Allg. Biol. 5. Aufl., S. 318ff. 1912 zitiert. Derselbe läßt – wie C. v. N ä g e l i und H. d e V r i e s – die Befruchtung nur zu einer Paarung der korrespondierenden mütterlichen und väterlichen Bioblasten oder Gene, also zu einer Bildung von trennbaren „Anlagenpaaren" führen (S. 419, 433, 440). Für die Doppelkernigkeit des befruchteten Eis, wie sie als sog. Gonomerie bei Cyclops bis zum 8-Zellen-stadium besteht (J. R ü c k e r t , Arch. f. mikroskop. Anat. 45. 339. 1895; V. H a e c k e r , Arch. f. mikroskop. Anat. 46. 579. 1896; Jena. Zeitschr. F. Naturwissensch. 37. 1902; Vererbungslehre. 2. Aufl., spez.. S. 74ff. 1912) hat sich die Persistenz und bloße Aneinanderlagerung des väterlichen und des mütterlichen Vorkerns, also das anfängliche Ausbleiben amphimiktischer Verschmelzung direkt erweisen lassen, und zwar durch Befruchtung kernnormaler Eier mit Spermien, deren Kern durch Radium geschädigt war (F. A l v e r d e s , Arch. f. Entwickelungsmech. d. Organismen 47. 375. 1921). Auch lassen beide Gonomeren von der Phase der Urgeschlechtszellen an eine verschiedenartige Chromatinstruktur erkennen (V. H a e c k e r , Pflügers Arch. f. d. ges. Physiol. 181. 149. 1920).

42 [692/3] S. allerdings auch diesbezüglich die kritischen Ausführungen V. H a e c k e r s (Vererbungslehre. 2. Aufl. S. 357ff. 1912) mit Hinweis auf die Möglichkeit, daß die Heterochromosomen im Abbau begriffene, der Nukleolisation anheimfallende Gebilde darstellen (S. 117, 353).

entscheiden[43]. Auf die Möglichkeit einer regulatorischen Wiederherstellung der typischen (diploiden) Schleifenzahl an haploiden Keimen sei hier nochmals hingewiesen (vgl. S. 471, Anm. 1). Ferner sei erinnert an die Ausführungen über Gleichwertigkeit von Mitose und Amitose[44], sowie über Schwanken der Teilungsmarke bei Kernteilung von Vortizellen (S. 335 Anm. 2, S. 475 Anm. 1).

Besonders fraglich muß von vornherein das Zutreffen der Folgerung[45] erscheinen, daß die Zahl der reinlich mendelnden, d. h. voneinander vollkommen unabhängigen

43 [692/4] Die These einer faktoriellen Ungleichwertigkeit der Autochromosomen hat Th. B o v e r i begründet (Ergebnisse über die Konstitution der chromatischen Substanz des Zellkerns. Jena 1904.) Der Versuch von Th. B o v e r i an doppeltbefruchteten, also triploiden Seeigeleiern, die vier Enkelblastomeren zu trennen, hat ergeben, daß sich die 4 Keimteile in der Regel verschieden und vor allem verschieden weit entwicklen, und zwar mehr oder weniger pathologische, doch vollständige Larven liefern (Verhandl. d. physikal.-med. Ges. Würzburg N. F. 35. 1902; Ergebnisse über die Konstitution der chromatischen Substanz des Zellkerns. Jena 1904, spez. S. 42). Ein zwingender Schluß auf Ungleichwertigkeit der Autochromosomen ergibt sich meines Erachtens hieraus nicht. Stichhaltiger sind die bezüglichen Deduktionen von M. H a r t m a n n (zit. S. 684 Anm. 4). Am detailliertesten ist das Lehrgebäude von T. H. M o r g a n und seiner Schule (zit. S. 687 Anm. 1), welches speziell an die Feststellung anknüpft, daß in vielen Fällen zwischen den einzelnen Chromosomen einer Keimzelle charakteristische Größenunterschiede bestehen, so daß sich bei deren Äquationsteilung doppelte Chromosomengarnituren (gradated series) ergeben. Diesem haben sich im wesentlichen angeschlossen E. B a u r (Einführung in die experimentelle Vererbungslehre. 5./6. Aufl. Berlin 1922, spez. S. 130ff.), P. L o t s y (Genetica 1. 1919) und zahlreiche andere. Vgl. dazu die kritischen Ausführungen von V. H a e c k e r, Zool. Anz. 34. 35. 1909; Vererbungslehre. 2. Aufl., spez. S. 110, 324, 345ff. 1912; H. D r i e s c h, Ergebn. d. Anat. u. Entwickelungsgesch. 14. 628. 1905 u. 17. 31. 1909; R. F i c k, Ergebn. d. Anat. u. Entwickelungsgesch. 14. 179. 1905; Anat. Hefte 16. 1. 1907; E. G o d l e w s k i jun., Das Vererbungsproblem 1909, spez. S. 229; W. E. C a s t l e (zit. S. 687 Anm. 1); G. T i s c h l e r, Biol. Zentralbl. 40. 15. 1920; H. N. K o o i m a n, Genetica 2. 235. 1920; H. N a c h t s h e i m, Ber. d. Dtsch. Ges. f. Vererbungswiss. 1. 21. 1921. Man vergleiche ferner die Versuche von M a c D o u g a l, N e m e č, M a r c h a l, H. W i n k l e r (Zeitschr. f. Botan. 8 417. 1916) Pflanzen mit abweichender Chromosomenzahl zu erzeugen (vgl. S. 470 Anm. 7), wobei die erreichte Veränderung morphologischer Eigenschaften entweder als einfache Folge der Änderung der Kernschleifenzahl (R. R. G a t e s, Biol. Zentralbl. 33, 113. 1913) oder als bloße Parallelerscheinung (im Anschlusse an H. d e V r i e s, W. J o h a n n s e n, P. L o t s y speziell Th. J. S t o m p s, Ber. d. Dtsch. Botan. Ges. 30. 406. 1912) gedeutet werden kann. Auf Abweichungen im Chromosomenbestand, speziell auf den Ausfall teilungshemmender Faktoren, versuchte Th. B o v e r i die Entstehung bösartiger Geschwülste zu beziehen (Zur Frage der Entstehung maligner Tumoren. Jena 1914 – vgl. auch D. H a n s e m a n n, Studien über Spezifität, Altruismus, Anaplasie der Zellen. Berlin 1893).

44 [693/1] Vgl. oben S. 475, 476. Zudem sei auf die Beobachtung von J. J. G e r a s s i m o w (Bull. Soc. nat. Moscou 1892. p. 9 – s. auch Beih. Z. Bot. Zentralbl. 18. (1. Abt.) 15. 1904) verwiesen, daß bei Spirogyra die Kernteilung amitotisch verläuft, wenn die eben begonnene normale indirekte Kernteilung durch Kälte rückgängig gemacht wurde. Vgl. ferner die theoretischen und experimentellen Beiträge zur Kenntnis der Amitose von W. v. W a s i e l e w s k i, Jahrb. f. wiss. Botan. 38. 377. 1903, aber auch die kritischen Ausführungen von V. H a e c k e r über Pseudoamitosen (Vererbungslehre 2. Aufl., S. 51ff. 1912).

45 [693/2] Zuerst von Ch. E. A l l e n (Ann. Botan. 19. 1905) abgelehnt mit Rücksicht auf die Erbse, bei welcher die Haploidzahl 7 beträgt und bereits erheblich mehr als 7 völlig selbständige Faktoren bzw. Faktorenkomplexe festgestellt sind. Vgl. dazu V. H a e c k e r, Vererbungslehre. 2. Aufl. S. 352. 1912.

genotypischen Differenzpunkte zweier bastardierter Formen, also die Zahl der Kop-
pelungssgruppen, der haploiden Kernschleifenzahl (z. B. bei Ascaris megalocephala
var. bivalens 2, bei Drosophila melanogaster 4, bei Pisum und Hordeum 7, bei Antirrhinum und anderen Scrophularineen 8 – vgl. oben S. 470) entsprechen soll. Es ist
von vornherein wahrscheinlich, daß bei vielen Formen, besonders bei solchen mit
niedriger Chromosomenzahl, die erstere Zahl sich erheblich größer erweisen dürfte
als die letztere; wären doch beispielsweise für Ascaris megalocephala bivalens nur
zwei, für Drosophila nur 4 unabhängige Faktorengruppen zu erwarten, innerhalb welcher relative dis absolute Korrelation der Einzelglieder bestünde[46]. Die Hilfsannahme
eines Sammelcharakters der Chromosomen in diesen Fällen würde natürlich das oben
formulierte Prinzip durchlöchern bzw. einfach preisgeben.

Bei diesem Stande der Kenntnisse können wir in der Annahme einer rein chromosomialen Lokalisation und einer charakteristischen Topographie substanzieierter Erbeinheiten nur ein Als-Ob-Schema erblicken, welches für anschauliche Darstellung
sowie in heuristischer Beziehung unleugbare Vorzüge besitzt, jedoch zugleich zahlreiche unerwiesene Voraussetzungen erfordert und manche bedenklichen Folgen (wie
Schematisieren, Befriedigung an bloßer Lokalisierung ohne funktionelle Ideen u. a.)
mit sich bringt. Die Wahrheitsgehalt der genotypischen Hypothese muß zunächst
wenigstens als sehr problematisch bezeichnet werden; die praktische Brauchbarkeit
und Fruchtbarkeit einer Hypothese ist übrigens davon in weitgehendem Maße unabhängig.

BEDEUTUNG DES ZYTOPLASMAS FÜR DIE VERERBUNG:
KARYOPLASMA UND ZYTOPLASMA ALS GLIEDER DES
DUALISTISCHEN ZELLSYSTEMS

Zum Schlusse dieser Würdigung der Bedeutung des Kerns für die Vererbung muß
noch betont werden, daß – ebenso wie es Differenzierungsleistungen ohne Kernbetei-
ligung gibt – für gewisse Fälle eine zytoplasmatische Vererbungsweise bzw. eine
Lokalisierung gewisser Gene im Zytoplasma und in den Plastiden wahrscheinlich
ist.[47] Ja, die Plastosomentheorie[48] sieht geradezu in den Mitochondrien, Chondriokon-

46 [693/3] Ein solches Verhalten – nämlich Verteilung der etwa 300 mendelnden genotypischen
Unterschiede auf 4 Gruppen von voller Unabhängigkeit, im Gegensatze zu einer abgestuften
Bindung innerhalb jeder der 4 Gruppen – wird für Drosophila melanogaster von T. H. M o r g a n
und seiner Schule tatsächlich angegeben.
47 [694/1] Vgl. diesbezüglich speziell die klassischen Bedenken W. P f e f f e r s
(Pflanzenphysiologie. 2. Aufl. 1. 48. 1897, ferner G. T i s c h l e r, Biol. Zentralbl. 40. 15. 1920; P.
B u c h n e r, Praktikum der Zellenlehre 1. spez. S. 282ff. 1915. Als ein interessantes Beispiel sein
angeführt das Fortbestehen von Aegilopsmerkmalen an dem Bastard Triticum vulgare x Aegilops
ovata trotz (restloser?) Eliminierung aller Aegilops-Chromosomen (ohne vorangegangenen
Faktorenaustausch?) – nach W. B a l l y, Zeitschr. f. indukt. Abstammungs- u. Vererbungsl. 20.
177. 1919.
48 [694/2] Vgl. oben S. 348, 383. S. speziell F. M e v e s (mit eigenen Einschränkungen), Arch. f.
mikroskop. Anat. 85. Abt. II. 1. 1914; (Antikritik mit Ablehnung der von S c h r e i n e r
vertretenen nuklearen Herkunft der Plastosomen; Zurückführung des definitiven Echinoderms auf

ten, Plastosomen nicht bloß das Substrat für die verschiedensten Differenzierungen, sondern zugleich Träger des Idioplasmas (für spezifische Zellstrukturen), welchen im Leben der Zelle wie bei der Vererbung eine ebenso wichtige Bedeutung zukomme wie dem Kern. Einem solchen extremen Standpunkte fehlt meines Erachtens wieder die Berechtigung da einerseits weder eine genotypische noch auch realisierende, ergastische Rolle der genannten zytoplasmatischen Formbestandteile für Differenzierungsleistungen erwiesen ist (vgl. S. 348, 383), noch an einer vorwiegenden Rolle des Karyoplasmas bei der spezifischen Verursachung stammlicher Eigenschaften zu zweifeln ist. Dabei ist die Entfaltung der Potenzen vorwiegend auf Wechselwirkung von Kern und Zellplasma oder geradezu auf eine Dominanz oder ein Prinzipat des Kernes – sei es auf dem Wege von Chemorelation oder von dynamisch-tonischer Beziehung – zurückzuführen[49]. Ein glattes „Kernmonopol der Vererbung" sei damit jedoch nicht vertreten, zumal da zweifellos auch extranukleare Formbestandteile – wie Plastiden, körnige Elemente des Golgiapparates[50], wohl auch gewisse mitochondrische Fäden und bestimmte Granula[51], deren funktionelle und morphologische Leistungen ebensogut zum Artcharakter oder Genotypus gehören wie jene des Kerns – bei der Zeugung als solche übertragen werden bzw. sich autonom aufteilen. Ein gewisser Anteil des Plasmas an der Befruchtung ist überhaupt nicht zu verkennen[52]. Es

Zellen, auf welche sich das Mittelstück der Spermie, d. h. der mitochondriale oder plastosomatische Nebenkern verteilt – vgl. oben S. 465) Ebenda 87. 12, 47. 1915; 92. Abt. II. 41. 1918; betr. inäqualer, einseitiger Verteilung des Spermienmittelstückes auf die beiden Tochterzellen des Seeigeleies s. Anat. Anz. 40. 97. 1912. Vgl. speziell die Kritik seitens J. S c h a x e l, Die Leistungen der Zellen bei der Entwicklung der Metazoen. Jena 1915, spez. S. 253.

49   [694/3] Vgl. zu dieser Alternative speziell V. H a e c k e r s Ausführungen (Vererbungslehre 2. Aufl. S. 148, 381. 1912).

50   [694/4] Bezüglich deren Persistenz und Übertragung an Hemipterenspermien s. speziell R. H. B o w e n, Biol. Bull. of the marine biol. laborat. 39. 316. 1920. Vgl. auch die Ausführungen über selbständige Teilbarkeit und karyologische Beziehung von Zellbestandteilen S. 350, 355, 366, 481, 679.

51   [694/5] H. H e l d (Arch. f. mikroskop. Anat. 89. 59. 1917) beobachtete Persistenz, Wachstum und Teilung der von der Spermie in das Ei von Ascaris megalocephala eingebrachten Makrosomen. Vgl. oben S. 366. – R i e s konnte das Miteindringen des plasmatischen Schwanzes der Spermatide bei Echinus geradezu kinematographisch aufnehmen (Naturwissensch. Wochenschr. N. F. 10. 120. 1911). Über den plasmatischen Anteil pflanzlicher Spermien vgl. Wl. B e l a j e f f, Ber. d. Dtsch. Bot. Ges. 9. 280. 1891; F. N ě m e c, Bull. Acad. sc. Bohéme 13. 1912; O. R e n n e r, Dtsch. Ges. f. Vererbungswiss. 1921. S. 7.

52   [695/1] Bereits von M. V e r w o r n (Pflügers Arch. f. d. ges. Physiol. 51. 1, spez. S. 77, 66. 1902) betont, welcher überhaupt die Lehre von der Alleinherrschaft des Kerns mit Recht bekämpfte (Allg. Physiol. 7. Aufl. S. 685ff. 1922). Eine analoge Stellung nehmen ein J. L o e b, Dynamik der Lebenserscheinungen 1906; E. G o d l e w s k i (1909), J. S c h a x e l (1915), H. L u n d e g å r d h, Jahrb. f. wiss. Botan. 48. 285. 1910. S. auch V. H a e c k e r (Kernplasmahypothese der Vererbung mit führender Rolle des Kerns und je nach Tierart und Einzelvorgang wechselndem Anteil beider Zellkomponenten), Vererbungslehre. 2. Aufl., S. 143. 1912. Eine Übertragung, d. h. P r i m ä r - v e r u r s a c h u n g gewisser genotypischer Eigenschaften durch das Plasma des Eies – möglicherweise aber auch der Spermie -, also einen extranuklearen Anteil von Erbsubstanzen bzw. eine Lokalisierung gewisser Gene im Zytoplasma vertritt speziell G. T i s c h l e r (Biol. Zentralbl. 40. 15. 1920). V. H e n s e n (Pflügers Arch. f. d. ges. Physiol. 188. 98. 1921) verlegt geradezu die

ist daher meines Erachtens unberechtigt in persistenten, nur durch Teilung auseinander hervorgehenden Formbestandteilen und Zellorganen b l o ß Durchführungsorgane der Vererbung sehen zu wollen und a u s s c h l i e ß l i c h den Kern bzw. die Chromosomen als die Vererbungsträger oder primären, spezifischen Entwicklungsursachen zu betrachten, welche erst auf sekundäre Erbfaktoren im Plasma wirken[53]. Daß – soweit sich überhaupt bei einem System ein relativer Anteil der einzelnen, auf längere Dauer nicht isolierbaren Komponenten abgrenzen läßt – das Zytoplasma v o r w i e g e n d der Realisierung der v o r w i e g e n d im Kern, aber auch im Plasma selbst gegebenen genotypischen Potenzen dient, dürfen wir demgegnüber als die wahrscheinlichste Anschauung bezeichnen[54]. Ebenso haben wir weder das Zytoplasma als allein und ausschließlich nutritiv, noch den Kern als allein und ausschließlich plastisch, rezeptiv und reaktiv bedeutsam erkannt (vgl. S. 672, 674).

A l l g e m e i n   g e s p r o c h e n   b i l d e n   K e r n   u n d   P l a s m a G l i e d e r   e i n e s   h e t e r o g e n e n ,   –   s c h e m a t i s c h   g e s p r o c h e n

selbständig mendelnden Erbfaktoren, die er allerdings als sekundär bzw. vom Kern her dort erzeugt betrachtet, im allgemeinen in das Zytoplasma. E. B a u r (Einf. in die exp. Vererbungslehre. 5./6. Aufl., spez. S. 169, 246. Berlin 1922) bezeichnet es als sehr wahrscheinlich, daß einzelne nichtmendelnde Rassenunterschiede extranuklear vererbt werden, lokalisiert jedoch alle mendelnden Differenzen in den Kern. Das mehrfach vertretene Schema: mendelnde Gene sind in den Kern, nicht mendelnde in das Zytoplasma zu lokalisieren, erscheint recht problematisch, zumal da wenigstens in gewissen Fällen nach A. v. T s c h e r m a k (1918) das Nicht-Mendeln ein bloß äußerliches, phänotypisches sein kann – als Folge von hybridogener Genasthenie! Auch R. G o l d s c h m i d t gibt zu, daß gewisse Charaktere – allerdings nur einige wenige – im Protoplasma vererbt werden (Naturwissenschaften 10. H. 29. 1922). S. auch die Ausführungen S. 688, Anm. 3, betr. disharmonischer Wechselwirkung von Kern und Plasma als Grundlage haplogametischer, hybridogener Genasthenie nach A. v. T s c h e r m a k.

53 [695/2] Dieser Auffassung pflichtet auch V. H e n s e n bei (Pflügers Arch. f. d. ges. Physiol. 188. 98. 1921 – s. auch S. 695 Anm. 1) bei. Vgl. die kritische Stellungnahme von V. H a e c k e r, Die Chromosomen als angenommene Vererbungsüberträger. Ergebn. u. Fortschr. d. Zool. 1. 1. 1907; J. S c h a x e l, Die Leistungen der Zellen bei Entwicklung der Metazoen. Jena 1915. S. auch C. C o r r e n s, Festschr. d. Kaiser-Wilhelm-Ges. Berlin 1921, S. 42.

54 [695/3] In wesentlicher Übereinstimmung mit M. H e i d e n h a i n, welcher die in den 90er Jahren übliche rein gegensätzliche Einschätzung von Zytoplasma und Kern ablehnt und eine wenn auch geringe Beteiligung des Kerns am vegetativen Leben zugibt, zugleich dessen Hauptaufgabe in der Erhaltung der Spezifität durch Anregung von Wachstum, Teilung, Regeneration erblickt (Pl. u. Z. S. 61ff., 81ff.). Vgl. auch F. S c h e n c k, Physiologische Charakteristik der Zelle. Würzburg 1899. – W. P f e f f e r (Pflanzenphysiologie. 2. Aufl. 1. 43, 46. Leipzig 1897) vergleicht das Kernzytoplasmasystem geradezu mit dem aus Alge und Pilz zusammengesetzten System des Flechtenkörpers. S. ferner M. V e r w o r n (zit. S. 695 Anm. 1); E. G o d l e w s k i, Arch. f. Entwickelungsmech. d. Organismen 26. 278. 1908; Das Vererbungsproblem. Jena 1909. Ähnlich erachtet V. H a e c k e r (Allg. Vererbungslehre. 2. Aufl. S. 143. 1912.) – nach Untersuchungen an Radiolarien – im allgemeinen Kern und Zellplasma als beteiligt an der Übertragung der Art- und Individualcharaktere, schreibt aber im einzelnen dem Kern eine bestimmende und führende Rolle zu. H a e c k e r betrachtet Kern und Plasma geradezu nur als ernährungsphysiologische Modifikation des Artplasmas, zwischen denen wechselseitige Übergänge möglich seien (S. 55, 143). – H. N a c h t s h e i m (Ber. d. Dtsch. Ges. f. Vererbungswiss. 1. 21. 1921) glaubt dem Plasma nur eine Rolle bei der sog. falschen Erblichkeit zuschreiben zu dürfen. – Vgl. auch E. B r e t o n, Variations biochiques du rapport nucléoplasmatique au cours du développement embryonnaire. Paris 1923.

– d u a l i s t i s c h e n   S y s t e m s ,   i n   w e l c h e m   d i e   b e i d e n
H a u p t k o m p o n e n t e n   n i c h t   d u r c h g r e i f e n d   u n d   v o l l -
s t ä n d i g ,   b e s o n d e r s   n i c h t   i m   S i n n e   v o n   A l l e i n -
b e d e u t u n g   d e s   K e r n s ,   s o n d e r n   n u r   i m   S i n n e   v o n
P r ä v a l e n z   u n d   A r b e i t s t e i l u n g   v o n e i n a n d e r
v e r s c h i e d e n   s i n d ,   d a b e i   z u   e r h e b l i c h e n   E i g e n - o d e r
S o n d e r l e i s t u n g e n   b e f ä h i g t   b l e i b e n ,   n o r m a l e r w e i s e
j e d o c h   i n   h a r m o n i s c h e r ,   v o r w i e g e n d   r e l a t i v e r
B e d i n g u n g s b e z i e h u n g   z u s a m m e n a r b e i t e n ,   w o b e i   d e r
K e r n   s p e z i e l l   f ü r   d i e   B e w e g u n g s r e g u l i e r u n g ,   f ü r   d i e
W a c h s t u m s l e i s t u n g e n   u n d   f ü r   d i e   V e r e r b u n g   v o n
p r ä v a l e n t e r   B e d e u t u n g   i s t.[55]

Zu den normalen Differenzierungsleistungen ist – wenigstens auf die Dauer – ein
adäquater Charakter, ein spezifisches Zusammenpassen und harmonisches Zusammenwirken von Kern und Plasma erforderlich, obzwar der Spermienkern auch in relativ fremden Eiplasma wachsen und sich vermehren kann (wie die Merogonieversuche
lehren). Für die erste embryonale Entwicklungsphase, d. h. bis an das Ende des Bla-
stulastadiums, spielt zwar beim Seeigelkeim das Eiplasma die entscheidende Rolle –
indem merogone Keime dieselbe Entwicklungsrichtung zeigen wie artgleich befruch-
tete Eier[56]. Später tritt auch hier ein entscheidender Einfluß des Kerns für Wachstum
und Differenzierung des Plasmas hervor, wie er am Froschei von Anfang an besteht[57].
Bei nukleoplasmatischer Disharmonie scheinen umgekehrt gewisse nukleare Einwir-

55 [696/1] Auf analogen Prinzipien hat V. H a e c k e r – im Gegesatze zu den reinen
   Chromosomentheorien, an denen er eingehende und berechtigte Kritik übt, und in Unabhängigkeit
   von der Frage der Analogenspaltung durch Reduktionsteilung sowie von der Frage der
   Ungleichwertigkeit der Chromosomen – eine Kernplasmahypothese der Vererbung entworfen.
   Dieselbe nimmt an, daß es im Laufe der Differenzierung, also nicht bloß bei der
   Gametenproduktion, im Zytoplasma zu einer ungleichmäßigen, polaren Verteilung von differenten,
   sozusagen konkurrierenden Determinanten, d. h. verschiedenartigen Kernwirkungen komme, so
   daß auch bei äqualer Kernteilung durch zytoplasmatische Spaltung inäquale Teilungsprodukte
   hervorgehen können. Der Autor nimmt an, daß ein vorwiegend rezessiv veranlagtes Zytoplasma
   auf den Kern zurückwirke und die Valenz von dessen Genen in gleichem Sinne reguliere (vgl. auch
   M. F. G u y e r , Americ. Nat. 45. 303. 1911).
56 [696/2] Th. B o v e r i , (Anat. Hefte 1. 385. 1892; Arch. f. Entwickelungsmechanik d. Organismen
   16. 518. 1903; Zellenstudien spez. H. 6. 1907); H. Driesch (Arch. f. Entwickelungsmech. d.
   Organismen 7. 65. 1898); E. G o d l e w s k i jun. (Arch. f. Entwickelungsmechanik d. Organismen
   20. 579. 1906; 30. 81. 1910; 44. 120. 1918; Das Vererbungsproblem im Lichte der
   Entwickelungsmechanik betrachtet. Jena 1909, spez. S. 230, 246); R. D e m o l l (Zool. Jahrb. Abt.
   f. Zool. u. Physiol. 30. 518. 1910); A. P e n n e r s (Naturwissenschaften 10. 727 und 761. 1922;
   Zool. Jahrb. Abt. f. Zool. u. Physiol. 43. 635. 1922). S. auch speziell J. S c h a x e l , Arch. f.
   mikroskop. Anatomie. 75. 588. 1910; Die Leistungen der Zellen bei der Entwicklung der
   Metazoen. Jena 1915, spez. S. 17, 41, 113, 243. Auch auf C. R a b l s These der Präformation
   bestimmter Körperteile im Eiplasma sei hingewiesen (Über organbildende Substanzen. Leipzig
   1906).
57 [696/3] G. H e r t w i g , Ber. d. Dtsch. Ges. f. Vererbungswiss. 1. 29. 1921.

kungseffekte oder Gene selbst nachdauernd beeinträchtigt werden zu können (Genasthenie nach A. v. T s c h e r m a k[58]).

---

58 [696/4] Vgl. die Zitate S. 688 Anm. 3. Auch die Änderung der Faktorenvalenz mit dem Alter der
    Keimzellen (vgl. die zusammenfassende Darstellung von O. K o e h l e r, Ergebn. d. Anat. u.
    Entwicklungsgesch. 24. 588. 1922) könnte auf einer zeitlichen Änderung der Wechselwirkung
    zwischen Kern und Plasma beruhen.

THE BIOLOGICAL FOUNDATIONS OF EUGENICS[1]

Vladislav R ů ž i č k a

This book has originated from lectures delivered at the Medical Faculty of Charles University in Prague. The book is significant not only on account of its special statements referring to eugenics, but also with regard to its fundamental theoretical biological attitude which is an attempt at finding a new way of solving the general problems of genetics. By studying the heredity of diseases, the author has arrived at consequences that have induced him to try and build up *a doctrine of heredity free of any historism i. e.* within the limits of *a purely epigenetic* treatment of the phenomena of life. He concludes that the science of heredity as a part of genetics can be also established as an energetical science.

The doctrine of heredity is regarded by him as a part of genetics which he conceives to be a science not only of the internal causes of development transmitted by heredity but also of those external.

Within the bounds of an energetical conception of genetics Růžička sets forth the *determination of genesis* as the principal problem. The following problems must be solved:

to explain why the adult organism concentrates its abilities upon its gametes, or, in other words, to explain the origin of the determinating mechanism

to explain how the determiners of gametes realise in a developed organ i. e. to explain the action of the determinating mechanism

to define ability and determinating mechanism in an energetical sense.

An energetical conception of the determinative complexus was not practicable in former times, as in the conception of Weismann which was accepted also by Roux, *the determinative complexus represented the very organism in nuce.* The relation between the determiner and character was *that of identity.* Moreover, it was impossible, because the determinating complexus was regarded as unchangeable in this conception. Such are the consequences of the evolutionistic nature of this conception. Růžička points out that despite the fact that evolutionism is usually joined to energetism it must be borne in mind that its energetism is not a right one, as evolutionism arrives at ideas that do not permit the law of energetical causality to be carried out to

---

1   Vladislav Růžička, *Biologické základy eugeniky*, Praha: Fr. Borový 1924, pp. XXXVI–XLIII (abstracted by J. Kříženecký, pp. XXXVI–XLIII, it follows short review of the Contents of the work, that is devided into three major chapters/books (Book I. On Genetics in General, Book II. Questions of Genetics in Man, and Book III. Social Genetics and National Eugenics).

all consequences. In the evolutionistic conception determiners are unanalysable and incausal units, although they are required to be particles endowed with life that can be insured only by metabolism governed by inorganic rules. The principle of atomisation of organisms that renders practicable an analysis of the life process, is not carried out to its last consequences in an evolutionistically conceived determinating complexus. We find that even the most thoroughgoing analyses, as those of Weismann and Hertwig, arrived only at biological compounds i. e. live molecular complexes which again were expected to be unchangeable and coincident with Mendelian genes.

Against this mode of viewing this subject, as is the vogue in present day genetics, Růžička wishes to set a purely dynamical conception of determiner, and thus also the determination of genesis. In the first generally theoretical part of the book the author, having analysed the various experiences, concludes that it is necessary to conceive determiner as a *specified actual structure of a versatile progenic constitution* on the strength of which assumption it is possible to understand development in an energetical sense.

If we consider – the author sets forth – the developmental action of a determiner, we find that with the indispensable co-operation of external factors a determiner is required to produce the individual stages of development of a definite organ i. e. a succession of changing forms and functions. It cannot be thought that the egg should contain the organism itself in its three dimensions, as then the egg would be compound equally as the complete organism, both morphologically and physiologically. In reality it is but a relatively simple cell in itself possessing under normal conditions no other capability than that of producing the bicellular stage. (Schaxel) Both the form and function of organs forming an inseparable biological whole, can be understood, according to Růžička, only *if we conceive a determiner to be only a morphochemical structure of living substance successively changing through the influence of various factors*. Růžička points out that the assimilative complexus, producing during development definite characters, undergoes changes during such development and differs in each developmental stage, and only in the last stage it is such as is contained by the developed form and on which its function is founded. The sequence of such changes of the assimilative complexus is an ultimally progressive process (Restitution und Vererbung. 1919[2]) and is terminated by the attainment of the ultimate change determined by the character of its respective species. Through this gradual change of morphochemical structure it is possible to comprehend also the origin of pathological characters and mutations. According to this conception of Růžička, a determiner of a morphological or physiological process is such actual and specified structure as originates from the primary general structure of living substance, as is designated by him as *progenic constitution*.

From this is plain that there is not one, but a *whole series* of determiners for the development of a complete organ, and that all such determiners, except the last, are *transitional stages of the change of progenic constitution*. In this conception – claims Růžička – it is also possible to discover a certain conformity to the chromosome theory of hereditary substance. It is only necessary to conceive chromatin in a manner

---

2   [XXXVII/*] Figures in parenthesis refer to the name of the author in the bibliographical list.

different from that adopted at present. The experimental research repeatedly brings to light more doubts that the seat of hereditary units should be in the chromosomes of the nucleus as unchanging morphological formations. We know that chromosomes during the time of life undergo morphological and chemical changes, and utterly vanish when the nucleus is at the quiescent period. Thus Herbst – in accordance with his experiments – is compelled, to attribute the hereditary function to some „chromatin producing substances" that are contained in the plasma, but are not yet chromatin. This progress in viewing hereditary substance marks, however, a considerable stride towards the attitude assumed by Růžička as early as 1908. He holds that the hereditary function falls to the share of the plasma in general (1908, 1909, 1914, 1917). Chromatin is a product of cytoplasm and Růžička was able to prove by his experiments that chromatin depends directly on the intensity of the processes of assimilation; by starvation chromatin can be eliminated from bacteria, and nucleus from frog's leucocytes, without disturbing important functions of life (Festschr. für Hertwig 1910, 1914; Bacteriol. Centralblatt 1917; 1918; Restitution und Vererbung 1919). Thus the phenomena observed, on fertilization etc. in the nuclei, and on chromatin, are merely *an index of vital processes of the plasma in its totality.* Thus every particle of living substance that takes part in a function, is also a seat of heredity (1908).

In this conception heredity is identical with the biochemical entity of life, and is founded on the ability of the elements of metabolism to renew the individual specific structure of living substance.

Even from this point of view a determiner is identical with the assimilative complexus of living substance which complexus has been proved by experiments to be capable of change during life time. If determiner is to be conceived *biologically,* then it cannot be – emphasizes Růžička – of a solely morphological, or solely energetical nature, but *must join both.* Determiner is in nowise constant, it is but a transitional and changeable organisation subject to causal law. It changes and vanishes according to what stimuli act at the moment. Thus even from this point of view determiner presents itself to Růžička as a function of progenic constitution that can be causally, and so also energetically analysed whereby it is possible to determine the conditions of its origin, duration, vanishing, alternation and activity.

According to Růžička's conception we shall regard development as a series of changes proceeding from the assimilative complexus of an egg to the final assimilative complexus of a complete organ. Besides, whenever the life process changes – whether by development, disease or otherwise – always the assimilative complexus i. e. the determiner of the function concerned, changes first. Thus a determiner cannot act of its own accord, but only with simultaneous co-operation of external factors. The origin of every character inevitably depends both on an internal and external factor through the change of which the character also changes; for this reason every character is an adaptation of living substance to an external stimulus, hereditary being only the inward entity of an organism i. e. such general organisation as renders it capable of reaction to different stimuli in a different, but constantly typical manner. In this way Růžička defines heredity as an *ability of the elements of metabolism to renew the specific morphochemical structure* of living substance (Restitution u. Vererb. 1919). Therefore only such characters can be designated as hereditary, as *both in par-*

ents and children arise from the same internal and external causes. Thus Růžička brings heredity to a common principle of life and science. Since, according to this conception, determiners *originate* only during development, namely from progenic constitution, it is just this progenic constitution that provides the continuity of generations. It is inherited. Heredity is its function only so far as coincident determiners are produced in it by coincident external factors. In the recent weismanian-mendelian conception a determiner is something specific, it is the very quality in nuce. Růžička points out that if the hereditary substance were composed of isolated determiners, it would necessarily contain as many assimilative complexus as has a complete organism characters, and as have been produced by it in development. It is logical necessity provides a basis for preformistic viewing. In fact, however, no character of an adult organism is de facto contained in the egg, nor is it contained therein in the form of a determiner, but *it is developed* i. e. the physical basis for its development is altered by development in a continuous and flowing sequence. Thus the determiner or disposition for a *definite* character is not inherited, but a certain predisposition *rendering the variability of reaction possible.* The hereditary substance does not exist as a sum of determiners, but there is a progenic versatile constitution. The so-called activation of determiners is in fact a *specification of progenic constitution.*

The correlations of characters that arise by development are secondary, according to Růžička; their sum, representing the so-called bodily constitution, can be called the *derived constitution.* The progenic constitution on which such realised derived bodily constitution is based, is a *primary constitution.*

As the activation of a set of determiners depends on external factors and on their action on the progenic constitution, the latter must be regarded as capable of all reactions of living substance. As its characteristic property Růžička emphasizes its *lability* which, however, is not based on a polygeny in mendelian sense, *but on a versatile changeability of its morphochemical structure* that being elementarily complex, is, nevertheless, but primitive as against a developed organism, for *its qualities are limited only to potencies.* Its specificity is capable of changes due to crossbreeding on one hand, and to incidendal influence of external factors on the other.

If we compare this doctrine expounded by Růžička, with O. Hertwig's proposition that the number of specific idioplasm shall correspond with that of the various lives, we find that a juncture is possible. It can be imagined that from the primary living substance, representing the simplest assimilative complexus, in conformance to consequences resulting from experiments proving that every particle of living substance is the seat of heredity, during lapse of time as many progenic constitutions have arisen through the influence of external factors and crossbreeding, as are the specifically varying lives. Such different progenic constitutions would so to speak represent the isomeres of one and the same chemical compound. Růžička holds that in this manner it would be possible to comprehend both the origin of the determinative complexus, variability and origin of new species, and the incessant evolutional transformation of species *without any cumulation of character determiners, and also without any necessity of historic viewing.* If a progenic constitution, ensuring mere life in general, is inherited, and if determiners originate only during development, the development itself is but a restriction on the versatileness of the constitution, is a specification due to external and internal factors acting conformingly to causal law. From this point of view adopted by Růžička, heredity, ceases to be *lasting* within the meaning of unchangeability of determiners and the determinative complexus for these conceptions cease to be static, and heredity appears as a *process,* as life itself. Fertilization is an union of two progenic constitutions whereby a new and unitary constitution arises. Heredity, thus denoting a mere *renewal of the constellation of factors acting causally at the origin of any biological process,* is governed by the theory of probability.

Thus Růžička joins his conception of the mechanism of heredity with the experiences and facts of Mendelism based on the probabilities of combinations.

For critizing this attempt of Růžička at a new conception of the mechanism of heredity it must be emphasized that his conception indisputably conforms to the fact that life is unitary in the flow of the transformation of species, for even if cumulation falls to the ground, the life continuity ensured by progenic constitution lasts. Further his notion also conforms to the uniformity of every separate organism that differentiates itself from such uniformity in, as it were, an *individual manner.*

Thus it corresponds with the idea of the hereditary substance of the determinative complexus that, however, is extricated from the preformistic conception and freed of all historism. Further it conforms to the conception that hereditary substance is composed of many units besides which there is a certain whole representing an amount of possibilities and incapable of being dissolved to units. If we consider that according to Driesch life may on one hand be analysed by appliances of physics and chemistry, while on the other it is of an elementary nature precluding analysis, we may find a certain resemblance between entelechia and progenic constitution except that the latter can be defined purely energetically, and so is accessible to the research of natural science. In this way it is possible to get rid of the inconsistencies of the present theories of genetics which will become more manifest particularly after a thoroughgoing study of mendelian theories.

Růžička fully concurs with Haecker's declaration that mendelism has reached the limits of its efficiency, and requires causal analyses of characters expecting from such analysis an approach of the solution of genetic questions and discrepancies in mendelism. The doctrine of heredity must be united and supplemented with mechanics of development, as declared by Růžička as early as 1905 (Nová česká Revue).

Růžička's conception is important still for another point. It was asserted that a purely epigenetic theory of heredity is practicable solely on vitalistic lines. It would be first necessary – it was claimed – to establish the possibility of an epigenetic theory in mechanistical sense. So far nobody has made an attempt, and in the history of biological theories mechanism is closely allied with preformism. Mechanics of development building on epigenesis are exposed to the danger of being forced beyond the limits denoted by their name. It is possible, however, to mention botanist G. Klebs who as a genial experimenter in whose hands the plant body acquired the qualities of plastic clay in the hands of a sculptor and obeyed every motion of the scholar's will, was on the best way to build up an epigenetic theory on mechanistical lines. Although Klebs saw clearly the principal points of the genesis of organic qualities, he had not enough regard for the function that in life is inseparable from form, and he still spoke of the hereditary fixed specific structure – which latter idea is a preformistic one –

and of potencies which again is a vitalistic conception. Thus it cannot be said of him that he has arrived at an uniform self-contained theory. Now Růžička in this volume attempts to build up a purely mechanistical-energetical-epigenetic theory free of any historism (universally, in the general part, by application to the genetic questions of man, in the special parts of the book). Růžička himself, of course, does not regard this attempt as a definite one, but as a heuristic theory retaining everything acceptable from previous theories, and his first object in view is to render possible a most exhaustive *naturally scientifical* exploration of the problem of genetics.

As this book is designed to treat the biological foundations of eugenics the generally genetic conception of Růžička must be judged also according to what advantages can be derived from such conception for the problems of eugenics. There are such advantages available here. The preformistic theory of genetics cannot lead any further or elsewhere than to make selection the chief method of eugenics and thus conclude with the programme of the so-called racial hygiene. However, as soon as we recognize that external factors of development are of the same significance as those internal, that determiners are not unchangeable i. e. that heredity is not an unavoidable fate, no preformed hereditary substance being inherited, but only a general progenic constitution which is not a product of historic cumulation of determiners, but of circumstances acting at its origin, namely of cross breeding and of external factors, then adaptive eugenics with their altruistic and humanistic points of view are also possible; then it is also possible to derive the following from the present facts as the true aim of eugenics: *the bringing of dysgenic i. e. unadapted traits, to a large degree contained in a normal constitution, and an harmonical cultivation of the general normal constitution* (1917, Otto) which is an aim totally different from that of racial hygiene. Besides, other important consequences of social genetics, as they are treated in the third part of this book, are made praticable. It is most probable that on this foundation eugenics are capable of a development quite different than is the case in eugenics on preformistic lines, i. e. development that is the more acceptable as a humane sociological ideal, the less onesided and closer to biological facts it is.

OFFICIAL SPEECH IN HONOR OF THE 100TH BIRTHDAY OF J. G. MENDEL[1]

Bohumil N ě m e c

At the beginning of 1865 John Gregory Mendel, an Augustinian monk, lectured before the Society of the Naturalist's of Brno (Brünn) upon his experiments in crossbreeding. He had occupied himself on the subject of hybridization for several years (since 1856) in the tiny convent-garden. He himself says that he was prompted to these experiments by the wish to obtain varieties of decorative plants showing new colours. He was, however, attracted by an unexpected but *regular* phenomenon, i. e. with a striking regularity by which the same features occured, when two different kinds of parents were crossed. This phenomenon induced him to devote his studies to the descendants of hybrids.

His lecture caused a discussion in the Society, and there were even some objections made. It was a lucky thing that Mendel was invited to publish his observations in the Reports of the Society at the beginning of 1866, and his classic work appeared towards the close of that year. There are indeed very few works upon natural science that are as unassuming, concise and accurate, and that have suffered no depreciation whatever through a period of half a century. Moreover, even the form in which the results of his studies were extended has not become obsolete. In fact, now-days it would be impossible for us to treat the subject better than he did.

Mendel was aware of the fact that his discoveries were new, and, he himself said: "I was not ignorant of the fact that the results obtained by me were difficult to bring in accordance with the state of science, such as it is at present, and I knew only too well that under similar conditions the publications of an isolated experimentator might be attended by a toofold risk, respectively, for the experimentator himself, and for the idea propounded." Prior to the advent of Mendel, and at the same time with him quite a number of scientists worked on crossbreeding experiments. Kölreuter, Knight, Gärtner, Naudin, Wichura and Godron published remarkable reports, all of which have only shown that their authors have not succeeded in the results that would show a certain law in the descendants of hybrids. On one hand there were described constant hybrids, whose offsprings undergo no changes, while on the other hand ob-

1   Bohumil Němec, *Official Speech in Honor of the 100ᵗʰ Birthday of J. G. Mendel*, in: Vladislav Růžička (ed.), Memorial-Volume in Honor of the 100th Birthday of J. G. Mendel, Prague: Fr. Borový 1925, S. 15, 17, 19, 21, 23, 25, 27, 29.

servations were described, testifying to the descendants of hybrids, changing quite irregullarly. Mendel, however, observed that in all such cases the greater or less resemblance between the hybrids and their parents was criticised solely from *the general impression* they conweyed, while that resemblance required to be defined solely after an *accurate diagnosis*. He holds that even in cases of apparent irregularity it cannot be doubted that the gradual change of hybrids is subject to a definite *law*.

In such a state of affairs he asked the famouos botanist Nägeli of Munich, of whom he could expect appretiation. He sent him a copy of his treatise and a letter containing the explanation of his work. But even Nägeli had no understanding for him. Moreover, Nägeli seems to have entirely forgotten all about Mendel's results, when in 1885 he published his great work "Mechanisch-physiologische Theorie der Abstammungslehre". Nägeli states in his publication that a remarkable line may be traced, if we follow the heredity of the external characters in various hybrids. When they differ in the nearest relation, viz. when they differ in one character only, the heredity is said to be the most irregular, although Mendel has for just such cases laid down a most simple law. When natural varieties are being crossed, according to Nägeli, such irregularity is smaller, and the smallest irregularity is, when species are being crossed.

Nägeli could very well make use of the results of Mendel, if he asserts in his theory about the heredity, i. e. in the theory of idioplasm, wherein he claims that every apparent quality is present in idioplasm as a faculty. In his opinion, every organ of a living organism, and even every part of that organ, is caused by a special modification, or, more correctly, by a special condition of idioplasm. He further states: "The germ cell contains the characters of all ancestors as faculties (factors)." To what an account could Nägeli turn Mendel's results in his theory of factors for the individual qualities in idioplasm!

From all investigators, who before Mendel, or contemporarily with him, devoted their studies to the subject of hybridization, Naudin was the nearest to Mendel. He was even led to the idea about the segregation of factors during the origin of the germ cells, which causes that amongst the descendants of hybrids individuals appear identical with either parent. However, there was no convincing evidence in this theory, and for this reason Darwin assumed a sceptical attitude toward the views of Naudin. Moreover, Wichura described constant hybrids in willows, and, besides also cases of degeneration and so-called atavism seemed to speak against Naudin. It would be easy to state even other similarities between the results of Mendel and those of his predecessors, however, it was all only individual observation without any general conclusions. If, despite all its convincing power and accuracy, the work of Mendel remained unnoticed and forgotten until 1900, it was chiefly due to the tendency of the biological science of that day under Darwin. It seemed that the problem of the origin of species, and of heredity, was succesfully solved. There was no necessity for any new observations and experiments, especially not as far as hybridization is concerned, which according to Darwin's theories, had no direct relation to the origin of species. On the contrary, in his opinion, hybridization compensates the individual diversities due to variability. He especially says that "at a methodical selection the cultivator has a definite object in view, when making his selection, and if individuals are allowed to crossing at random, his work is entirely annulled". In consequence of this he also admits the significance of Wagner's theory of isolation. Hybridization does a very important part in nature, as it preserves individuals of one and the same species or variety, pure and unchanged in characters. Kerner later on attributed a great importance to the hybridization for the origin of species, however, he failed in supporting his views with sufficient experiments and observations.

Mendel was convinced that the study of the laws of hybridization has an undeniable significance for our views on the evolution of living beings and this was even the opinion of other biologists who had applied themselve to the study of hybridization. Their chief object was to determine the relation of species on the ability of hybridization, and later to fix the difference between a species and a variety. Their experiments, however, proved a failure in either case. It is not at all possible to tell a species from a variety and to define the relation of species on the ground of hybridization. This probably explains, why at the time when the theories of Darwin began to be approved of, all interest for hybridization was lost.

It sounds rather peculiar when Bateson says that in everything that concerns the problem of species during these 30 years (i. e. beginning 1870) have been marked with total apathy so characteristic for the era of the creed of science. "Evolution became the exercising ground of essayists." Many investigators, who hardly knew the distinction between such notions as species and genus, wrote in favour of Darwin's theories, and it is an irony of the age, and many who possessed equal qualities wrote later on against them, with a courage worthy a better cause.

The great significance of Mendel's work is not only in its contents, but also in its method.

Whereas hybridologists had so far made their experiments in order to solve the problem of the essence of species, Mendel assumed in his experiments a quite objective and unprejudiced attitude just as every naturalist ought to have the privilege to do. Mendel says that the object of his experiments is to trace the evolution of hybrids in their descendants. The question he had put to himself was: How do the offsprings of hybrids behave? And it was only after a great number of facts had been established that he answered to that question by stating a law, a proposition of general application to his experimental material. Even before Mendel the descendants of hybrids were subjected to a study, from the results whereof, however, no rule was defined. Why this was the case we shall see forthwith. In 1888 Liebscher published (Jen. Ztschr. 23) the results of his experiments on the crosspolination of two kinds of barley, the *Hordeum Steudelii* and *Hordeum trifurcatum*, respectively. The former is two-ranked (distichous), with black glumes, the latter being four-ranked and white. The hybrid is quite uniform, all its ears are two-ranked (distichous), and the glumes of the fertile ears are black, those of the sterile ones white. Fertilized by its own pollen, the hybrid produced very different descendants in two subsequent generations. As a reason Liebscher gives new combinations of individual properties, and the disturbation of the structure of germ plasm whereby heredity in descendants is weakened, i. e. the predisposition of descendants to individual variability is increased.

The observations made by Liebscher are quite correct, and still he was unable to deduce any laws from them, for the reason that he failed to ascertain the numerical ratio of the different individuals in the progeny of the second hybrid generation. If he had done so, he would certainly discovered the comparatively simple law of Mendel. Of all the hybridologists in his day Mendel was the only one who found out the number of individuals of different types in the progeny of hybrid generations, and endeavoured to find the algebraic ratio of figures thus obtained. In this way he succeeded in subjecting the apparently chaotical mixture of the various types in the progeny of hybrids to laws of mathematical combinations governed by the results of probability.

W. Ostwald very properly designated natural science as a prognostication of future processes. "Any knowledge of past phenomena that would not provide an acceptable basis for the formation of future would be quite nugatory." As the science of physics can fortell what will occur under definite conditions, on the strenght of discovered laws, or as the science of chemistry can fortell what will happen, if we, for instance, mix two definite compounds under definite conditions, thus we know, thanks to the laws of Mendel, how the descendants of two *genetically known* parents will behave. I repeat "genetically known", for a chemist can only fortell a thing, if he is acquainted with the respective material. As a chemist makes a preliminary analysis of substances, so is the biologist enabled by Mendelian phenomena to analyze living beings, and to ascertain hereditary elements, by which their properties are caused. It is an invaluable merit of Mendel that he was the first one, to form some laws of heredity, based on mathematical calculations. His merit, however, is not solely in his deducing numerical relations from statistical figures. Down to the day of Mendel, and even a long time after him, the hereditary qualities, constituting the elements of every organism, were looked upon as *homogeneous, indivisible* entirety. Even Nägeli also treated his idioplasm as a whole, composed of particles, which are perfectly arranged. He conceived that it is just this arrangement of particles, on which the specific properties of idioplasm are based. On fertilization, as he especially states, idioplasms of two individuals unite, mix and penetrate one another. What we denote as segregation, is according to Nägeli a distribution due to two different idioplasms on the contarary. Mendel, who was above the view of his day, proved (and it required great mental energy to realize the fact) that the complex of hereditary faculties consists of *independent* factors that resemble a kind of elements. We might say that idioplasm is not homogeneous, but composed. The factors do not depend on the other factors of an organism, and by repeated crossing they might create all possible unions subject to the rules of combination.

Whereas organism had, so far been regarded, as *homogeneous, invisible complex* as regards its faculties and hereditary qualities, it was established by Mendel that the hereditary factors – the hereditary basis for the retrospective qualities – might be treated as a sort of independent elements that analogously to the chemical elements may be mutually combined at libitum, and thus, some new types of organisms might be obtained.

Another equally important mental deed of Mendel was his discovery that hybrids produce gamets of different hereditary qualities, i. E. that just as many kinds of gamets are formed as there arise constant types according to the recent terminology of homozygotes in the process of maturation. That a hybrid could be defined as such, it was only due to the results of Mendels discoveries. Even Nägeli had realized that a hybrid combines the faculties (determiners) of both parents, and that only some of them are manifested, the rest remaining latent. However, he believed that latent factors might disapear in a longer space of time. Mendel's experiments prove that this is not the case. No determiners, no hereditary factors will dissapear from an organism under normal circumstances. They may be temporarily concealed in some hybrid individuals, but they cannot be removed, and in the case of free combination of a sufficient number of germs they might become manifest.

Mendel's work produced no echo for a period of time exceeding thirty years. As stated before his work was forgotten even by Nägeli, who for several years maintained a correspondence with Mendel of whose results he could make use in his theory.

The only one who quoted Mendel was Focke in 1881 when he wrote on hybrid plants. His quotation led three prominent biologists, who had studied hybridization in 1900 to the trace of Mendel's publications. At last Mendel's time had come. The crossbreeding experiments, and a careful study of the descendants of hybrids, became the most important means in analyzing the hereditary constitution of organisms. From such an analysis new conclusions were drawn regarding heredity itself, and Mendelian phenomena were united with cytological facts. Mendelism was brought in contact with the problem of the origin of species, which at that time H. de Vries had just began to solve by experiments to full extend.

If hereditary factors are constant and independent units, the aggregate of which determines a definite evolution of an organism, the latter might be changed only if the hereditary factors (genes) are changed, as far as the characters, caused by these factors, are concerned. New organic types might arise only in two ways: Either by the new combination the given and unchanged determiners, or by a change of factors themselves, while they are remaining in the old combination. There is no doubt about the fact that new combinations of factors might exist as homozygous types. Such combinations, however, do not show anything new, on principle, and naturally we are in doubt that all changes of organism in Nature could be realized, only by hybridization. The question about the change of species, thus becomes of greater importance, as another question arises whether the factors change at all, and if they do so, for what reason.

Those who are not yet convinced of the possibility of change of factors (genes) are of opinion that new types, on principal, appear only as a result of new combinations of unchangeable hereditary elements, which are quite independent of the external environs in which the evolution takes place. If the origin of new types is caused by a change of determiners, we must presume that is due to the influence of external causes, if we do not want to leave the ground of causal association of phenomenas. Both, Baur as well as Morgan admit the possibility of change of determiners an explain the so called mutations by the change of the determiners. The decision can be made only by those, who carry on genetical cultures and experiments.

Mendelism has given a remarkable stimulation to cytology. At any rate, at least of such characters which are segregate according to the law of Mendel we now become more convinced that their factors are located in chromosomes. Even the collaborators of Morgan attempt to localize certain determiners in certain chromosomes and at their certain parts. If we succeed in all this, it would mean that chromosomes, the manner of their division, and reduction, realize the Mendelian segregation, and it would also be surprising in harmony with the fact that organisms without a nucleus, such as Cyanophyceae, are also without sexual reproduction.

Mendel himself did not generalize his results. He designated himself as an empirist. Where he theoretically accepted the possibility of a free combination of factors, he did so, only on the basis of experiments that could be understood only thus conceived. He did not explicitly assert that all factors must conform themselves to his law. Such a view did not develop until after his death, but there is no necessity of accepting it, it is possible to think that there are also faculties, which are inherited by cytoplasm, and so far as plants are concernd, such cases are not unknown to us. Thus they are more interesting because they do not obey the law of Mendel, which speaks in favour of the view that the mendelizing faculties are transmitted by the nucleus, or by chromosomes respectively.

Neither did Mendel say anything about the extent of applicability of his law, regarding to the systematical diversity of hybrid types. It does not exclud that in the case of hybrids, which were produced by crossing of different forms really appear some irregularities that do not agree with the law of Mendel, moreover as it is possible to think beforehand that some of the combinations are not capable to live which, in fact, has been proved by Navaschin.

Every natural law seems to be more simple, when discovered, than the case actually is. Further studies will show the aforesaid assertion, and it is the same case with Mendelism. Many facts give evidence that not all factors are so independent to such a degree as those factors which Mendel tried in Pisum, and that their combination is not always so simple as is required by the original formulation of that law. Many apparently simple factors are actually groups of more closely linked factors. Who would not think in this case of the state of chemical elements?!

Mendel worked experimentally with pedigree cultures. His method consisted in an individual analysis. Such method, however, cannot be always adopted. Thus in the case of the man there are insuperable obstacles that exclude any experimental work. We must be satisfied with the study of pedigrees, and with the statistics. Mendelism and genetical analysis have proved that statistics may lead to interesting rules, but not to laws.

Mendelism is often brought into an *(sic)* connection with the evolution theory and in general with Darwinism in particular. On the other hand it must be admitted that in one respect Mendelism speaks in favour of the original views of Darwin, as concerning individual varieties within a Linnéan species. As Linnéan species comprise a great number of minor species that mutually intercross one with another without any difficulty, there arises a considerably various progeny that may provide material for natural selection. Nature, however, selects only phaenotypes, and therefore an improved progeny is not secured by such selection. Further we must not forget that crossbreeding in Nature, as a rule, proves a success only within a Linnéan species, and, on the whole, it is only exceptional, that it occurs also among members of different Linnéan species. Regarding the influence of external factors upon the change of species, as I have said before that in that point opinios entirely differ one from another. Weismann, by all means, has great merits as regards Mendelism, for he was against the older uncritical views of the heredity of acquired characters.

There is nothing more natural than the fact that Mendelism was also utilized in practice. I cannot deal with results at great length. In some cases they are very valuable, in others, future will perhaps realize what the present time promises. It was found that a utilization of Mendelism was often impossible owing to a limited possibility of hybridization of different organisms.

Finally I must add to this that Mendelism has been applied to mankind. *The Czechoslovak Eugenics Society* has a good reason to celebrate the 100th-anniversary of *Mendel's* birthday, for it has for its object the science of heredity of which Mendel is the coryphaeus. The Eugenical Movement might well adopt for its maxim Horace's words: "Fortes creantur fortibus et bonis!" Even in Eugenics it is necessary to start with a genetical analysis in order to find the "fortes et boni", and then take measures adequate to secure a generation of the strong and the good.

Mendel was a strong mind, persevering, and consistent. His character asserted itself even in his fight with the Viennese government. His scientific work, duly appreciated, dispersed many fantastical conjectures and in their place established a Natural Law. And there lies his greatest significance. Mendel ranks among those of us who lay down simple and strict laws, free of any embellishments, mysticism and fancies, that we might build upon them a system of natural science of the world. They prepare the bread of the strong, and therefore let us be thankful to them!

OFFICIAL SPEECH IN HONOR OF THE 100TH BIRTHDAY OF J. G. MENDEL[1]

Vladislav *R ů ž i č k a*

If we wish to realize the actual significance of our great compatriot J. G. Mendel, it does not suffice to critisize his work solely from the point of view offered by the doctrine of heredity itself or by its application to practical life, but we must view his work from a much higher standpoint.

It must be borne in mind that out of a relatively small number of modest, but substantial, experiments of our laureate dealing with a specific problem, a scientific movement has spread over the whole world during a period of fifty years, a movement that represents a special system of biological thinking.

Mendel's significance is properly arising if we consider the consequences of his work, and if we recall to our mind the place that Mendelism occupies in the ideological development of general biology.

This is best accomplished if we get aware of his attitude to the most essential problem of general biology i. e. to the problem of determination of development, in all its forms, namely, in ontogenesis, regeneration, phylogenesis, and pathology, or in other words, in that aggregate of phenomena as constitutes the subject matter of the socalled genetics of organisms.

In all such phenomena processes take part that hitherto have been designated as heredity, and it is both interesting and important to watch what attitude Mendelism assumes to them, how it reflects the problem of determination, and how it sets off this problem.

The question of what determines development in a definite direction, or causes the resemblance between parents and children, similarity in species, type etc., is one of the most ancient biological problems, and threads its way like a red string through the history of biology. The idealistic morphology dealt already with this question, for it understood the development of an organism to be the realization of an ideal plan of construction, comprised in the developing egg so that morphogenesis was contingent on causes lying in the fertilized egg itself.

Such was an evolutionistic doctrine, characterized by incausal conception, and treating organism like an uniform whole.

---

1   Vladislav Růžička, *Official Speech in Honor of the 100th Birthday of J. G. Mendel*, in: Vladislav Růžička (ed.), Memorial-Volume in Honor of the 100th Birthday of J. G. Mendel, Prague: Fr. Borový, p. 31, 33, 35, 37, 39, 41, 43, 45, 47, 49.

With the evolution theory, however, this is not the case.

Lamarck and Darwin have set against the idealistic morphology a new view that explained the genesis of organisms by historical evolution, and studied the causes of such evolution.

It is well known that this new mode of views sought these causes in natural selection and adaptation.

Organism is exposed to the influence of various external factors that, however, do not affect it as a whole, but only change its individual parts, its individual characters.

The study of such changes enables us to find causes that produce, maintain, and extinguish characters, or, in brief, a causally genetical study is thus rendered possible.

Of course, the results of this study push the conception of an uniform organism to the background. Organism represent itself as a conglomerate of characters, and the view claiming that organism is a whole living the life of its components, prevails and is corroborated by the doctrine of Cell State, introduced and adapted at the same time.

We speak of the so-called atomization of organism.

It is clear that the evolution theory comprises elements that render a causal analysis of evolution possible. Thus the study of variability has been incited, and a foundation has been secured for such character analyses of organisms, as now are carried out by Mendelism.

However, the evolution theory has altogether dropped the idea of a causal analysis of evolution whereby an opportunity has been missed of working out the science of genetics by means of experiments, and the uniformity of organism was defended in a manner contradictory to the general teaching of that doctrine.

To wit the variations were conceived as adaptation of parts designed to maintain the life of the whole, and preservation of life was designated as the principal tendency of organisms.

Thus a character did not adapt itself in order to preserve its own existence, but to preserve the life of the whole.

In the struggle of life only the fit survive i. e. organisms whose characters conform to the modifying factors so that the life of the whole is not prejudiced.

These variations acquire a selection value just by virtue of their adaptation, and are reproduced by heredity and maintained in a line of adapted generations.

Heredity that was brought of course only by mendelistic experiments into the closest contact with the atomistic conception of organisms, makes for the first time its appearance here as an auxiliary determining factor in genetics. In what a sense, demonstrate the best an ideological analysis of Haeckel's phylogeny, of which doctrine the principle of heredity is an indispensable element.

Two forms of heredity are distinguished:

Progressive heredity on one hand that renders possible the origin of new species; properly speaking we have to deal with a theory of the heredity of acquired characters.

Conservative heredity, on the other hand preserves the acquired characters, and thus causes a cumulation of characters in a line of generations. Such cumulation is designed to account for the diversity of organisms, increasing, as was asserted, by evolution.

Here heredity assumes the aspect of a virtual force active in two directions.

On one hand this force brings about the similarity or dissimilarity of consecutive generations, while on the other, in the course of phylogenetical evolution, it produces, by cumulation hereditary substance, the organ of hereditary force.

In this doctrine it is already quite clear that variability and heredity are two sides of one and the same process which fact was not always clear in other theories.

Particularly the evolution theory that treats variability as feature of adaptation, has carried the two conceptions to extremes in opposite directions.

The force that in the lapse of time produces its own organ through which it acts (as the theory of phylogeny assumed of heredity), is naturally an idea closely resembling that of formative instinct, whereby the ideal construction scheme of the idealistic morphology was realized in evolution.

This is, to some extent in keeping with the endeavour of Haeckel who in his promorphology made an attempt at the creation of a kind of doctrine of an ideal fundamental form of organisms which form, of course, should be amenable to a mathematical definition, being based on a certain stereometry by planes, axes and points arranged in space. Such fundamental form served him, besides other, for derivation of the intermediary so-called missing links designed to stop the gaps in the chain of organic evolution that so far had not been filled by actual observations.

This doctrine, however, conforms but little to the essence of phylogeny, for the latter should be a history while promorphology requires a causal research. The cause of phylogeny was seen in external factors, such as: struggle of life, natural selection, directionless variation due to external causes, while promorphology presupposed an evolution out of an ideal fundamental form contained in the developing part i. e. an evolution due to internal causes. Despite this, however, promorphology is important for the history of the ideological evolution of genetics.

Just the illogical introduction of promorphology into the ideological scheme of phylogeny shows it to be an expression of felt necessity, to serve as the clue of Ariadne threading its way through genetics from the times of idealistic morphology down to the present day. In terms of natural science this necessity was expressed only through Weismanns theory of determinants.

This theory also provides a starting point for mechanics of development.

We may even designate the latter as causal genetics for its object is, as pointed out by Roux, to find out the causes of evolution i. e. of morphogeny.

Roux specified two kinds of factors acting in evolution: the determining, and the realizing factors respectively.

According to him, the total of determining causes is represented by the so-called determinative complex that again is represented by the determinative structure of the zygote.

This determinative structure has by Weismann been called "Keimplasma", or, as it is generally designated, the hereditary substance.

The hereditary substance is composed of determinants each of which corresponds to a definite quality of organism.

This conception combines the determinative principle of idealistic morpho-logy (intrinsicity, incausality) with the principle of the evolution theory (atomisation of organism).

The ideal plan is replaced by a total of determinants.

"Keimplasma" is the product of historical evolution. It has arisen from an accumulation of traits, and thus is perpetuated by heredity of which it is also an organ.

This view of the development of determinating structure on the lines of historical evolution, is, of course, incompatible with the nature of mechanics of development as causal doctrine.

However, without this view mechanics of development would fail to explain the important problem of genetics, namely, the existence of as many determinating structures as we have species, or individuals respectively.

The theory of germ plasm is of an evolutionistic and mechanistic nature and in consequence it is designated as a machine-theory. The determinating complex is a determining machine, and represents a system in space of live material determinants that again represent characters, the development of which they control.

Since germ plasm constitutes the very organism in nuce, the uniformity of organism is readily comprehended. As heredity is to comprehend the transmission of such germ plasm by parents to their offspring. Thus it has circulated in live matter ever since its origination, and will continue this circulation throughout its existence. Consequently it is immortal.

The soma that contains germ plasm, is mortal; it is a product of germ plasm, and is accessible to the influence of external factors, none of its changes however, can be transmitted to germ plasm.

Acquired characters are not inherited. The immortality of "Keimplasma" indicates also its unchangeability. However, an unchangeable germ plasm, is unthinkable if evolution exists. Hence Weismann has contrived germinal selection designed to render possible changes of germ plasm by metabolism.

But again, such conception oversteps the limits of the logical scheme of keimplasma theory, for it introduces lability due to external causes into the determinative complex that insures heredity, and thus it is just here where highest stability must be expected.

I dare say that what I have already stated is enough to show that the purely evolutionistic attitude assumed in the hitherto cited determination theories, cannot enable us to comprehend organic genesis, from the view of natural science, but renders it impossible for us to apply causal views consistently in all particulars.

Indeed, evolutionism can only trace an organism to the stage of its developmental start but it cannot explain the origin of developmental start from a complete organism, nor can it approach to understanding the process of development, the changes, variations, neoformations, that incontestably take place both in the ontogenetical development and phylogenetical evolution.

It would be logical if we said:

Either germ plasm is immortal, in consequence whereof species must be constant, or species undergo changes, and then there is no germ plasm in the organisation of the determinating machine, and heredity does not exist in the hitherto accepted sense.

As I have stated above, heredity was regarded as a force acting through germ plasm.

This conception we encounter still in O. Hertwig.

Also the assertion of heredity in regenerative processes cannot be understood from the point of view assumed in evolutionistic doctrines, indeed not even from the standpoint of Hertwig's biogenetic theory.

His idioplasm does not essentially differ from the idea of "Keimplasma", despite the fact that Hertwig repudiates the preformistic conception of the determinative machine of Weismann. Idioplasm is an aggregate of abilities, and the ability is an unknown cause of the particular course of evolution, a cause consisting in the organisation of the nucleus of the gametes. In what manner the characteristics act, remains a question. Being represented by the bioblasts of the nucleus, they are living units i. e. they are again an organism, or its components.

This is a consequence of the fact that this theory is chiefly designed to explain the origin of forms, and hence it has characteristically been designated as the morphological theory of heredity.

Any similar conception of organism is, of course, quite onesided.

The question of a hereditary action of the bioblasts cannot be here at its critical point, and it was necessary to decide either in favour of the preformistic theory of determination, the most consistent frame whereof has been constructed by Weismann, or in favour of some epigenetic theory yet to be built up in future.

Amidst these difficulties we see arise the magnificent edifice of an evolutionistic theory, the foundations whereof have been laid by *J. G. Mendel*, involuntarily in essence.

His experiments, as well as those of his followers, originally referred to the question as to how definite parental qualities are distributed to the generations of their descendants.

The results of these experiments have entirely changed the existing views on heredity.

To wit, it was found that many individual qualities are inherited quite independently from each other. In consequence it was possible to treat organism as an aggregate of individual qualities whereby a point of contact with the atomizing views of the evolution theory has ideologically been provided.

The latter theory has been considerably supported by Mendelism, especially so as regards the phylogenetical notion.

It was demonstrated even by experiment that atomization of organism is justifiable. Such atomization, however, brings along with it also an atomization of the hereditary material.

The latter is treated by Mendelism as an aggregate of isolated units: traits, determiners.

Mendelism, however, clears the way also for a new conception of heredity itself.

It is no longer necessary to treat heredity as an acting force. The Mendelian interpretations permit of its being simply treated as an identity of determiners between parents and children.

The independent heredity of individual characters, as seemed to be a rule when Mendelism was at its beginning, has its consequence in the independence of determiners as stated above.

They do not fase in fertilization, do not influence one another, but merely mutually combine.

In the descendants they behave in different manner, according as in what form they have combined i. e. either they are transmitted unchanged – constancy of characters in homozygotia –, or they segregate in them – as in heterozygotia.

This is due to the fact that determiners in gametes are pure and isolated.

On this, the theory of purity of gametes is based. To this theory a considerable theoretical importance is attached, particularly so as regards Mendelism.

Accordingly, a determiner is an absolute, permanent unit undergoing no changes, and it is just its latter quality that causes the characters of the descendants to coincide with those in the parents.

If in progeny a change of characters occurs, also a change in the genotypical constitution must necessarily have occurred prior to such change of characters.

Even the acquisition of a new character is possible only on these lines and it is due either to a combination, or segregation of determiners that so far have seemed to be uniform.

Mendelism endeavours to reduce also mutations to segregation.

By influence of external agents a character is merely modified while the determiner itself remains unchanged.

Mendelism fails to solve the difficulty of imagining this fact.

Further, Mendelism says that the aggregate of determiners represents the hereditary material; such hereditary substance, however, does not possess the uniformity that in fact characterizes an organism. Indeed, every character may be inherited independently. Only then the free combination of determiners in progeny, and thus also their variability, is possible.

Organism, as viewed by Mendelism, is atomized into a mosaic of characters that can be expressed by the so-called formula of heredity, compatible with the hereditary material and giving its genotypical composition, of course, only from a statical standpoint. Although we have also here an organ of heredity, and that even as it is required by Weismannism, Mendelism is still far from the idea that a special hereditary force should be active by such hereditary substance and transmit the parental characters.

Also Mendelism has a purely descriptive and static notion of hereditary substance, and we learn nothing of the manner in which it acts.

Its nature is incausal, and even the determiners are required to act out of themselves, and thus it approaches the views of idealistic morphology. However, it differs from it again, as the virtual image of an organism is in the Mendelian hereditary substance given not as a building plan of the whole, but as an aggregate of building stones that by development spread into all the parts composing the developed organism.

The Mendelian conception of hereditary substance has thus much in common with that Weismannian. It is mechanical, and, to a high degree, preformistic.

It is equally onesided as that of Hertwig, for it has regard only to the internal factors of development.

It cannot explain the heredity of functions, for such heredity cannot be explained by a constancy of structure due to unchangeability of determiners, but only by a possibility of renovating a changeable structure.

Heredity in Mendelism is merely a preservation, and development is reflected in its mirror in a purely evolutionistic manner, being always a mere development of what is present in hereditary substance.

The external factors can effect only insignificant and unessential modification of characters whose mechanism, of course, remains a mystery from a Mendelian point of view.

"New" characters can arise only by a new combination of determiners, or by segregation of a mixed determiner allelomorph. In this Mendelism differs both from the conception of Hertwig and Weismann-Roux.

We have no more need of holding, that the organism is preformed in its entirety in germ plasm, as is the ease with the above authors. Still the principal parts and mechanisms of developments are preformed.

Hence, although Mendelism has for its base the atomistic conception of organism inaugurated by the evolution theory, and despite the fact that it agrees with that theory in a great many points, it still essentially differs from that theory, conceiving a definite part of organism, rather reluctantly of course, on the lines of constitutional notions.

The two indicated theories agree in resolving organism into a conglomerate of characters. Mendelism agrees with phylogeny in its historical treatment of evolution, and in maintaining genealogical principles in biology.

Mendelism has fully satisfied the requirement resulting out of the notions of the evolution theory i. e. if the world of organisms is subject to perpetual metamorphosis, it is necessary to explain the resemblance between parents and their progeny.

These results, of course, do not bear the character of natural laws, as they have not been obtained by the methods of causal research, they are mere statistical rules, easily understood from the calculus of probability.

If, however, we consider that Mendelism, by genealogically tracing pedigrees, finds the continuity of generations, we can to some extent designate it as a historical science.

Still, Mendelism can only ascertain the history of individual morphogeny. In nowise has Mendelism proved that the qualitative diversity of species is solely contingent on a different combination of identical determiners.

Here historism clashes with Mendelism, as cumulation, that is designed to explain the gradual evolution of organisms into those more complicated, presupposes a cooperation of external factors, or, in other words, propounds a heredity of acquired characters which heredity Mendelism must deny because of its essential teaching, despite the fact that, according to the notions of the evolution theory, the object of heredity shall be just the maintenance and transmission of what has been cumulated, acquired.

Cumulation means the introduction of new determiners into germ plasm.

Now we must ask whence the new determiners come?

We have already heard that the Mendelian notions of germ plasm do not at all admit any origin of determiners de novo.

Then determiners must in their totality be comprised in every germ plasm, possibly even in a recessive, latent condition from which they can be called forth by definite crossing, so as to become manifest.

Thus germ plasms of all organisms must be qualitatively alike, and must possess identical determiners in different combinations. By this conclusion, however, cumulation, and so also any historical treatment of evolution, is rendered impossible.

Evolution would be possible only by crossing as deduced by Lotsy.

Naturally, in this manner Mendelism comes in a conflict first with phylogeny that has elevated cumulation to a principle of evolution, and then with the evolution theory itself that derives variability from the effects of external factors, and evolution itself from the influence of natural selection.

On the other hand, the theory of unchangeable determiners corroborates the doctrine of natural selection, for, as has been demonstrated by the experiments of Johannsen, selection denotes a choice of genotypes out of a mixture of phaenotypes which would be impossible without a relative, at least, unchangeability of determiners.

As can be seen from the above statements, ideologically Mendelism is just as versatile, as methodically it is monotonous, referring solely to bastardation.

All the principal genetical theories are reflected in it with some of their notions which are remarkably amalgamated by it into a new doctrine. In particular this applies to germ plasm.

All results and propositions of Mendelism have been obtained by bastardation experiments.

At the origination of any character it is essential for the internal factors to be influenced by external ones, every character arising only out of a cooperation of both these factors, and this principal proposition of genetics has been quite disregarded in its fundamental significance by Mendelism, although it is just in this proposition where the root of a correct solution rests.

Mendelism does not explain why the respective character is inherited, indeed, not unfrequently Mendelism clashes with causal research.

It really shows only how the qualities of the parents are distributed to the descendants.

The Mendelian analysis of development is not only rather primitive, as, for the rest, was considered by Johannsen, but it is onesided besides.

Further it fails to explain the uniformity of organism, for determiners are autonomous units and do not act upon one another in order to produce a unity.

In these days Mendelism is frequently identified with genetics in general.

However, as can be deduced from what has been stated, this is an error that, after all, has been refuted by Uexküll who objected that even correlations of characters are governed by the law of Mendel, despite there being no determiners for such correlations.

It becomes always more apparent that Mendelism is a theory of definite cases of genesis, but fails to create a general doctrine of genetics.

This statement is borne out by a great number of deviations from the fundamental principles of Mendelism which require far too many auxiliary hypotheses that it might be believed that they all are subject to one common law.

In favour of this speak particularly the coupling of determiners, as well as polygeny that, as it were, extricate themselves out of the frame of the proper Mendelian theory; moreover, there are also the steadily increasing doubts as to the general value of the doctrine of an independent heredity of all characters, to the doctrine of purity of gametes.

Still farther away from Mendelism are we led by the causal analysis of the latency of determiners and of the origin of hereditary diseases, than by the study of mental inheritance which all, together with Morgan's experiences on the origin of multiple allelomorphs and mutations, overthrow the theory of unchangeable determiners. To the same conclusion we are led by the imperative necessity of bringing the determiner into a relation not only with the form, but also with the function of organisms as even functions are hereditary.

By all means, it is a matter of course that in the lapse of time theories are subject to modifications, undergo changes, and disappear to give way to new theories, better applicable to the latest empirical results. Only the facts from which theories are deduced retain effect for ever.

The discovery of Mendelian laws is an immortal exploit. The movement this discovery has brought about can be compared solely to that evoked by Darwinism.

It cannot be doubted that with Purkyně, Mendel is our greatest genius in natural science, and I may say that in success Purkyně is perhaps second to Mendel.

Even if we admit the opinion held by many in these days that ideologically and methodologically Mendelism has been exhausted, I am justified to say and commemorate with gratification and thanks on this particular day: If at present we find ourselves fairly well on the way to further progress, it is possible only because Mendel has prepared ground for that progress.

ON THE METHOD OF MENDELISM[1]

(O methodě mendelismu)

Erwin B a u e r

Ladies and gentlemen, the lecture you are about to hear deals with Mendelian teachings on heredity, with special emphasis on its methodology. The method that a science uses is its weapon, since the method determines how it views its subject and deals with it. – A proper acquaintance with the method of Mendelism will enable us to recognise which issues it can handle and solve, and will help us in turn to determine its limits, the questions it can answer or are beyond its scope. – In order to carry out a clear analysis of the method of Mendelism, first we need to establish how much theory and how much method is there in Mendelism. – When applying a theory, we have to clearly determine what is taken for granted by it, i.e., what does a given theory presuppose, and how we *derive new facts* based on the presuppositions, in what way can we explain newly *discovered* facts based on these presuppositions, and also to what extent can we, based on a given theory, predict new facts. – The entire sum of presuppositions and relations should be regarded as the scope of the theory. – All further questions now posed that started with the word '*how*' should be considered as the method of the theory.

For Mendelism in particular, we have to clearly distinguish between the states of affairs and relations it theoretically *presupposes*, such as the existence of genes and their mutual independence, and the way it *draws conclusions* from these presuppositions in order to explain hereditary proportions.

A critical point is wheather these conclusions and explanations are the only possible ones, that is are they logically necessary, or whether it might be possible to use the same theory to draw different conclusions. – That this is of crucial importance is immediately clear from the following:

Let us assume we have a theory, that permits only one conclusion. It is then obvious that based on this theory, we can predict a given phenomenon with certainty, since based on this theory's presuppositions only one consequence may be expected. – If, however, a theory allows for two or more conclusions that are not mutually ex-

---

1 Erwin Bauer, *O methodě mendelismu*, in: Vladislav Růžička (ed.), Memorial-Volume in Honor of the 100th Birthday of J. G. Mendel, Praha 1925, pp. 87–95.

clusive, we cannot expect either one of them with certainty, only as alternatives: either this phenomenon or another one will occur. For practical reasons it is of the highest importance that in genetics we should be able to exactly predict a particular result. – In order to clarify the possibility of a certain prediction, we should also take into account the following: we might be able to make a prediction without recourse to any theory, simply based on an accurate knowledge of causes, conditions, and rules that govern their effect. – If, for example, we know with certainty that a box contains only white balls, we can expect also with certainty that if we draw a ball, it will be a white one. Similarly, if we know that a scale is well balanced we can predict with certainty that if we hang a weight on its right arm, the needle will shift to the left. In the former case we were able to make a certain prediction because we were acquainted with all the circumstances, in the latter case because we knew that the scales was set to null point and we knew the rules that govern its behaviour.

Naturally, predictions made based on some theory significantly differ from the predictions such as we just have mentioned. The point is that we want to be able to make a prediction without the precise knowledge of all circumstances that elicit the event in question, without a knowledge of their mode of action. In the case of heredity, the goal would be to predict the characters of the immediately following generation without any knowledge whats ever of the circumstances that cause the development of the characters in question, without a knowledge of their causative powers. – Here, where we lack a certain and accurate knowledge of circumstances and their behaviour, is where theory comes to our assistance compensating for the aspects we do not know. – We intend to take this role of a theory literally, that is, we take that a theory is meant to give us a precise idea of circumstances and consequences relevant to some events, and give them in such a manner that we should be able, based on these ideas, to predict an event that is about to occur. In what manner can we arrive in general at such particular ideas that enable us to compensate for our ignorance of certain circumstances and their effects, is an issue we shall at present leave aside. We wish to note only that such ideas are derived mainly from *experience*, and that is why the manner of their acquisition is in a way inductive.

Only a few individuals were able to arrive at such ideas without engaging in the long process of accumulation of countless facts, without carrying out a large number of experiments. Those who succeeded, have thereby revealed their scientific genius, and *Mendel* is certainly one of their ranks.

Based on what has been said above, we can easily tell what constitutes pure theory within Mendelism. It is those ideas that describe the circumstances and effects that make it possible for us to predict the characters of a subsequent generation.

Which are these ideas, then? The following ones: that gametes contain certain kind of particles we can consider as physical entities, and these cause an organism developing by ontogenesis to have certain characters. This process should be conceived of as follows: each of the above-mentioned particles has the ability to cause in a given organism one particular character. Thus if for example in a given gamete ten such particles are present, and we number label them one to ten, then these ten particles can cause only ten characters in the developing organism. The first particle causes one character only that corresponds to number one, particle two only the character corresponding to number two, etc. Conversely, to each character exhibited by an organism corresponds a particle, that is, as one would say in mathematics, particles in gametes and properties of an organism developed from such gamete are unequivocally, bi-directionally coordinated.

Another idea is that these particles that determine the properties of a developing organism are completely independent from each other, i.e., they do not blend during fertilisation but only mix. Therefore, *any combination of these particles* may occur in descendants of a given fertilisation. *These are the basic tenets of Mendelian theory.*

The particles we have discussed are called *genes*, and the theory developed from the above-mentioned basic ideas is called *Mendelism*. We wish to emphasise, however, that the name 'Mendelism' is just a consequence of the fact that its development was prompted by Mendel's explanations and experiments. Mendel himself speaks only of 'traits'. He himself never mentioned genes, factors, etc. that condition these traits. In order to demonstrate the difference between Mendelism and Mendel's own ideas, we shall translate Mendel's own sentence into Mendelian terms. Mendel himself writes: "Constant traits which occur in various representatives of one plant family through repeated artificial fertilisation can enter in all possible associations based on combination." In terms of Mendelism that is in terms of the science based on Mendel's observations , this sentence would sound as follows: "Genes which condition the development of various forms of one plant family can, through repeated artificial fertilisation in gametes, enter in all connections which are allowed by the rules of combination." We can see here that Mendel himself did not go in the formulation of his theory as far as Mendelism did.

It is often said that Mendel derived his law purely empirically, that he used no theory to explain it and was a pure empiricist. This is, however, not quite the case. When Mendel assumed an unlimited ability of traits to combine, when he distinguished between dominant and recessive traits, he did so in order to explain regularities in the results he acquired empirically by statistical means, that is, he did so in order to build his theory. Still, Mendel's theory does not contain the kind of concrete ideas about the mechanism of hereditary processes as later Mendelism does.

Mendel's idea concerns only the mutual independence of traits which had already appeared; his theory does not, however, explain what determines these traits. Mendel believed that the occurrence of a white or a red form may combine quite independently of one another. *Why*, however, a particular plant occurs as a red *or* a white form, is a question he does not answer. Mendelism, on the other hand, posits genes contained in a gamete, and views them as *causes* of particular forms, which may be red or white. It therefore attributes *to these genes* independence and unlimited ability to combine. Mendel's original theory thus was modified in two ways. The idea of purely external phenomena was replaced by the idea of genes. And secondly, Mendel's original ideas about the independence and combination of *traits* were directly and in their entirety applied to *genes*. The *novel* contribution to Mendelism is the idea of the *causal importance of genes*.

After describing the contents of Mendelian theory, we can now turn to our main question, namely, how these ideas can be used to explain facts. We have to stress that the factual material we wish to explain, in other words, the law expressed in this material, is of *statistical* nature. We deal with statistical descriptions of often repeated properties in subsequent generations. – The goal is to explain *why a certain property*, such as a red colour of a flower, colour-blindness in humans, or particular shapes of wings in flies, etc., occurs instead of another property, that is, another colour, normal eyes or another disease of the eye or another shape of wings, and why *in a particular, frequently repeated ratio*, for example 3:1.

It is known that according to Mendel's law, this numerical ratio describes the frequency of occurrence of dominant against recessive traits in the second filial generation of monohybrids. – Mendelism explains this numerical ratio as follows: let us assume that the combination of genes present in the gametes is not influenced by other factors. If, however, this specific regularity of effects is negated, a prediction of combinations which will occur is a question of *pure chance*, and we can calculate the ratio of occurrence of particular combinations *using probability calculus*.

One therefore needs to put special emphasis on the fact that the use of a probability calculus is in principle justified *only if* we assume that in a certain kind of event *no other* kind of rules is relevant, since, as we read for example in Czuber's book on probability calculus, "The probability calculus is based on certain basic assumptions, namely that one does not take into account the realities of events, that is, we work with a pure or absolute hypothesis."

On the other hand, however, *statistical* regularities can be explained *only* using probability calculus. From this we can conclude: If the known facts we wish to explain are purely *statistical* in their nature, then as long as we deal in Mendelism only with *statistical* regularities, *the only justifiable explanatory method is the use of probability calculus*. – Secondly, as long as we know only *statistical* regularities, we must *necessarily refrain from any causal explanation of the phenomena of heredity*.

We can thus conclude that the Mendelian method used on a large set of material gives – though not in pure lines but rather in populations – results that conform to Mendel's formula that was derived from experience. If, however, we wish to apply it to a *small number* of cases or to *one particular* case, for example, a property occurring in *one* lineage, this method can fail completely. – If, however, by using probability calculus we would wish to postulate a hypothesis of pure chance in order to explain certain statistical regularities, we will have to satisfysome additional conditions. In particular, we would need to determine which outcomes are *equally possible*. In order to do this, the material analysed by probability calculus would need to be *known in full*. If, for example, I assume that a box contains black and white balls, and ask myself how probable it is for me to draw a black one, I cannot answer this question using probability calculus without further knowledge of the specifics of the case. The problem here is that the ratio between the number of the black and the white balls is unknown to us.

Together with experience, the probability calculus can, however, be used to *investigate* the ratio of black and white balls in the box. We can set up an experiment where we draw one ball, note its colour, put it back, mix the beads, draw aonther again, etc. If we do this as often as possible, we will arrive at a certain regularity that applies to results. It will consist in, for example, finding out that we are always drawing more black balls than white ones beads, e.g., three times as many black as white ones. – Now, based on probability calculus, we can find out *ex posteriori* that the ratio of black and white balls in the box is 3:1. – This conclusion, however, *is not* necessarily correct. It is correct only assuming that when drawing a ball, *pure chance* acts *independently* of its colour. That is, we need to exclude *any causality*, that is, any *special* agency.

This is because we could also explain the higher frequency of occurrence of a black balls by assuming that they are lighter than white ones, thus during mixing they would accumulate on the top. In such case, the statistical regularity obtained from experiments could be explained by probability calculus only if we were in advance informed of the distribution of weight and colour of the balls, and could therefore consider equally possible cases. This, however, presupposes far-reaching knowledge of the manner of causal consequence.

If we consider which method is adopted by Mendelism in order to explain its statistically acquired results, we can conclude that Mendelism does not assume *any special rules of agency*, that is, it assumes that *every* possible combination of individual genes is equally possible. So far, methodological requirements are satisfied by thoroughly disregarding any causality and by determining in advance which equally possible results may occur. This stipulation and exclusion of causality forms, as we saw, a substantial part of the content of Mendelian theory, and as long as we adhere to this stipulated content, the method of probability calculus is – as we just have seen – a correct one.

Mendelism, however, goes even further. Based on the above-listed presuppositions and using probability calculus, it determines results based on experience. In doing so, it frequently arrives at results that markedly diverge from the theoretically expected outcomes. These deviations are, naturally, also statistical in nature, since they are checked only from the viewpoint of statistics. In order to explain these deviations and to maintain *the only possible way* of accounting for the statistical results, Mendelism tries in each individual divergent case to modify its theoretical content in such a way that it *still* assumes some *special* manner in which individual genes interact, such as, for example, a coupling, that is, a strengthened link between some genes. Such is, for example, the case of heredity depending on sex of the organism, where the theoretically expected ratio does not hold without further assumptions. If, however, we assume that a trait inherited according to the sex of the organism is, in theory, dependent on a sex chromosome – and this is nowadays a common assumption – then the statistical results we obtain once again conform with the experience. – For example, if some trait is linked to the male sex, and we label the female sex chromosomes by XX, male ones XY, and the sex dependent trait by the letter r, and if we also assume that this trait is recessive, we obtain the following possible combinations:

(RX)	(rX)	(RX) (Y)
Genotypes:		Phenotypes:
(RX)	*(RX)*	a woman without this trait
(RX)	*(rX)*	" " " "
(RX)	*Y*	a man without this trait
(rX)	*Y*	a man with this trait

Of these four possible combinations, only one corresponds to the trait in question, so we have here a ratio of 1:3 regardless of sex. At the same time, this explains why the trait in question only occurs in men. – As we see here, the aim is to find *ex posteriori* a combination of genes that enables the ratio of possible combinations to conform to experience. It is, however, often the case that even the best possible choice does not quite succeed in this. – There are, for example, cases where a certain trait occurs only in men, and is present in all men. According to combinatorial possibilities, we would, however, expect that the ratio between men affected by the given trait in question and not affected by it should be 1:1, that is, that only one half of men will exhibit a given trait. – This empirical result cannot be explained by probability calculus because the probability is negligibly small for only one combination to occur in a situation where two are possible.

To explain cases that diverge from theoretically expected results, scientists often assume that a particular gene can, depending on various external circumstances, cause the development of different properties. – Even if we were to suppose that such a link between external circumstances and reactions of the genes is well-defined and is subjected to causal laws, the very idea contradicts the basics of Mendelian theory, which – as we just heard – assumes that each gene is paired with one and only one character.

The very essence of the theoretical contents is being changed here for the sake of the method, since the theoretical notions were based on the presupposition of an *absolute mutual independence of traits*, or rather their genes. – This correction of the theory is in some degree arbitrary, since just as in the example of black and white balls in a box, one can explain the prevalent frequency of occurrence of black balls in individual draws either by assuming that there are more black balls, or by assuming an equal number of black and white balls but some other law of distribution. Similarly, in the case of Mendelian deviations one can either assume a change in the ratio between the number of genes or in their quality or else that some other laws of mutual interaction are in effect.

If we make the latter assumption *we cannot directly apply the probability calculus.* – To be able to do that, first of all one would need to establish all *cases* that are *equally possible*. This, however, already *presupposes* a knowledge of the mechanism of interaction. Methodologically it is impossible to derive this law of interaction *statistically*, since the application of probability calculus without a prior determination of equally possible cases is not permissible. Accordingly a theoretical presupposition of material carriers of characters, i.e., of so-called genes, would be useful *only if we knew the laws that govern their effects*.

It is incorrect to build a theory that is replete with ideas of special causal relations and mechanisms of effects, as is the Mendelian theory on the localisation of genes in chromosomes, and then to test the correctness of this theory by a method that presupposes the exclusion of any causality, and is based solely on the presupposition of pure chance.

This contradiction between theory and method became pronounced in later Mendelism. In *Mendel's* original formulation, where he speaks only of traits, this tension was absent. The additions to the theoretical content mentioned above, that is, the concept of genes and their causal powers, led to this tension. It is appropriate to mention here Galton's method, which seems to be more correct from a methodological point of view.

By meticulous calculations based on certain material, Galton found out that in later generations the traits return to the average of traits. For example, children of very tall parents are never quite as tall but rather somewhat shorter, that is, closer to the average for the species. This finding is called the law of reversion. – Galton believes that it is caused by the influence of inheritance from ancestors. Just like children from their parents, so the parents from their parents, grandparents, etc. always inherit some part of a trait, which appears even in the most remote descendants. – According to Galton a child inherits from its parents one half, from its four grandfathers one quarter, from its eight great-grandfathers one eighth, etc. of each trait [....]

The method of Galtonism also works purely statistically but its theoretical presuppositions are adjusted to the method itself because they do not rely on any special notions of the causal importance of genes. Galton's law of ancestral heredity is in fact a purely phenomenological principle which led to the hypothesis of a certain distribution of traits in various generations. It is, therefore, in fact of a statistical nature and carries out its tests by statistical methods. We find here no lack of inhomogeneity, no theoretical concepts, no method.

We can thus conclude:

All we know concerning the science of heredity are statistical rules. Statistical rules can be explained only by the method of probability calculus but that precludes the possibility of special laws of agency, that is, special causality. It is therefore impossible to build, based on purely statistical rules, a theory of heredity that would include special laws of causation, causal relations, and special mechanisms of the transfer of properties. In order to check such theory one *cannot* use a probability calculus; it can be developed and experimentally tested only based on laws that are not statistical in their nature. To find such laws is the basic task of any future science of heredity.

ABBREVIATIONS

Abh. sächs. Ges. Wiss. = Abhandlungen der sächsischen Gesellschaft der Wissenschaften

Allg. Physiol. = Allgemeine Physiologie

Americ. Naturalist = American Naturalist

Anat. Anz. = Anatomischer Anzeiger

Anat. Hefte = Anatomische Hefte

Arch. de zool. expér. et génér. (Arch. zool. exp. et gen.) = Archiv de zoologie expérimentelle et générelle

Arch. f. d. ges. Physiol. = Archiv für die gesamte Physiologie

Arch. f. Anat. u. Entw. = Archiv für Anatomie und Entwicklungslehre

Arch. f. Anat. u. Physiol. = Archiv für Anatomie und Physiologie

Arch. f. Hyg. = Archiv für Hygiene

Arch. f. Protistenk. = Archiv für Protistenkunde

Archiv f. Rassen- u. Ges.-Biologie (Archiv Rass. Biol.) = Archiv für Rassen- und Gesellschaftsbiologie

Archiv de biol. = Archiv de biologie

Arch. des sciences biol. = Archiv des sciences biologiques

Archiv f. Anthropol. = Archiv für Anthropologie

Arch. f. Entwickelungsmech. d. Organismen = Archiv für Entwickelungsmechanik der Organismen

Arch. f. mikr. Anat. = Archiv für mikroskopische Anatomie

Arch. f. Zellforsch. = Archiv für Zellforschung

Ärztl. Ztschft. = Ärztliche Zeitschrift

Bacteriol. Zentralblatt = Bacteriologisches Zentralblatt

Beih. z. bot. Ztrbl. = Beihefte zum botanischen Zentralblatt

Ber. d. Dtsch. Bot. Ges. = Berichte der Deutschen Botanischen Gesellschaft

Ber. d. Dtsch. Ges. f. Vererbungswiss. = Berichte der Deutschen Gesellschaft für
    Vererbungswissenschaft

Bibl. bot. = Bibliotheca Botanica

Biol. bull. of the marine biol. Laborat. = Biological bulletin of the marine biological
    Laboratory

Biologisch. Zentrbl. (Biol. Centralblatt) = Biologisches Zentralblatt

Bot. Zeitung (Bot. Ztg.) = Botanische Zeitung

Bot. Zentralbl. = Botanisches Zentralblatt

Bull. Acad. sc. Bohéme = Bulletin international de la Académie des sciences Bohéme

Bull. Soc. nat. Moscou = Bulletin der naturforschenden Gesellschaft zu Moskau

Centr. f. Bakteriol. = Centrablatt für Bakteriologie

Denkschr. Schweiz. Ges. Naturw. = Denkschrift der Schweizerischen Gesellschaft
    der Naturwissenschaften

Deutsche Landw. Presse = Deutsche Landwirtschaftliche Presse

Ergebn. d. Anat. u. Entwickelungsgesch. = Ergebnisse der Anatomie und Entwicke-
    lungsgeschichte

Ergebn. d. Fortschr. d. Zool. = Ergebnisse der Fortschritte der Zoologie

Festschr. d. Kaiser-Wilhelm-Ges. = Festschrift der Kaiser-Wilhelm-Gesellschaft

Hdbch. d. Physiol. = Handbuch der Physiologie

Hdbch. d. techn. Mykol. = Handbuch der technologischen Mykologie

Jahrb. f. Entw.-Mechanik = Jahrbuch für Entwicklungs-Mechanik

Jahrb. f. wiss. Bot. = Jahrbuch für wissenschaftliche Botanik

Jahrb. d. d. Landw. Ges. = Jahrbuch der deutschen Landwirtschaftlichen Gesellschaft

Jahrb. f. wiss. Bot. = Jahrbuch für wissenschaftliche Botanik

Jahrb. f. wiss. u. prakt. Tierzucht = Jahrbuch für wissenschaftliche und praktische Tierzucht

Jen. Ztschr. f. Naturwiss. = Jenaer Zeitschrift für Naturwissenschaft

Journ. de l'anat. et de la physiol. = Journal de l'anatomie et de la physiologie

Journ. of the Acad. of Nat. Sc. of Philadelphia = Journal of the Academy of Natural Sciences of Philadelphia

Journ. of exper. Zool. = Journal of experimental Zoology

Journ. of Morphol. = Journal of Morphology

Manch. Lit. Soc. = Manchester Literary and Philosophical Society

Monatsschr. f. Psychiatr. u. Neurol. = Monatsschrift für Psychiatrie und Neurologie

Morphol. Jahrb. = Morphologisches Jahrbuch

Münch. Med. Wochenschr. = Münchner Medizinische Wochenschrift

Nachr. v. d. Kgl. Ges. d. Wiss. = Nachrichten von der Königlichen Gesellschaft der Wissenschaften

Naturwiss. Rundschau = Naturwissenschaftliche Rundschau

Naturwiss. Wschr. (Naturw. Woch.) = Naturwissenschaftliche Wochenschrift

Prager med. Wochenschr. = Prager medizinische Wochenschrift

Proc. Amer. Philos. soc. = Proceedings of American Philosophical society

Proc. of the nat. acad. of sciences = Proceedings of the national academy of sciences

Proc. of the roy. soc. ser. = Proceedings of the royal society series

Proc. of the soc. f. exp. biol. med. = Proceedings of the Society for Experimental Biology and Medicine

Progr. rei bot. = Progressus rei botanicae

Progr. science = The Progress of Science

Quart. Journ. of microsc. sc. = Quarterly Journal of microscopic science

Sitzungsber. d. Ges. f. Morphol. u. Physiol. = Sitzungsberichte der Gesellschaft für Morphologie und Physiologie

Sitzb. d. Kais. Ak. d. Wiss. Math.-nat. Cl. = Sitzungsberichte der Kaiserlichen Akademie der Wissenschaften Mathematisch-naturwissenschaftliche Klasse

Sitzber. d. kgl. Preuß. Akad. d. Wiss. = Sitzungsberichte der königlichen Preußischen Akademie der Wissenschaften

Sitzungsber. d. Ges. f. Morphol. u. Physiol. = Sitzungsberichte der Gesellschaft für Morphologie und Physiologie

Svenska botan. Tidskr. = Svenska Botanisk Tidskrift

Sv. vet. Akad. = Svenska Vetenskaps-Akademiens

Tierärztl. Arch. f. d. Sudetenländer = Tierärztliches Archiv für die Sudetenländer

Tierärztl. Zentralbl. = Tierärztliches Zentralblatt

Transact. of the Americ. philos. soc. = Transaction of the American Philosophical Society

Verh. d. deut. Zool. Ges. = Verhandlungen der deutschen Zoologischen Gesellschaft

Verh. d. phys.-med. Ges. Würzburg = Verhandlungen der physikalisch-medizinischen Gesellschaft Würzburg

Verh. d. naturw. Vereines in Brünn = Verhandlungen des naturwissenschaftlichen Vereines in Brünn

Vers. d. anat. Ges. = Versammlung der anatomischen Gesellschaft

Vers. Deut. Naturf. = Versammlung Deutscher Naturforscher

Wien. Klin. Wschr. = Wiener Klinische Wochenschrift

Zeitschrift für allg. Physiol. = Zeitschrift für allgemeine Physiologie

Zeitschr. ind. Abst. (Zeitschr. f. indukt. Abstammungs- u. Vererbungsl.) = Zeitschrift für induktive Abstammungs- und Vererbungslehre

Zeitschr. f. Naturwiss. = Zeitschrift für Naturwissenschaften

Zeitschr. f. d. landw. Versuchswesen in Österreich = Zeitschrift für das landwirtschaftliches Versuchswesen in Österreich

Zeitschrft. f. wiss. Zool. = Zeitschrift für wissenschaftliche Zoologie

Zentralbl f. Physiol. = Zentralblatt für Physiologie

Zool. Jahrbuch = Zoologisches Jahrbuch

Zool. Jahrb. Anat. = Zoologisches Jahrbuch Anatomie

Zool. Anz. = Zoologischer Anzeiger

INDEX OF PERSONS

BIOGRAPHIES

Courtesy of the Centre for the History of Sciences and Humanities, Prague, Czech Republic (early 1910s).

Carl R a b l
(May 2, 1853, Wells – December 24, 1917, Leipzig)

C. Rabl was born in a family of physicians, which originally came from Bavaria. After graduating from high school, he went to Vienna in 1871 to study medicine. There, C. Rabl focused mainly on anatomy, pathology, and zoology. In 1873–74, he studied in Leipzig. During his stay in Germany, C. Rabl personally met E. Haeckel, and consequently spent summer terms of 1874 and 1875 studying with him in Jena. Then he returned to Vienna, and in March 1882 finished his medical studies. After graduation, C. Rabl first worked as a demonstrator at Institute of Pathological Anatomy of the University of Vienna, later gained a position of a prosector at the Institute of Anatomy in Vienna, where he worked with K. Langer. During this time, he started focusing on anatomy, and in 1883 he received habilitation in this field as a *Privatdozent*. Two years later (in 1885) C. Rabl accepted a position at the Institute of Anatomy at the German part of Charles-Ferdinand University in Prague. In July 1885, he became first an adjunct professor, and a year later a full professor of anatomy. At that time, he was also named director of the Institute. His stay in Prague was doubtlessly the most productive and creative time of his career. In the academic year of 1903–04, he even became Rector. Then he accepted a position of the directorship of the Institute of Anatomy in Leipzig, a position vacated by the death of his predecessor, Rabl's teacher, W. His.

During his active and creative academic career C. Rabl focused on morphology, anatomy (mainly comparative anatomy), evolution theory, cytology and histology. Important is also his work in the development of microscopic and preparation techniques.

C. Rabl became well-known to the broad scientific community for his works on the structure and function of cells. He focused on description and precise representation of the poles of cell nuclei, and investigation of the number of chromosomes. Mainly in his study *Über Zellteilung* (1880), he also formulated a hypothesis about the continuity of chromosomes through cell division. This naturally led him to issues of fertilisation, which in turn posed questions related to development and heredity. In his works on early mitotic cell division (cleavage), he was the first to formulate an axiom later adopted by O. Hertwig (the so-called Fourth Rule). His views of development and heredity were mainly epigenetic, i.e., he saw the development of an organism as a continuous chain of chemical processes directed and regulated by a certain anatomical substratum, in which all changes are caused by purely external influences, not by changes in the chromosomes themselves. After 1900, he also became interested in research of paired extremities, in particular their phylogenetic and ontogenetic development. His conclusions from this research – despite a 1910 publication of the *Bausteine zu einer Theorie der Extremitäten der Wirbeltiere*, Bd. 1 – were, however, formulated mainly in an unfinished manuscript.

C. Rabl died in Leipzig on December 24, 1917.

Courtesy of Armin Tschermak-Seysenegg Jr., Stuttgart, Germany (1901).

Erich von T s c h e r m a k – S e y s e n e g g
(November 15, 1871 Vienna – October 11, 1962 Vienna)

E. von Tschermak-Seysenegg was born into a family of the Viennese mineralogist Gustav Tschermak. His older brother was Armin von Tschermak-Seysenegg (1870–1952). After graduating from a secondary school (*Gymnasium*) in Kremsmünster, he studied at the University of Vienna and the Viennese *Hochschule für Bodenkultur*. He completed his studies in Halle, where he received a diploma in agriculture in 1895. One year later, he also defended Ph.D. thesis there: *Über die Bahnen von Farbstoffen und Salzlösungen in dikotylen Kraut- und Hobsgewächsen.* He had troubles in finding a suitable job in academia in his area of expertise and did practical work in various horticultural companies. In 1898, he worked in Ghent in Holland, and a year later as a trainee at an imperial family farm in Esslingen. He carried out his hybridisation experiments with *Pisum sativum* during this time. In 1900, he published the results of this work as a habilitation thesis entitled *Über künstliche Kreuzungen bei Pisum sativum*, which was presented as his contribution to the 're-discovery' of Mendel's rules of heredity. The same year later, he published an extended version of this work. After a successful habilitation, E. v. Tschermak-Seysenegg received an assistant position with A. v. Liebenberg at the Viennese *Hochschule für Bodenkultur* where he became associate professor in 1906. In 1909 he received a chair of plant cultivation, the first professorial position of this kind in Europe. He remained in this position until his retirement.

In his academic work, E. von Tschermak-Seysenegg focused on applying hybridisation techniques to diverse plants, especially cereals, such as wheat and rye, but also to vegetables. He was inspired in this effort by older traditions of 19th century practical breeders, a tradition he tried to advance and make more effective. He was influenced, for example, by W. Rimpau and H. Lévêque de Vilmorin. E. von Tschermak-Seysenegg was also a very active organiser of practical breeding efforts. He founded new breeding stations, and by the end of the Hapsburg monarchy he gradually built up an extensive network of stations from Vienna all the way to central Moravia. In 1913, he participated in the development of the plan of work for the new breeding station at the Lichtenstein estate in southern Moravia, which later became known as the 'Mendeleum'. In the course of his long career, he published over two hundred scientific works, and contributed to the most important scientific journals of his time. He received seven honorary doctorates and was elected member of twenty two academies. He published his memoirs in 1958: *Leben und Wirken eines österreichischen Pflanzenzüchters* (Berlin: Parey).

E. von Tschermak-Seysenegg died on October 11, 1962 in Vienna.

Courtesy of the Centre for the History of Sciences and Humanities, Prague, Czech Republic (1930s).

Emanuel R á d l
(December 21, 1873 Pyšely – May 12, 1942 Prague)

E. Rádl was born in a family of a village merchant. After finishing secondary school, he studied biology at the Faculty of Philosophy of the Czech part of the Charles-Ferdinand University in Prague and graduated in 1898. In the following year, he became a secondary school (*Gymnasium*) teacher in Pilsen, Pardubice, and in 1902, in Prague. In 1900, he spent time at A. Dohrn's Biological Station in Naples. Two years later, he studied briefly at the University of Vienna. He received a habilitation in the history of natural sciences at the Faculty of Philosophy of the Czech part of the Charles-Ferdinand University in Prague relatively soon – already in 1904. After the establishment of Czechoslovakia, he became full professor of 'natural philosophy' in 1919.

Rádl's interests were very broad. At the turn of the century, he started his academic career with experimental studies in histology, comparative anatomy, and morphology. He focused mainly on the physiology of sensory reactions (sight), but he was also one of the founders of experimental ethology. He also studied the methodology of biological research (the principle of correlation and its explanatory use). E. Rádl was a representative of the so-called Vejdovský's school, and a contemporary of B. Němec and V. Růžička. One of the most important publications from this time is the *Untersuchungen über den Phototropismus der Tiere* (Leipzig: W. Engelmann), published in 1903. In 1912, E. Rádl published a large work entitled *Neue Lehre vom zentralen Nervensystem* (Leipzig: W. Engelmann). Already before his habilitation in

1906, E. Rádl showed interest in the history and philosophy of natural sciences. Over time, this became the main focus of his research, and he gradually withdrew from experimental research. The issue of historicity of living organisms prompted Rádl's interest in evolutionism and Darwinism, theories with which he became acquainted already during his studies under the influence of B. Hatschek. In the years before the WWI, E. Rádl followed the rational vitalism of H. Driesch, which influenced his interpretation of Darwinism and neo-Darwinism. During this time (1905–09), E. Rádl wrote on issues of heredity, sexuality, and hybridisation, and published his most important and best-known two volume work, the *Geschichte der biologischen Theorien seit dem Ende des siebzehnten Jahrhunderts* (Leipzig: W. Engelmann). Before the outbreak of the WWI, he published a second work on the history of biological theories: *Geschichte der biologischen Theorien in der Neuzeit* (Leipzig–Berlin: W. Engelmann). Rádl's opus magnum was also published in English as *The History of Biological Theories* (London: Oxford University Press) in 1930 on the intitative of J. Huxley.

As many of his contemporaries, E. Rádl was active in the organisation of scientific life in his native country as well as abroad. In 1913, he was one of the founding editors group of *Isis*. In 1915, he participated in the encyclopaedic series *Die Kultur der Gegenwart*. In this work he contributed mainly to the section of 'Allgemeine Biologie' – among his collaborators in this project were W. Johannsen and E. Baur. In 1934, he was one of the main organisers of the 7th International Congress of Philosophy in Prague. In the interwar period, he repeatedly entered into polemic discussions with representatives of the eugenic movement. In his view, moral life is clearly separate from biological (genetic) determinism. After the Nazi take-over of power, this issue, related to an analysis of a 'false science' of German racial theorists, became an integral part of Rádl's criticism of the Nazi totalitarian regime.

E. Rádl died on May 12, 1942 in Prague.

Courtesy of the Department of Genetics of Moravian Museum in Brno, Czech Republic (1927).

Vladislav R ů ž i č k a
(February 7, 1870 Brno/Brünn – March 18, 1934 Prague)

V. Růžička was born in Brno in 1870 where he attended secondary school (*Gymnasium*) graduating in 1888. He studied medicine in Prague and graduated in July 1901. First he worked as demonstrator in the Institute of General and Experimental Pathology (1898), the Institute of Histology and Embryology (1899) and the Institute of Hygiene (1900–11) of the Czech part of the Charles-Ferdinand University in Prague. In March 1907, V. Růžička received a habilitation in general biology and experimental morphology at the Czech medical faculty in Prague. In the same year, he briefly studied in Munich. In 1911, V. Růžička became *de facto* director of a new Institute of biology of the medical faculty, which was known from 1914–16 as the Institute of General Biology and Experimental Morphology. In 1920, he became full professor.

In his work, V. Růžička focused mainly on issues of morphological metabolism. This interest led him to studies on the mechanisms of heredity especially in bacteria. This area of his research was inspired primarily by the school of developmental physiology of W. Roux, a scientist whose ideas he championed, and whom he befriended. Already prior to the WWI, V. Růžička systematically investigated the relations between medicine and heredity, and the Institute under his directon was pioneering in this area. V. Růžička presented his views on medicine and heredity in his 1917 book *Dědičnost u člověka ve zdraví a nemoci* (Heredity in Humans in Health and in Sickness) (Prague: J. Otto). This work was based mainly on experimental study of chemical processes in living matter. Based on his research, V. Růžička held a rather reserved view of Mendelism until the early 1930s. He regarded it as merely one of many possible interpretations of the larger issue of 'genetics of living organisms'. In the first two decades of the 20th century, V. Růžička formulated his own theory of heredity. He based it on the idea of a 'progenic constitution,' i.e. of genes that arise constantly *de novo* and to a large extent represent a reaction to external environment. He presented this theory in his 1923 monograph *Biologické základy eugeniky* (Biological Foundations of Eugenics) (Prague: Fr. Borový). Experimental research inspired Růžička's interest in causes and causality of ageing. He summarised his view on these issues in a theory of 'plasmatic hysteresis'. Causes of ageing became in the 1920s the main focus of research of the institute directed by V. Růžička. This research resulted in a 1929 publication of *Beiträge zum Studium der Protoplasmahysteresis und der hysteretischen Vorgänge. Zur Kausalität des Alterns* (Prague). V. Růžička presented his ideas on a gene that determines the length of life at a 5th Congress of Genetics in Berlin in 1927 and other venues. In 1924–34, he directed the Czechoslovak Institute of National Eugenics that was a part of his Institute. Between the two world wars, he served as a vice-president of the International Federation of Eugenic Organizations (IFEO). Together with R. Pearl, he was one of the founders of the international journal *Biologia generalis* and edited a series of *Studies in General Biology*.

V. Růžička died in Prague on March 18, 1934.

Courtesy of the Centre for the History of Sciences and Humanities, Prague, Czech Republic (1920s).

Edward B a b á k
(June 8, 1873 Smidary – May 30, 1926 Brno)

E. Babák was born to family of physician. After graduating from high school (*Gymnasium*) in 1892, he went on to study medicine at the medical faculty of the Czech part of the Charles-Ferdinand University in Prague. Already before his graduation in 1898, he was appointed as demonstrator at F. Mareš's Institute of Physiology. His tutor also encouraged him to take up an academic career. In 1903, E. Babák became *Privatdozent* of general and comparative physiology, in 1907 adjunct professor, and in 1917 full professor. After the foundation of the new Czech universities in Brno in 1919, E. Babák was put in charge of establishing new institutes of biology and medicine at the Masaryk University, and later also similar institutes at the Veterinary College and School of Agriculture. He was twice elected Rector of the Masaryk University.

E. Babák became well known in the academic community for his carefully executed and original experimental research. Early in his career, he focused mainly on physiology of the central nervous system in invertebrates and on physiology of adaptations. He presented results of this work in 1906 in a large study *Experimentelle Untersuchungen über die Variabilität der Verdauungsröhre*. After 1907, E. Babák shifted his focus mainly to issues of developmental physiology. His interest in ontogenesis and phylogenesis was closely related both with his philosophical interest in questions of evolution, and his interest in Darwinism as such. His experiments with axolotls attracted a lot of attention at that time. E. Babák managed to reconstruct the original progress of their development and his work in this field makes him one of the founders of modern experimental endocrinology. E. Babák was also interested in physiology of breathing, where he presented results of his research in *Die Mechanik und Innervation der Atmung*, which was published in 1921 as part of Winterstein's *Handbuch der vergleichenden Physiologie*. Most productive part of his career came with the arrival of Mendelism and genetics. He became a critical advocate and teacher of this new scientific discipline, especially after his post-WWI disputes with V. Růžička. As a well-known biologist, E. Babák was also invited as one of the official speakers (with E. Baur) to the second Mendelian celebration in Brno in 1922.

E. Babák died suddenly on May 30, 1926 in Brno.

Courtesy of Armin Tschermak-Seysenegg Jr., Stuttgart, Germany (1914).

Armin v o n T s c h e r m a k - S e y s e n e g g
(September 21, 1870 Vienna, Austria – October 9, 1952 Bad Wiesse, Germany)

A. von Tschermak-Seysenegg was born into a family of the Viennese mineralogist and petrographer Gustav Tschermak. His younger brother was E. von Tschermak-Seysenegg. After finishing high-school (*Gymnasium*) in Kremsmünster (1881–89), A. von Tschermak-Seysenegg went on to study medicine at the University of Vienna. In 1893–94, he also studied in Heidelberg. After graduation, he received a licence as a physician in 1895. A. von Tschermak-Seysenegg decided early to pursue an academic career, and in 1896, he started working as a demonstrator at the Institute for General and Experimental Pathology at the Faculty of Medicine of the University in Vienna. Later on, he moved to the University of Leipzig to work as a volunteer under the guidance of E. Hering. Under his supervision, he started focusing on the anatomy of sight. In Leipzig, he received his habilitation based on his work *Über den Farbensinn im indirekten Sehen*. He became a *Privatdozent* and started lecturing. In his courses, he focused on selected topics from physiological optics and general physiology. After a stay at the University of Halle, as adjunct professor in 1902, A. von Tschermak-Seysenegg returned to Vienna in 1906. There, he temporarily received a full profes-sorship in physiology and medical physics at the Veterinary College (*Hochschule für Tiermedizin*), a school he helped to reorganise. In 1909–11, he served as its Rector. In the spring of 1906, A. von Tschermak-Seysenegg spent several months in A. Dohrn's

Biological Station in Naples. In 1913, he came to Prague, to fill a vacancy at the Institute of Physiology founded by J. E. Purkinje. After receiving full professorship he was appointed director of this Institute. During the WWI A. von Tschermak-Seysenegg served as a military physician in northern Italy. Although he retired in the beginning of 1939, he continued to lectur in Prague at the German Charles University until 1945. In 1920–21 and 1925–26, he also served as Dean of the Faculty of Medicine of the German University in Prague. He was one of the main representatives of the pro-German traditional nationalist wing at the Prague German University. Despite of his high age, he volunteered for the German Navy during the WWII and took parts in its scientific research program (applied optics).

A. von Tschermak-Seysenegg published mainly in the areas of general and special physiology, anatomy, and neurology. He represented an exact subjectivist approach. He co-edited the *Zeitschrift für Physiologie*, the *Zeitschrift für Sinnesphysiologie*, and the *Archiv für Augenheilkunde*. His most important work include *Über physiologische und pathologische Anpassung des Auges* (Leipzig: Veit & Co. 1900), *Augenheilkunde der Gegenwart. Einführung in die physiologische Optik* (Berlin–Vienna: Springer 1942), and the large handbooks *Allgemeine Physiologie* (Berlin: Springer 1916 a 1924), *Einführung in die physiologische Optik* (Vienna: Springer 1947), and *Leitfaden der Physiologie* (Berlin–Munich: Urban & Schwarzenberg 1949). The one but last named work was also translated into English as *Introduction into Physiological Optics* (Springfield, Il: Charles C. Thomas Publisher 1952). Immediately after 1900 and in the period to follow, A. von Tschermak-Seysenegg carried out hybridisation experiments mostly on zoological material (poultry), and these helped him – for example – to formulate a theory of so-called 'weakening of hereditary traits' („Genasthenie"). From the end of 1920s, as keen advocate of the application of Mendel's rules on man, he promoted Mendelism as a basis of a so-called 'biological family science' (biologische Familienkunde).

During his fruitful academic career A. von Tschermak-Seysenegg became a prominent member of several scientific societies and academies across Europe: the Imperial Austrian Academy of Sciences in Vienna, the Italian Royal Academy for Agricultural Sciences in Torino, Academy of German Naturalists ("Leopoldina") in Halle, the German Society for Science and Arts for the Czechoslovak Republic in Prague, and – together with Th. H. Morgan – in 1936 the Academy of Sciences of the Holy See (Pontificia Academia Scientiarum) in the Vatican etc.

In September 1946, at his own request, he and his wife moved from Prague to Bavaria (Straubing). From 1947, he was as an honorary lecturer and director of the Institute of Physiology of the Medical Faculty of the University of Munich based in Regensburg and tried to establish there a new university.

A. von Tschermak-Seysenegg died on October 9, 1952 in Bad Wiesse, Germany.

Courtesy of the National Archives, Prague, Czech Republic (early 1930s).

Artur B r o ž e k
(March 30, 1882 Třeboň – November 8, 1934 Prague)

A. Brožek studied in secondary schools (*Gymnasium*) in his hometown of Třeboň in southern Bohemia. During the following years (1900–04), A. Brožek studied biology at the Faculty of Philosophy at the Czech part of the Charles-Ferdinand University in Prague; among his teachers were F. Vejdovský, and B. Němec. At their instigation A. Brožek engaged in hybridisation experiments already during his studies, working mainly with *Mimulus*, which he complemented by a study of related issues of biometry, variation statistics, eugenics, and Mendelian inheritance in humans. He received a PhD. in botany in 1907. After his studies, A. Brožek became a teacher at Czech high schools (Gymnasia) in Prague, Roudnice nad Labem, and Čáslav. After 1911, he held a position of a full time teacher at several Czech high schools in Prague.

Already in 1919, his habilitation in genetics was submitted as part of a study of physiology of plants, even though his *venia legendi* included also eugenics and variation statistics, two other areas in which A. Brožek also published extensively. His habilitation lecture presented in January 1920 was *O nauce mendelismu* (On the Science of Mendelism), and dealt mainly with Mendelism as an experimental biological system. He became adjunct professor in December 1927 at the newly established Faculty of Science of Charles University in Prague. In 1933, shortly before his death,

A. Brožek officially became the first full professor of genetics in inter-war Czecho-slovakia.

Two more contributions to the early history of genetics in the Czech Lands need to be ascribed to A. Brožek. In early 1920s, he translated into Czech, and in 1926 he published Mendel's seminal works, *Versuche über Pflanzenhybriden* (1865) and *Über einige aus künstlicher Befruchtung gewonnene Hieraciumbastarde* (1869). Four years later, in 1930, he published *Nauka o dědičnosti* (The Science of Heredity), a book of over 300 pages, hailed as the *"very first Mendelian-Morganist synthesis of genetics"* in the Czech language. A. Brožek published not only in Czech journals but also in the American *Journal of Heredity*, the German *Zeitschrift für induktive Abstammungslehre*, and other international journals.

In 1924, A. Brožek became one of few Czech biologists to receive a prestigious research scholarship of the American Rockefeller Foundation and thus came in contact with the most up-to-date genetic research carried out on *Drosophila* cultures. For his stay in the United States, A. Brožek chose two institutions whose focus corresponded with his interests. First of these was the Institute of Zoology at the University of Columbia in New York, in particular Th. H. Morgan's team, the other was the eugenics centre in Cold Spring Harbor led by Ch. B. Davenport.

A. Brožek died on November 8, 1934, in Prague.

Courtesy of the Centre for the History of Sciences and Humanities, Prague, Czech Republic (1930s).

Johann Paulus L o t s y
(April 11, 1867 Dordrecht – November 17, 1931 Voorburg)

J. P. Lotsy was born in a traditional Dutch patrician family. He studied at a secondary school in Dordrecht, then at the agricultural college in Wageningen. In 1886–90, he went to study at the University of Göttingen under the guidance of G. D. W. Berthold, H. zu Solms-Laubach, and E. Ehlers. In 1890, J. P. Lotsy graduated with his work *Beiträge zur Biologie der Flechtenflora des Hainbergs bei Göttingen*. After the completion of his studies, J. P. Lotsy worked as an assistant at an experimental agricultural station in Breda. In 1891, he left for the USA, where he became a lector at the Johns Hopkins University in Baltimore. In 1895, J. P. Lotsy returned to the Netherlands, only to leave for Orient, where he worked as an assistant at a research station in Bandoeng at Java, then a Dutch colony of East Indies. At this time, he published cytological and embryological studies on *Gnetum gnemon*, *Balanophora globosa*, and *Rhopalocnemis phalloides*. In 1900, malaria forced him to return to the Netherlands, but later the same year, he went to Kiev, where he carried out cytological studies with S. G. Nawaschin. In 1901, he returned to the Netherlands, and began teaching systematic botany at the Rijkuniversiteit Leiden. Two years later, he became a director of the local Rijksherbarium. In 1906, J. P. Lotsy became a *Privatdozent* of botany at the University of Utrecht. Later, he also worked in Leiden and Haarlem, and after 1919 in Brummen and Velp. In 1920, J. P. Lotsy went on a transatlantic tour to the USA, which he described in his book *Van den Atlantischen Oceaan naar de Stille Zuidzee in 1922* ('s-Gravenhage: Naeff's).

He was a supporter of Ch. Darwin and his theory of evolution. This inspired his approach to systematic botany and issues of phylogenetics. He formulated his views on these issues in *Vorlesungen über Deszendenztheorien mit besonderer Berücksichtigung der botanischen Seite der Frage, gehalten an der Reichsuniversität zu Leiden* (Jena: G. Fischer) in 1906, and in *Vorträge über botanische Stammesgeschichte* (Jena: G. Fischer) from 1907 (Vol. I) and 1909 (Vol. II). In Leiden, J. P. Lotsy closely collaborated with J. W. C. Goethart, lectured and directed the institute. It was here that after 1910 he began his hybridisation experiments. He related the results of these experiments to the theory of evolution, and published them in 1914 in *De kruisingstheorie een nieuwe theorie over het ontstaan der soorten* (Leiden: Sijthoff) and in *Evolution by Means of Hybridizations* (The Hague: M. Nijhoff) in 1916. In this work, he was inspired by contemporary experiments of the first Mendelians, such as W. Bateson, C. Correns and E. Baur. J. P. Lotsy was also very active in the organisation of science: he was a member of the Association Internationale des Botanistes, and a co-editor of *Progressus rei botanicae* and *Biologisches Zentralblatt*. He was one of the pioneers of genetics in the Netherlands. In 1919, he co-founded the first journal devoted to genetics, the *Genetica*, which was later divided into *Bibliographia Genetica* and *Resumptio Genetica*. He was also a founding member of the society "Genetische Vereeniging".

In 1925, J. P. Lotsy travelled to Australia and New Zealand. During this time, he wrote his *Evolution Considered in the Light of Hybridization* (1925). Later on, he travelled to South Africa, where he studied naturally occurring hybrids of *Euphorbia* and *Cotyledon*. In 1928, 1929, and 1930 J. P. Lotsy studied populations of *Primula* on the Mediterranean coast of Italy.

J. P. Lotsy died on November 17, 1931 in Voorburg.

Courtesy of the University Archive of the University Halle-Wittemberg, Germany (1926).

(Ferdinand Carl) Valentin H a e c k e r
(September 9, 1864 Magyaróvár – December 19, 1927 Halle)

V. Haecker was born to a family of a professor at the Academy of Agriculture in the Hungarian city of Magyaróvár. After moving to Stuttgart and attending several church schools, in 1884 he went on to study mathematics and natural sciences at the University of Tübingen, where he was mainly influenced by the zoologist Th. Eimer. In 1889, he defended his thesis *Über die Farben der Vogelfedern*, and already the following year started working as an assistant at the Institute of Zoology in Freiburg under the supervision of A. Weismann. Here, he focused mainly on cytology, especially the issue of the importance of chromosomes and hereditary transmission. In 1892, he received his habilitation, and three years later an adjunct professorship in zoology. In 1900, he became a full professor, also of zoology, at the Technical University in Stuttgart. Later on, he moved to the united university in Halle-Wittenberg, where he stayed until the end of his life. He inspired the formation of an important school of zoology: Among his assistants were, for example, V. Ziehen and F. Alverdes, and among his students B. Rensch and G. Heberer. In 1910, V. Haecker was voted a member of the 'Academia Leopoldina', and shortly before his death, in 1926–27, he served as Rector.

His academic work focused on issues of hybridisation and cell research, where his aim was to connect these two areas of research. After the 're-discovery' of Mendel's rules of heredity, V. Haecker became one of the most important scholars in this field in Germany. His outstanding synthetic work from 1911, the *Allgemeine Verer-bungslehre* (Braunschweig: Vieweg) was, one of the first German textbooks, which took into account the advances during the first decade of Mendelism. Later, V. Haecker focused mainly on formulating his theory of so-called 'phenogenetics'. In 1918 he summarised the results of this work in his *Entwicklungsgeschichtliche Eigen-schaftsanalyse. (Phänogenetik)* (Jena: G. Fischer). His theory of 'pluripotence' later influenced the work of, for example, R. Goldschmidt ('Phenocopies', 1949). Haecker's work also contributed to the formation of important research trends in human genetics.

V. Haecker died on December 19, 1927 in Halle.

Courtesy of the University Archive of the Technical University in Dresden, Germany (1950s).

Heinrich (Bernward) P r e l l
(October 11, 1888 Kiel – April 25, 1962 Dresden)

H. Prell was born on October 11, 1888 in Kiel in the family of a painter. Graduated from the *Kreuzgymnasium* in Dresden in 1907, he went on to study medicine and zoology at the universities of Marburg and Munich. He graduated in 1913 in Marburg, and a year later became a *Privatdozent*. In 1919–23, he was an adjunct professor of zoology and comparative anatomy at the Institute of Zoology of the University of Tübingen. Ever since the beginning of his studies, H. Prell was interested mainly in entomology, and during his stay in Tübingen, he studied, for example, the primary and secondary sexual characteristics of butterflies. In 1923, H. Prell became a director of the Saxon Research Institute for Forestry in Tharand. After the transformation of this institute into a Forestry College in 1927–29, he became this school's last Rector. After 1929, he remained in Tharand as a full professor until his retirement. In 1945 and 1948–49, he served as a Dean of the Faculty of Forestry at the Technical University in Dresden.

Between the world wars, Prell's research focused on forestry entomology, but also on general and applied zoology. He published, for example, on questions of breeding in 1930: *Die Pelztiere und ihre Zucht* (Berlin: Parey). H. Prell was also interested in issues connected with historical habitats of some forest animals, such as the elk. On this topic, he published in 1941 one of his largest studies, *Die Verbreitung des Elches in Deutschland zu geschichtlicher Zeit* (Leipzig: Schöps). Other topics of interest to H. Prell were given by the practical orientation of his field, and included e.g. forest protection and a protection against wood-destroying beetles and borers. His work on this issue, *Kampf dem Bodenkäfer* (Radebeul-Berlin: Neumann), was firstly published in 1948 and later appeared in several editions.

   H. Prell died on April 25, 1962 in Dresden.

Courtesy of the Department of Genetics of Moravian Museum in Brno, Czech Republic (1930s).

Hugo I l t i s
(April 11, 1882 Brno/Brünn – June 22, 1952 Fredericksburg, Virginia)

H. Iltis was born into a family of Jewish physician in Brno. After graduating from a local German high school (*Gymnasium*), he went to study descriptive natural sciences at the Faculty of Philosophy of the University of Zurich. There, he also worked as a junior assistant. In 1903–05, he continued his studies of botany at the Faculty of Philosophy of the German part of the Charles-Ferdinand University in Prague. He focused mainly on the study of root growth in aquatic plants; he completed his university education in Vienna. Subsequently, H. Iltis worked as a high school teacher at a German Gymnasium in Brno. At the same time, he became a *Privatdozent* of botany at the German Technical University in Brno. He was editor of the journal *Flora photographica*. After 1921 he became a director of the newly established „Masaryk-Volkshochschule" in Brno. He was active in all these positions until his forced resignation in the fall of 1938.

Already as a student, H. Iltis became interested in Mendel's work. After the 're-discovery' of Mendel's work in 1900, he became a fervent advocate of his legacy, and was in frequent contact with leading Mendelians and pioneers of both the contemporary research on heredity and the new discipline of genetics. At the same time, he started collecting various artefacts of Mendel's life. He was one of the main organisers of Mendel's celebration and the unveiling of his statue in 1910 and the second celebration in 1922. He published the very first historical articles and biographical sketches on J. G. Mendel in *Verhandlungen des Naturforschenden Vereines in Brünn*.

Results of his tireless activities were appreciated especially after the WWI, when large celebrations commemorating the 100th anniversary of Mendel's birth were organised in Prague and in Brno in 1922. They marked an important turning point in the renewal of international collaboration of the community of geneticists after the turbulences of WWI. Adjoined to the 'Volkshochschule' where he taught, H. Iltis established a small 'Museum Mendelianum', and in 1924, he published the first biography of Mendel, entitled *Gregor Johann Mendel. Leben, Werk und Wirkung* (Berlin, J. Springer, 1924). In 1932, this book was also translated into English as *Life of Mendel* (New York, transl. E. and C. Paul). This work included the very first attempt to provide a historical overview of a new research direction in modern science, which H. Iltis himself called 'neo-Mendelism'.

From mid–1930s on, H. Iltis became increasingly active in refuting of the official Nazi theories of race, in particular their alleged justifications from results of genetic research. He repeatedly published on this topic: *Volkstümliche Rassenkunde* (1930), *De rassenwaan* (1935), and *Der Mythus von Blut und Rasse* (1936). Because of these activities, his Jewish origin and his leftist political orientation (social democrat) he had to flee Brno with his family shortly before the German occupation in March 1939. Thanks to an intervention of A. Einstein, F. Boas, and L. C. Dunn he managed to get to the USA, where he worked from 1939 as professor of biology at Mary Washington College in Fredericksburg, Virginia. In 1940, he established there a Museum of Mendel from the artefacts which were in his personal possession; this museum existed in its original form until 1949.

H. Iltis died on June 26, 1952 in Fredericksburg, Virginia, USA.

Courtesy of the Center for the History of Sciences and Humanities, Prague, Czech Republic (after 1900).

Bohumil N ě m e c
(March 12, 1873 Prasek – April 7, 1966 Havlíčkův Brod)

B. Němec was born in a village but attended a secondary school (*Gymnasium*) in Nový Bydžov, where he graduated in 1892. He continued his studies at the Faculty of Philosophy of the Czech part of the Charles-Ferdinand University in Prague. After studying at the Institute of Comparative Zoology of F. Vejdovský, he transferred in 1895 to the Institute of Botany, where he became a junior lecturer and received a Ph.D the same year. In 1897, he spent some time at the Austrian biological station in Trieste. A year later, he visited several German universities, particularly Jena, Bonn, Hamburg, Leipzig. In 1901, B. Němec toured again Germany, visiting research institutes of physiology (Halle, Göttingen, Bonn, Würzburg, Heidelberg, and Munich). In 1899, B. Němec received a habilitation in anatomy and physiology of plants, and a year later became a temporary director of the Institute of Botany. Already in 1903, B. Němec was promoted to adjunct professor in 1903 and to full professor in 1907. In 1920–21, he served as a Dean of the recently founded Faculty of Natural Sciences, and in 1922, he was elected a Rector of the Charles University in Prague. He was a member of the Czech Royal Learned Society, Czech Academy of Sciences and Arts, and Academy of the German Naturalists ("Leopoldina") in Halle. After the foundation of the communist Czechoslovak Academy of Sciences in 1953, he became one of its first members despite his right-wing political views and political activities in the inter-war period (for example, in 1935 he was proposed for the post of a president of the Czechoslovak Republic).

During his long academic career, B. Němec studied cytology, anatomy, the physiology of growth and nutrition, but also microchemistry. He investigated regeneration processes in root structures, which led him to research of geotropism in 1929. He formulated the 'statolith theory of geotropism', which he presented in his 1900 work *Studie o dráždivosti rostlinné plazmy* (Studies on the Excitability of Plant Plasma). This study was published in German in 1901 as *Die Reizleitung und die reizleitenden Strukturen bei den Pflanzen* (Jena: Fischer), and received wide recognition. In the area of cytology, where he was an adherent of the so-called Vejdovský's school, B. Němec focused mainly of issues of cell division, especially in vegetative tissues of higher plants and its dependence of factors that could be experimentally verified. His first work in this area was in fact already his habilitation from 1899, the *Příspěvky k fyziologii a morfologii buňky* (Contributions to the Physiology and Morphology of a Cell). Even though in 1906–09, B. Němec favoured more a cytoplasmic theory of heredity, he regarded hybridisation as an important verification method. He presented a detailed analysis of fertilisation processes and relation between experimental cytology and heredity in his 1910 work *Die Befruchtungsvorgänge und andere zytologische Fragen* (Berlin: Gebr. Borntraeger). B. Němec published extensively in international journals (*Ergebnisse der Anatomie, L'Anné biologique* etc.), and in the Czech academic press (*Živa, Vesmír*, and others). Between the world wars, he was an eminent advocate of Mendelian heredity, and it is no coincidence that his institute became a leading centre of genetic research in Czechoslovakia (A. Brožek and K. Hrubý, among others, worked here). B. Němec was also one of the main organisers of the Mendelian celebrations in 1922 and of the Brno congress in 1965, which contributed significantly to a rehabilitation of genetics in the former Soviet block. B. Němec co-edited publications of seminal genetic texts in 1965, such as *Fundamenta genetica* (Prague: ČSAV).

B. Němec died on April 7, 1966 in Havlíčkův Brod.

Courtesy of Svetlana M. Bauer, St. Petersburg, Russia (WWI-period)

Ervin (Erwin) B a u e r (in Russian Эрвин Симонович Бауэр)
(October 19, 1890 Levoča/ Lőcse – January 11, 1938 Leningrad)

Bauer's birthplace made him a Czechoslovak citizen after WWI; subsequently he entered this citizenship in questionnaires but always gave Hungarian as his nationality. He studied medicine in Budapest and Göttingen and obtained his medical doctorate from the Budapest University in 1914. During WWI he served in the Austrian-Hungarian Army, first on the Eastern front and then as pathologist in the rear. In 1919 he emigrated first to Germany and moved to Prague in 1921 where he became assistant in the Department of General Biology and Experimental Morphology at the Faculty of Medicine of the Charles University, headed by V. Růžička. He moved to Berlin late 1923 and two years later to the Soviet Union. He worked first in the Obukh Institute of Professional Diseases in Moscow as head of the Laboratory of Experimental Pathology. In 1931 he moved to the Timiryazev Institute of Biology of the Communist Academy in Moscow, organizing a Department of General Biology. When the Leningrad Institute of Experimental Medicine was reorganized into an All-Union Institute of Experimental Medicine in the fall of 1932, E. Bauer was invited to organize its new Department of General Biology.

E. Bauer was a major figure in the early history of theoretical biology although his contributions are largely forgotten today. He stressed that biology of his time did not have a theoretical framework that could give a causal explanation of all life phenomena, from metabolism to evolution. He felt that genuine scientific biology is still in the future. E. Bauer promulgated the principle of "permanent non-equilibrium" of the living substance. Starting from this principle he built up an internally consistent theoretical framework to encompass the major aspects of life. He emphasized that real theories have to be based on recognized causal relationships and have to be predictive. E. Bauer with his coworkers was also constantly involved in extensive experimental studies to test the concrete inferences emerging from his theoretical considerations. In 1920 he summarized his results in monographic publication *Grundprinzipien der rein wissenschaflichen Biologie und ihre Anwendungen in der Physiologie und Pathologie* (Berlin: Springer; Физические Основы в Биологии, Изд. Мособлисполкома, Москва, 1930) and finally in his major *Theoretical Biology* (Теоретическая Биология, Изд. ВИЭМ, Ленинград, 1935; reprinted in 1982 and 2002).

In the great purges in the Societ Union E. Bauer was arrested in 1937 and executed on January 11, 1938 in Leningrad. His Department was liquidated. His works were removed from libraries and his name was not to be mentioned. This meant that Bauer's contributions to science remained forgotten for a very long time. E. Bauer was fully rehabilitated in 1956.

ANSCHRIFTEN DER HERAUSGEBER

Michal Simunek PhD.
ÚSD AV ČR/KDV
Puškinovo nám. 9
CZ – 16000 Praha 6

Prof. Dr. Uwe Hoßfeld
Friedrich-Schiller-Universität Jena
AG Biologiedidaktik
Bienenhaus
Am Steiger 3
D – 07743 Jena

Prof. Dr. Dr. Olaf Breidbach
Friedrich-Schiller-Universität Jena
Institut für Geschichte der Medizin,
Naturwissenschaft und Technik
Ernst-Haeckel-Haus
Berggasse 7
D – 07745 Jena

Prof. Dr. Miklós Müller
professor emeritus
The Rockefeller University
1230 York Avenue, New York
NY 10065, U.S.A.
USA

WISSENSCHAFTSKULTUR UM 1900

Herausgegeben von **Olaf Breidbach**

Wissenschaftlicher Beirat: **Mitchell G. Ash, Peter Bowler, Horst Bredekamp, Rüdiger vom Bruch, Gian Franco Frigo, Michael T. Ghiselin, Zdeněk Neubauer** und **Federico Vercellone**

FRANZ STEINER VERLAG STUTTGART

ISSN 1613-673X